高等学校通用教材

工程热学基本教程

张彦华　主编

北京航空航天大学出版社

内 容 简 介

本书是根据机械类相关专业本科教学的需要编写的。编写过程中以热学原理为基础,注重结合现代热流科学与技术的发展趋势和工程需要。全书共分9章,主要内容包括热力学基本概念、热力学第一定律及应用、热力学第二定律与熵、热力学基本关系、工质的热力性质与过程、动力循环与制冷循环、流体流动过程、热量传递、工程材料的热学性能。

本书可作为机械工程或航空航天制造类专业本科生的教材,也可供有关科学研究和工程技术人员参考。

图书在版编目(CIP)数据

工程热学基本教程 / 张彦华主编. -- 北京 : 北京
航空航天大学出版社,2024.11. -- ISBN 978 - 7 - 5124
- 4522 - 2

Ⅰ. TK123

中国国家版本馆 CIP 数据核字第 20246YS256 号

工程热学基本教程
张彦华　主编

策划编辑　陈守平　　责任编辑　刘　骁

*

北京航空航天大学出版社出版发行

北京市海淀区学院路 37 号(邮编 100191)　http://www.buaapress.com.cn
发行部电话:(010)82317024　传真:(010)82328026
读者信箱:goodtextbook@126.com　邮购电话:(010)82316936
北京九州迅驰传媒文化有限公司印装　各地书店经销

*

开本:787×1 092　1/16　印张:16.25　字数:426 千字
2024 年 11 月第 1 版　2024 年 11 月第 1 次印刷
ISBN 978 - 7 - 5124 - 4522 - 2　定价:59.00 元

前　　言

热能是机械工程等领域应用的主要能量之一,各种热能动力装置(热机)的运行和机械零件的制造都离不开热能。热能动力装置把热能转换为机械能或电能,为生产及生活提供动力,这种利用方式称为热能的间接利用;而在机械零件制造中,利用热能加热或熔炼金属等则称为热能直接利用。前者侧重于热能和机械能的转换,后者侧重于热量传递所引起的物态和性质的变化。因此,能量转换与热量传递规律是热学原理的基础。工程热学重点关注热学原理及其工程应用。

工程热学涉及工程热力学、流体流动、传热学以及材料热学性质等领域。工程热力学以热力学第一定律和热力学第二定律为基础研究宏观热力过程,为热能和机械能的转换及其应用提供基础。传热学在热力学的基础上研究由温差引起的热量传递的规律,目的是确定物体的温度分布和更有效地增强或削弱热量的传递。流体流动在能量转换及传递中具有重要作用,材料的热学性质是工程装备选材的重要依据。

本书是根据机械类相关专业本科教学的需要编写的。编写过程中以热学理论为基础,注重结合现代热流科学与技术的发展趋势和工程需要。全书共分9章,主要内容包括热力学基本概念、热力学第一定律及应用、热力学第二定律与熵、热力学基本关系、工质的热力性质与过程、动力循环与制冷循环、流体流动过程、热量传递、工程材料的热学性能。教学过程中应加强理论联系工程实际,注重思考机械工程领域的热现象与热学问题。

本书由张彦华主编,管迎春、李勇、李万国、杨明轩、丁建中参与了编写工作;编写过程中参考了有关教材和著作,作者在此向本书编写工作的参与者和有关参考书的原作者一并表示感谢。

热学及其工程应用领域广泛,本书仅涉及相关专业教学所需的基本内容,尚不能形成工程热学的完整知识结构,构建工程热学知识体系需要多方的努力。限于作者的学识水平,本书中难免有错误和不当之处,敬请读者指正,以便在后续的版本中不断完善。

作　者
2024 年 3 月

目　　录

绪　　论

0.1　能量与能源

运动是物质存在的基本形式,是物质固有的属性。能量是衡量所有物质运动特性的物理量,通常被解释为物质系统做功的能力。能量与系统的状态有关,系统处于一定的状态就具有一定的能量。物质存在各种不同形态的运动,因而能量也具有不同的形式。例如:宏观物体的机械运动对应的能量形式是动能;分子运动对应的能量形式是热能;原子运动对应的能量形式是化学能;带电粒子的定向运动对应的能量形式是电能;光子运动对应的能量形式是光能。工程中常用的能量形式主要有机械能、热能、电能、辐射能、化学能、核能(原子能)等。

物质的运动形态可以相互转化,这就决定了各种形式的能量也能够相互转换。各种能量的转换,皆是与物质运动形式相适应的。一种运动形式消失了,转化为另一种运动形式,一种能量也随之而转换为另一种能量。在研究能量转换时,人们首先关心的是各种能量在其相互转换过程中彼此之间量的关系。物质和能量是相互依存的,物质是既不能被创造也不能被消灭的客观存在,那么能量也就是既不能被创造也不能被消灭的,而只能在一定条件下从一种形式转变为另一种形式,在转换过程中能量总量恒定不变,这就是能量守恒定律。能量守恒定律反映了物质世界中运动不灭这一事实。

各种形式的能量可以相互转换,但是其转换的方式、转换效率和难易程度则有所差异。有些转换是可能的,有些是不可能的;有些可以全部转换,有些只能部分转换;有些在理论上正向、逆向转换均相同,有的则需要一定的条件才能实现。此外,能量在转换与传递过程中,存在的多种不可逆因素会导致做功能力下降,表现为能量品质或能量质量的降低。能量品质的高低取决于能量是有序还是无序:有序的能量品质高,可以完全转换为无序能量;无序的能量品质低,不能完全转化为有序的能量。热能具有无序性,其品质较低,温度越低,可转化的能力越小。机械能是有序能量,可以完全转化为热能,而热能不能百分之百转换为机械能。热能和机械能之间的转换是热力学研究的重要内容。

能够提供某种形式能量的物质或物质的运动,统称为能源。能源是可以提供能量的物质,如煤、石油、天然气等通过燃烧可以提供热能;也有些物质只有在运动中才能提供能量,这些物质的运动也称为能源,如空气和水只有在运动中才能提供动能(风能和水能)。

能源可分为一次能源与二次能源(如图 0-1 所示)。一次能源是指在自然界现成存在的能源,如煤炭、石油、天然气、水等。二次能源指由一次能源加工转换而成的能源产品,如电力、煤气、蒸汽及各种石油制品等。一次能源又分为可再生能源和非再生能源。可以不断得到补充或在较短周期内再产生的能源称为再生能源,反之则称为非再生能源。风能、水能、海洋能、潮汐能、太阳能和生物质能等是可再生能源,煤、石油、天然气、核能等是非再生能源。

各种能源形式可以互相转化(如图 0-2 所示)。在一次能源中,风、水、洋流和波浪等是以机械能(动能和位能)的形式提供能量的,可以通过各种风力机械(如风力机)和水力机械(如水轮机)转换为动力或电力。煤、石油和天然气等常规能源一般是通过燃烧将燃烧化学能转化为热能。

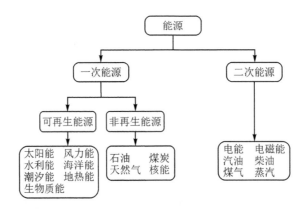

图 0 - 1　能源分类

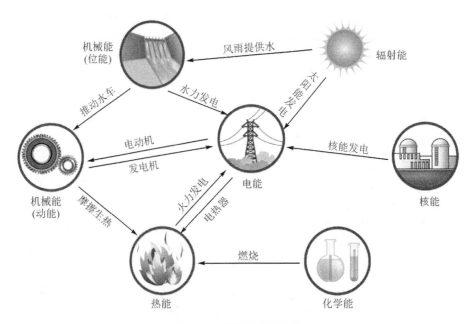

图 0 - 2 能源形式的转化

　　能源的开发利用为人类社会的发展提供了必需的能量,但同时也对自然环境造成了破坏和污染。自工业革命以来,化石燃料的大量消耗使二氧化碳气体排放量快速增长,大气中的二氧化碳含量持续升高(如图 0 - 3 所示),导致全球气候变暖,同时破坏了生态平衡。

　　气候变化是人类面临的全球性问题,随着二氧化碳排放量的增加,温室效应加剧(如图 0 - 4 所示),对生命系统形成威胁。为了人类社会的可持续发展,必须解决能源消费中的环境污染问题。因此,大力发展清洁能源以及节约能源成为实现可持续发展的重要途径。在这一背景下,世界各国以全球协约的方式减排温室气体。2020 年 9 月,中国在联合国大会上向世界宣布了 2030 年前实现碳达峰,2060 年前实现碳中和的目标。碳达峰和碳中和是治理碳排放过程中的不同阶段。碳达峰是指一个国家的碳排放量达到历史最大值,在这之后将呈下降趋势(如图 0 - 5 所示)。碳中和是治理碳排放的终极目标,即生产活动中排放的二氧化碳与通过植树造林、节能减排等方式吸收的二氧化碳达到平衡,实现二氧化碳的净排放量为零。这样大气中的碳含量就不会再增加,从而避免引起较大的气候变化,真正实现健康可持续发展。

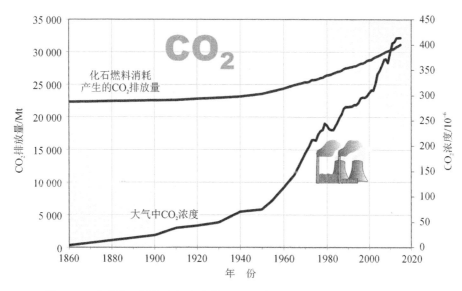

图 0-3　全球化石燃料消耗产生的 CO_2 排放和大气中 CO_2 浓度的变化趋势

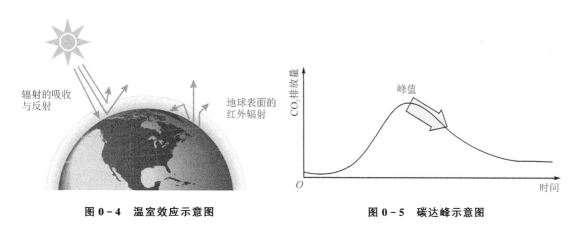

图 0-4　温室效应示意图　　　　　　图 0-5　碳达峰示意图

0.2　热能的利用

目前,人类使用得最多、最普遍的能量是热能、机械能、电能,其中以热能形式提供的能量占比达 90% 以上。因此,热能在能量利用中具有重要意义。

热能可通过两种途径产生(如图 0-6 所示):一种是直接产生,如地热能和海洋热能;另一种是通过能量转换产生,方法主要有化学能转换、电能转换、辐射能转换、核能转换、机械能转换等。

热能是能量的一种形式,依物质的分子运动学说,热能是物质中分子或原子无规则热运动的动能,宏观表现是温度的高低。温度与实物粒子的无规则运动的速度有关,无规则运动越强烈,物体或系统的温度越高。

热能的利用通常可分为直接利用和间接利用。直接利用是指直接用热能加热物体,如在零件的成型制造中利用热能加热或熔炼金属等;间接利用是指把热能转换为其他形式的能量,如热能动力装置把热能转换为机械能或电能,为生产及生活提供动力。前者侧重于热量传递所引起的物态和性质的变化,后者侧重于能量转换过程。

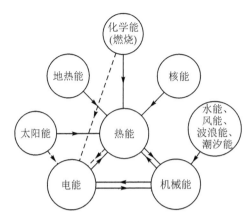

图 0 - 6　热能的产生途径

　　人类对热能的直接利用可追溯到远古时代的钻木取火和火的利用,火的利用是人类利用热能和能源的第一步。热能的直接利用经历了漫长的历史过程,直到 18 世纪中叶蒸汽机的发明,才实现了热能向机械能转换的工业应用,开创了热能间接利用的新纪元,引发了第一次工业革命。从此,热能的间接利用得到了迅速发展。在蒸汽机之后,相继出现了内燃机、燃气轮机和蒸汽轮机等装置,从而出现了汽车、飞机和大型火力发电设备等。随着热能和机械能转换理论与技术的发展,各种制冷设备(如冰箱和空调等)也相继问世。

　　能源和能量的工程应用通常包含能量的释放、传输、转换等环节,以及与之相应的设备、工质、能流等由物质组成的完整的能量利用系统。同样,热能转变为机械能也必须借助某种设备和某种载能物质,这种设备就是热机,而载能物质就是工质。热能与机械能相互转换的系统又称为热力系统。能量的转换是系统状态变化的过程,通过各种过程实现能量的转换。例如,火力发电(如图 0 - 7(a)所示)涉及的能量转换包括煤炭通过燃烧将化学能以热能的形式释放,热能被用于加热锅炉以产生蒸汽,汽轮机将蒸汽转换为机械能,发电机将机械能转换为电能,电能通过输电线传输到用户等系列过程。其中,汽轮机将热能转换为机械能是通过工质的吸热、膨胀、放热等状态变化来实现的。核电站以核反应堆来代替火电站的锅炉,以核燃料在核反应堆中发生反应产生热量,使核能转变成热能来加热水产生蒸汽,以驱动汽轮机输出机械能进行发电(如图 0 - 7(b)所示)。因此,研究能量系统及能量的转换过程对于提高能量的利用效率具有重要意义。

　　热能在工程中的直接利用也是非常广泛的,如金属材料的熔炼、铸造、热处理,陶瓷材料的粉末合成、分离、干燥、烧结,聚合物材料的合成、注塑成型等。对热能产生的控制也是非常重要的,如对机械的摩擦生热、切削加工产生的热等方面的控制。航空发动机既要考虑热能产生的动力,又要考虑热对材料的影响等问题。例如,现代航空发动机涡轮进口温度远远超过了高温合金材料的极限温度(如图 0 - 8 所示),因而发展高效的冷却结构和冷却方式至关重要。图 0 - 9 为航空发动机涡轮叶片的典型冷却结构。所有航天器都需要热管理系统,以提供适合航天员和机械设备的热环境。热防护系统是可重复使用运载器承受再入地球气动加热的关键技术之一,其基本形式主要有吸热式热防护系统、传质换热热防护系统、烧蚀热防护系统、辐射热防护系统等。

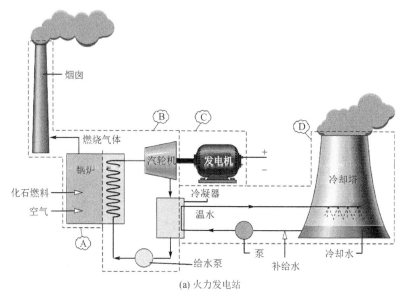

(a) 火力发电站

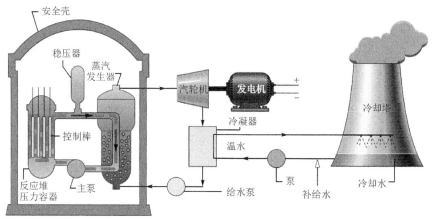

(b) 核电站

图 0-7　火力发电与核能发电系统

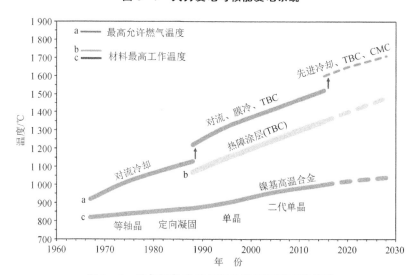

图 0-8　燃气涡轮发动机涡轮进口温度变化趋势

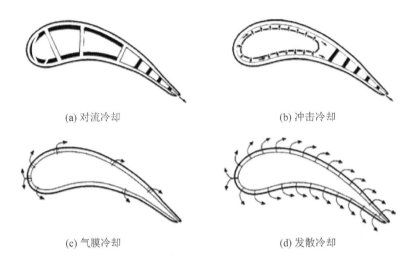

(a) 对流冷却　　　　　　　　　　(b) 冲击冷却

(c) 气膜冷却　　　　　　　　　　(d) 发散冷却

图 0-9　航空发动机涡轮叶片冷却结构

0.3　能量的转换

　　能量在使用过程中会发生转换,能量的转换包括形态的转换和空间的转换(传输)。能量的转换与热量的传递是热能工程应用中的两个主要问题。工程热学重点关注能量转换和热量传递规律及其应用,主要涉及平衡态的热力学、流体流动、传热学的基本理论和应用等内容。

　　热力学是研究热能间接利用所涉及的能量与机械能之间相互转换规律的科学。热力学研究以热力学第一定律、热力学第二定律等基本定律为基础。在任何热力系所进行的任意过程中,不能违背热力学第一定律和热力学第二定律。热力学第一定律是能量守恒与转换定律在热力学中的应用,它确定的是热力过程中各种能量在量上的相互关系。历史上曾有人幻想创造不消耗能量而获得动力的"永动机",但都失败了。对于这种尝试的最后科学判决只有在能量守恒定律建立以后才成为可能。针对这种创造永动机的企图,热力学第一定律又可以表述为:"永动机是不可能制造成功的。"热力学第二定律是从能量的品质属性阐述能量转换的客观规律,揭示了一切和热运动有关的实际宏观过程都具有不可逆性和方向性,违背热力学第二定律的"第二类永动机"是不可能制造成功的。

　　热能和机械能的转换离不开工质,工质的热力学性质(以下简称热力性质)对于能量转换具有重要影响。为了实现某种能量转换,热力系统的工质状态必须连续变化,这一过程称为热力过程。工质热力性质和热力过程的分析是紧密相关的。动力循环和制冷循环都是通过工质的循环来实现热能和机械能之间的连续转换的,换热器也是冷热流体通过间壁进行热交换的。因为热力系统中实现能量转换或传递的工质通常为流体,所以需要考虑流体的行为。

　　无论是热能的直接利用还是间接利用,都涉及热能的传递问题。热传递是非平衡过程,凡是有温差的地方,内能永远自发地从温度高的物体向温度低的物体传递。在所有条件都相同的情况下,两个物体温度相差越大,内能的传递速度越快,当冷热程度不同的物体互相接触时,热传递要进行到它们的温度相等(即达到热平衡)时才会停止。一个物体不同部分的温度有差别,则物体内部也会进行热传递,直到温度相同为止。

　　热传递的方式有三种:传导、对流和辐射。实际的热传递往往是两种或三种方式的组合。

三种传热方式分别遵循各自的基本定律。传热学研究中,时间是一个重要变量,重点关注物体的温度分布与变化、传热速率等问题。传热学的研究方法主要有理论分析、数值模拟和实验研究。

实际工程热学问题往往涉及多物理场的相互作用,需要综合运用热力学、流体流动和传热学等多个学科的知识来解决。热力系统的设备设计还涉及材料的热特性,在追求提高热力系统性能效率的同时,还必须考虑材料的耐热能力,以保证热力系统的安全运行。

0.4　关于木书

本书主要介绍热能转换和热传递的基本规律和工程应用,旨在使学习者掌握热力学的基本定律与基本关系、工质的热力性质和热力过程、动力循环与制冷循环的基本原理、流体流动行为、热量传递的基本方式和定律、传热过程与换热设备、工程材料的热学性能等内容和分析方法,为从事机械工程和航空航天制造工程及相关专业的工作奠定基础。

热学原理在机械工程中具有广泛的应用,热学知识是机械工程专业知识体系的重要组成部分。从事机械工程专业技术工作,既要掌握热学原理,也要涉及装备结构的设计与制造。装备结构设计应考虑材料的热物性,材料的热加工与热作用直接相关,冷加工也会产生热效应。这就需要面向工程适当拓展热学知识的边界,促进学科交叉和专业知识体系的整体化。因此,本书初步探索了热流科学与材料热学基本知识的融合,目的是为机械工程专业课程教学提供多学科支撑。尽管如此,本书在知识体系和内容表述方面仍然依循传统方式,以便于课程教学的延续。教学中应注重理论与工程实际相结合,突出多学科交叉的作用,培养学生的知识集成应用能力。

第1章 热力学基本概念

热力学是研究物质的能量(特别是热能)性质及其转换规律的科学。热力学基本概念是热力学理论及应用的基础。本章主要介绍热力系统及状态、状态参数、热力过程、热与功等基本概念。

1.1 热力系统及状态

热能与机械能的转换需要通过热力系统(简称"系统")来实现。热力学分析的目的是为热力系统的设计及应用等方面提供依据,主要涉及系统与其外界的相互作用,或一个系统与其他系统的相互作用。系统状态及其表征在热力学分析中具有重要作用。

1.1.1 热力系统

1. 系统及类型

研究工程中的热力学问题,需要选取某些确定的物质或某个确定空间中的物质作为研究对象,也即定义热力系统或系统。系统是人为划定的一定范围内的研究对象,系统边界以外的部分称为外界或环境。系统通过边界可与外界发生各种相互作用,如热量交换、功量交换及质量交换。系统与外界之间的边界可以是真实的(如某个固定的或移动的边界),也可以是人为划定的一个假想界面。如图0-7(a)中虚线所框定的区域就分别表示火力发电厂不同的分系统。其中系统 A 的作用是使化学能转变为热能,将水加热转变为驱动汽轮机的高压高温蒸气;系统 B 利用蒸气的膨胀做功,将热能转换为机械能;系统 C 将机械能转换为电能输出;系统 D 为冷却系统。任何一个热能动力装置(热机)总是用某种媒介物质、从某个能源获取热能,从而具备做功能力并对机器做功,最后又把余下的热能排向环境。

工程热力学不深入研究各种热机的具体结构和各自的特性,而是对所有热机的共同问题进行探讨。上述蒸汽动力装置的吸热、膨胀做功、排热过程对任何一种热能动力装置都是共通的,也是本质性的。实现热能和机械能相互转化的媒介物质叫做工质;被工质从中吸取热能的物系叫做热源(或称高温热源);接受工质排出热能的物系叫做冷源(或称低温热源)。热源和冷源可以是恒温的,也可以是变温的。因此,热能动力装置的工作过程可概括为:工质自高温热源吸热,将其中的一部分转化为机械能而做功,并把其余部分传给低温热源(如图1-1所示)。

为分析问题方便起见,热力学中常将所研究的系统从周围物体中分割出来,研究系统与周围物体之间能量和物质的传递。热力学研究的系统是由大量粒子组成的、特定的、在有限范围内的物质,这一宏观物质客体称为热力系统(如图1-2所示),简称系统(System)。与此系统相互作用的周围环境,称为系统的外界(Surroundings)。系统和外界之间的分界面称为系统边界(Boundary)。系统边界可以是固定的,也可以是运动的。

系统的选取主要取决于热力分析的具体需要。例如,对于图1-1所示的蒸汽动力装置,可以将整个蒸汽动力装置作为一个热力系统,也可以选取锅炉作为一个热力系统,或者选取汽轮机作为热力系统(如图1-3所示)。合理准确地选用和确定热力系统,对于分析能量转换过程是很重要的。

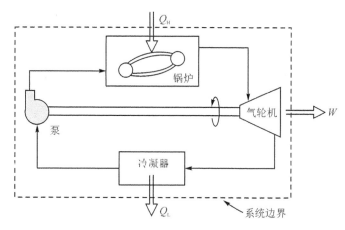

图 1 - 1　蒸汽动力装置

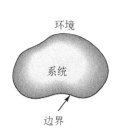

图 1 - 2　系统、外界和边界

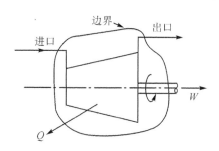

图 1 - 3　汽轮机系统示意图

热力学系统承担能量的存储、转换或传递任务。根据热力系统与外界之间能量和物质交换的情况,热力系统可分为不同的类型。

① 与外界有能量交换,但没有物质交换的热力系统称为封闭系统(闭口系)。封闭系统内具有固定的质量(也称为控制质量),如图 1 - 4(a)所示。

② 与外界既有物质交换,又有能量交换的热力系统称为开放系统(开口系)。开放系统内的能量和质量都可以变化,但为了分析方便,通常把研究范围设定在一定的空间范围内,这个设定的空间称为控制容积(或控制体),如图 1 - 4(b)所示。

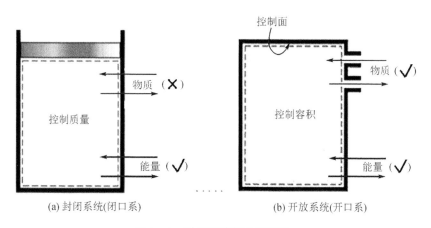

(a) 封闭系统(闭口系)　　　　　　(b) 开放系统(开口系)

图 1 - 4　封闭系统与开放系统

③ 与外界无热量交换的系统称为绝热系统(绝热系)。

④ 与外界没有任何相互作用的热力系统称为孤立系统(孤立系)。

热力学还涉及一些特殊的系统,如具有无限大热容量的系统。该系统在放出或吸收有限热量时不改变系统自身的温度,被称为热源或热库。热源与外界仅有热量的交换,根据其作用的不同,有高温热源以及低温热源等。高温热源向外界放出有限热量时,自身的温度维持不变;低温热源从外界吸收有限热量时,自身的温度维持不变。

根据物质组分情况的不同,热力系统可分为单元系、多元系、单相系、多相系、均匀系、非均匀系等。图 1-5 为水和水蒸气组成的两相系统。

2. 工 质

热能的输送或转移是通过热力系统的工作物质来实现的,这些可以用来携带、输送、转移热能,或通过热力循环将热能转变为机械能(或电能)的媒介物质或工作物质统称为工质。工程实际中用到的工质(一般情况下均为流体)为气体状态、液体状态或气-液共存状态。

工质需要具备以下特性:①膨胀性;②流动性;③热容量;④稳定性、安全性;⑤对环境友善;⑥价廉,易大量获取。不同工质实现能量转换的特性不同,为了安全有效地进行热能利用和传输,研究工质的热力性质并选择合适的工质是工程热力学分析的基础。

在热力工程中,能量转换是通过工质的状态变化来实现的。最常用的工质是一些可压缩流体,如蒸汽动力装置中的水蒸气、燃气轮机装置中的燃气等。由可压缩流体构成的热力系统称为可压缩系统,只有可压缩系统才能做体积变化功。图 1-6 为工程热力学分析中常用的气缸——活塞与气体组成的可压缩系统。如果可压缩系统与外界只有准静态体积变化功(膨胀功或压缩功)交换,则此系统称为简单可压缩系统。工程热力学中讨论的大部分系统都是简单可压缩系统。

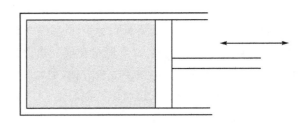

图 1-5 两相系统   图 1-6 典型可压缩系统

1.1.2 系统状态

1. 平衡状态

系统在某一瞬间所呈现的宏观物理状况,称为系统的状态(State)。对于一定的热力系统,在外界对它既不传热也不做功的条件下,无论其初始状态如何,经过一定时间后,必将达到其宏观物理性质不随时间变化的状态,这种状态称为平衡状态,简称平衡态。系统处于平衡态时,具有确定的状态参数(如图 1-7 所示)。平衡态是热力学中重要的基本概念之一。处于平衡态时,系统同时处于热平衡、力学平衡、相平衡和化学平衡状态。

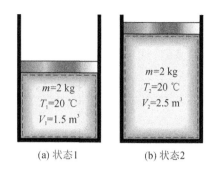

(a) 状态1　　　　　　(b) 状态2

图 1 - 7　同一系统两种不同的状态

① 热平衡:体系的各个部分温度相等。

② 力学平衡:体系各部分之间、体系与环境之间没有不平衡的力存在。即在不考虑重力场的影响下,体系内部各处的压力相等,且等于环境的压力。

③ 相平衡:当体系不止一相时,各相的组成不随时间而变化。相平衡是物质在各相之间分布的平衡,如水和水蒸气的两相平衡。

④ 化学平衡:当体系内各物质之间有化学反应时,达到平衡后,体系的组成不随时间而改变。

只有同时满足以上四个条件的体系才是热力学平衡体系,否则为非平衡态体系。热力学所研究的是热力学平衡体系,只有这样的体系才能用统一的宏观性质来描述体系的状态。

平衡态的概念是实际情况的一个合理抽象和近似,实际问题中不存在完全没有外界影响的孤立系,因而实际系统总是处于非平衡态。平衡态只是系统受外界影响很小,其宏观性质随时间变化极为缓慢情况下的一种理想化的概念。但若影响系统状态使其发生改变的外界条件的变化速率相对于系统由非平衡态趋向平衡态的速率足够小,就可以借用平衡态概念使问题大为简化。

应当指出,当系统处于平衡态时,虽然它的宏观性质不随时间变化,但从微观层面看,组成系统的大量分子仍在不停地做热运动,只是大量分子热运动的平均效果不随时间变化。因此,这里所说的平衡态是一种动态平衡,常称为热动平衡。

2. 热力学第零定律

经验表明:各自处于热平衡状态的两个物体发生热接触后,若两个物体的状态都发生了变化,并在经过一段时间后达到了热平衡,则说明这两个物体原先各自处于不同的热平衡状态;若接触后两个物体仍然保持原先各自的状态,则说明这两个物体原先各自处在相同的热平衡状态。例如,对于图 1 - 8 所示的 A、B、C 三个热力系统,在绝热环境下,若处于确定状态的 A 分别与 B、C 处于热平衡,则 B 与 C 两个系统必定处于热平衡状态。这便是热力学第零定律:如果两个系统分别与处于确定状态的第三个系统达到热平衡,则这两个系统彼此也将处于热平衡状态。

热力学第零定律给出了温度的概念,即相互热平衡的系统必然具有某种共同的宏观状态参数值,未达到热平衡的两个平衡态的这一参数值不同。这个参数被定义为温度,用符号 T 表示,是判断一个系统与其他系统是否处于热平衡状态的宏观性质。一切处于热平衡状态的系统,其温度均相等。

热力学第零定律在给出了温度概念的同时,也指出了比较和测量温度的方法。由于一切处于热平衡状态的系统具有相同的温度,因此可以选定一种合适的物质(称作测温物质)作为

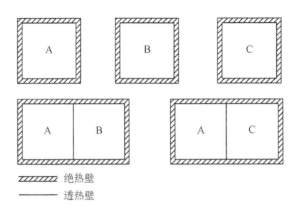

绝热壁
透热壁

图 1-8　热力学第零定律示意图

系统,通过这个系统与温度有关的特性来测量其他系统的温度。这个合适的系统就成了一个温度计。实验表明,物质的许多性质都随温度的改变而发生变化,一般以测温物质的某种随温度呈单调、显著变化的性质作为测温特性来表示温度,如金属丝的电阻、封闭在细管中的水银柱的高度等。

3. 非平衡状态与稳定状态

平衡态是在一定条件下对实际情况的概括和抽象,是一种理想的状态。事实上,自然界中并不存在完全不受外界影响,并且宏观性质又绝对不变的系统。人们在研究有关热力学问题时,为使问题简化,常把实际的状态近似地当作平衡状态处理。

系统保持平衡态是暂时的、有条件的;一旦平衡条件被外界介质作用所破坏,体系就不再处于平衡态。只要力学平衡、热平衡、化学平衡三者之一被破坏,系统状态就会变为非平衡态。非平衡状态是指系统的状态参数会随时间变化,或者状态参数的分布存在某种不均匀性。这种系统状态变化过程中所经历的每一个状态都是偏离平衡的,此过程称为非平衡过程。因此,非平衡过程一定是不可逆过程。非平衡态热力学分析比平衡态热力学分析要复杂得多。

非平衡体系总体上是不均匀的,这种不均匀性总是要自发地趋于均匀,这可以视为不可逆性的根源。其中的均匀是相对于空间而言的,处于均匀状态的系统,其内部空间各点的状态均匀一致,系统内部宏观参数可以随时间变化,但不随空间位置而变化。非平衡体系必然地处于演化之中,其内部会存在各种传输过程,因此,时间是非平衡态热力学的一个基本因素。

需要注意的是,平衡状态与稳定状态的区别和联系。所谓稳定状态,是指热力学系统状态参数不随时间变化的状态。例如,两端分别与冷热程度不同的恒温热源接触的金属棒(如图 1-9 所示),经过一段时间后,金属棒上各点将有不随时间变化的确定的冷热状态,此即稳定状态。但此时,金属棒内存在温度差,处于不平衡状态,因此稳定未必平衡。如果系统处于平衡状态,则由于系统内无任何势差,系统必定处于稳定状态。

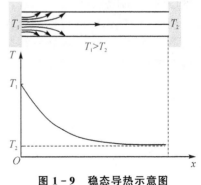

图 1-9　稳态导热示意图

1.1.3　状态参数与状态方程

1. 状态参数及性质

(1) 状态参数

系统处于平衡态时的宏观物理量都有确定值,若给定了热力系的状态参数,该热力系的状态(相应的平衡态)也就完全被确定了,这样就可以用宏观物理量来描述系统的状态。完整描述给定系统的热力状态所需要的参数称为热力状态参数,简称状态参数。工程热力学分析常用的状态参数主要有温度(T)、压力(p)、比体积(v)、内能(U)、熵(S)、焓(H)、自由能等。其中,p、T、v 可以直接用仪表测量,且其物理意义易被理解,所以称为描述工质状态的基本状态参数。其余状态参数可根据基本状态参数间接导出,称为非基本状态参数。本节主要介绍基本状态参数,其他状态参数将在后续内容中介绍。

① 压　力

压力为工质施加于容器壁面上的实际压力,称为绝对压力,单位为 Pa(或 N/m^2),工程上亦常用 kPa 与 MPa。压力一般用压力计测量,由于测量时处于大气环境中,故测定的是绝对压力和当地大气压力的差值,即相对压力。若绝对压力记作 p,压力计的读数压力即表压力则记作 p_g。由图 1-10 可知,表压力是绝对压力高出当时当地大气压力 p_0 的数值,则有

$$p = p_0 + p_g \tag{1-1a}$$

当容器内气体的绝对压力低于外界大气压力时,表压力为负数,仅取其数值,称之为真空度,记作 p_v,则有

$$p = p_0 - p_v \tag{1-1b}$$

表压力、真空度都只是相对于当时当地的大气压力而言的。显然,只有绝对压力才是真正说明气体状态的状态参数。

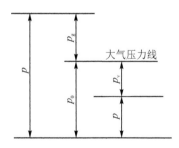

图 1-10　表压力、真空度与绝对压力的关系

② 温　度

一切热现象和物质热运动的性质都与温度有关。温度是用来描述物体冷热程度的参数,同时也反映自发过程中热能传递的方向,温度高的物体会自发地向温度低的物体传递热能。温度是热力学系统所特有的宏观状态量,因此,对物体的冷热程度进行科学的计量是非常重要的。描述或量度物体温度高低的统一衡量标尺称为温标。温标具体规定了温度的基准点和温度间隔的冷热程度。

热力学温标的温度单位是开尔文(K),其与摄氏温标(℃)的关系为

$$T/\text{K} = T/℃ + 273.15$$

采用热力学温标确定的温度称为热力学温度。热力学温度是确定一个系统是否与其他系统处于热平衡的状态函数。热力学的最低温度是热力学温标的零度,称为绝对零度。绝对零度永远也不可能达到,只能无限趋近,这就是热力学第三定律。

③ 比体积 v

比体积 v 是单位质量的物质所占有的体积,单位为 m^3/kg。单位容积的工质所具有的质量称为密度,用符号 ρ 表示,单位为 kg/m^3。比体积 v 和密度 ρ 不是两个而是一个独立的状态参数,二者之间的关系为 $v\rho = 1$。而容积 V 不仅包括系统中工质的体积,而且包括工质微粒的活动空间。

(2) 状态参数的性质

状态参数可以分为强度性质(Intensive property)和广延性质(Extensive property)两种类型(见表 1-1 及图 1-11)。强度性质又称为内含性质,指数值取决于系统自身特点、与系统物质的量无关的物理量(如温度、压力等),不具有加和性;广延性质又称为广度性质、外延性质、容量性质,指数值与系统物质的量成正比的物理量(如体积、质量、熵等),具有加和性(整体性质等于组成整体的各部分性质之和)。应该注意,虽然温度和压力均为强度量,但在实际过程中,它们的变化特性有区别:压力的变化速度快,以声速传播;温度的变化速度慢,随着热量的传递而改变。在一个热力系统中,当温度和压力都改变时,温度的改变具有滞后性。

表 1-1 常用状态参数与单位

强度性质		广度性质	
符 号	单 位	符 号	单 位
比体积—v	m^3/kg	体积—V	m^3
密度—ρ	kg/m^3	质量—M	kg
比焓—h	J/kg	焓—H	J
比热力学能—u	J/kg	热力学能—U	J
比熵—s	$J/(kg \cdot K)$	熵—S	J/K
温度—T	K	动能—E_k	J
压力—p	Pa	势能—E_p	J

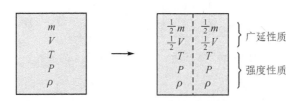

图 1-11 状态参数的广延性质与强度性质

状态参数单值地取决于状态,也就是说,体系的热力状态一经确定,描述状态的参数的数值也就随之确定。当系统由初态 1 变化到终态 2 时,任一状态参数的变化等于初、终态下该参数的差值,而与其中经历的路径无关,即

$$\Delta z = \int_1^2 \mathrm{d}z = z_1 - z_2 \tag{1-2}$$

式中,z 为任意状态参数。根据状态函数的数学特征,状态参数是全微分,其闭曲线积分为

0,即

$$\oint \mathrm{d}z = 0 \qquad\qquad (1-3)$$

若状态函数 z 可以表示为两个独立变量 x、y 的函数,即 $z=z(x,y)$,则

$$\mathrm{d}z = \left(\frac{\partial z}{\partial x}\right)_y \mathrm{d}x + \left(\frac{\partial z}{\partial y}\right)_x \mathrm{d}y \qquad\qquad (1-4\mathrm{a})$$

且

$$\frac{\partial^2 z}{\partial x \partial y} = \frac{\partial^2 z}{\partial y \partial x} \qquad\qquad (1\quad 4\mathrm{b})$$

同理,状态函数 x 也可以表示为 $x=z(y,z)$,而 $z=z(x,y)$,则 $\mathrm{d}x$ 为

$$\mathrm{d}x = \left(\frac{\partial x}{\partial y}\right)_z \mathrm{d}y + \left(\frac{\partial x}{\partial z}\right)_y \mathrm{d}z$$

结合式(1-4a)有

$$\mathrm{d}x = \left(\frac{\partial x}{\partial z}\right)_z \mathrm{d}y + \left(\frac{\partial x}{\partial z}\right)_y \left[\left(\frac{\partial z}{\partial x}\right)_y \mathrm{d}x + \left(\frac{\partial z}{\partial y}\right)_x \mathrm{d}y\right]$$

即

$$\begin{aligned}
\mathrm{d}x &= \left[\left(\frac{\partial x}{\partial y}\right)_z + \left(\frac{\partial x}{\partial z}\right)_y \left(\frac{\partial z}{\partial y}\right)_x\right] \mathrm{d}y + \left(\frac{\partial x}{\partial z}\right)_y \left(\frac{\partial z}{\partial x}\right)_y \mathrm{d}x \\
&= \left[\left(\frac{\partial x}{\partial y}\right)_z + \left(\frac{\partial x}{\partial z}\right)_y \left(\frac{\partial z}{\partial y}\right)_x\right] \mathrm{d}y + \mathrm{d}x
\end{aligned}$$

由此可得

$$\left(\frac{\partial x}{\partial y}\right)_z = -\left(\frac{\partial x}{\partial z}\right)_y \left(\frac{\partial z}{\partial y}\right)_x$$

整理可得

$$\left(\frac{\partial x}{\partial y}\right)_z \left(\frac{\partial y}{\partial z}\right)_x \left(\frac{\partial z}{\partial x}\right)_y = -1 \qquad\qquad (1-4\mathrm{c})$$

式(1-4c)称为循环关系。为便于后续对热力学关系进行分析,可参考图 1-12 来应用状态函数的循环关系。

在热力学关系推导中,常需要用到状态函数的微分性质,如状态函数的偏微商的倒数关系

$$\left(\frac{\partial T}{\partial p}\right)_v = \frac{1}{\left(\dfrac{\partial p}{\partial T}\right)_v}$$

以及状态函数的偏微商之间的循环关系。例如,用 p、T、v 替换式(1-4c)中的 x、y、z 可得

$$\left(\frac{\partial p}{\partial T}\right)_v \left(\frac{\partial T}{\partial v}\right)_p \left(\frac{\partial v}{\partial p}\right)_T = -1$$

对于简单可压缩系统,可以任选两个参数组成二维平面坐标图,以此来描述被确定的平衡状态,这种坐标图称为状态参数坐标图。如图 1-13 所示,1、2 两点为两个平衡状态点,分别由两组独立的状态参数(p_1,v_1)和(p_2,v_2)确定。

如果系统处于非平衡状态,没有确定的状态参数值,那么就无法在图上加以表示。对于任意系统而言,则需要引入其他状态变量。在热力学分析中,就是根据系统状态参数的变化情况对过程的能量转换和过程方向、限度等问题进行判定。

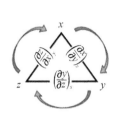

图 1 - 12　循环关系图示

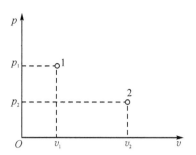

图 1 - 13　平衡状态图(p - v 图)

2. 状态方程

系统状态的变化是通过状态参量的改变进行表征的,这些状态参量之间存在一定的函数关系,称为状态方程。对于简单可压缩系统,可以用温度(T)、压力(p)、体积(V)或比体积($v=V/m$, m 为工质的质量)作为状态参数,这些状态参数之间存在以下关系

$$f(p,v,T)=0 \tag{1-5}$$

式(1-5)表明,简单可压缩系统的状态参量只有两个是独立的,即只需其中两个强度性质就能确定体系状态。例如,以 T、p 为独立变量,把体系其他强度性质表示为 T、p 的函数,则有

$$v=v(T,p)$$

或

$$T=T(v,p)$$
$$p=p(T,v)$$

其他热力学函数,如后续引入的热力学能、焓、熵、自由能等,均可以如此表示。对 $v=v(T,p)$ 应用全微分性质则有

$$\mathrm{d}v=\left(\frac{\partial v}{\partial T}\right)_p \mathrm{d}T + \left(\frac{\partial v}{\partial p}\right)_T \mathrm{d}p$$

以及

$$\frac{\partial^2 v}{\partial T \partial p}=\frac{\partial^2 v}{\partial p \partial T}$$

同理可以得到其他热力学函数与此类似的关系。

状态方程反映了工质的物理性质,不同的工质具有不同的状态方程。如理想气体状态方程为

$$pv=R_g T \tag{1-6}$$

式中,R_g 为气体常数,其数值只与气体的性质有关,而与气体所处的状态无关。工程计算中还常常使用以摩尔(mol)为物质的量的单位的理想气体状态方程,即

$$p\bar{v}=RT \tag{1-7}$$

式中,$\bar{v}$ 为气体的摩尔体积;R 为摩尔气体常数(或称通用气体常数),其数值与气体的性质和状态均无关。在标准状态下($p_0=1.013\,25\times10^5$ Pa,$T_0=273.15$ K),$R=8.314\,5$ J/(mol·K)。R 与 R_g 之间的关系为 $R=MR_g$,M 为气体的摩尔质量。

质量为 m 和物质的量为 n 的理想气体状态方程分别为

$$pV=mR_g T \tag{1-8a}$$

$$pV = nRT \tag{1-8b}$$

若将理想气体状态方程表示为

$$v = v(T, p) = \frac{R_g T}{p}$$

则由其全微分性质可得

$$\left(\frac{\partial v}{\partial T}\right)_p = \frac{R_g}{p}$$

$$\left(\frac{\partial v}{\partial p}\right)_T = -\frac{R_g T}{p^0}$$

$$\frac{\partial^2 v}{\partial T \partial p} = \frac{\partial^2 v}{\partial p \partial T} = -\frac{R_g}{p^2}$$

1.2　热力过程

　　热能和机械能的相互转换需要通过工质状态变化的热力过程来实现,研究热力过程的主要任务也就是揭示过程中工质状态参数的变化规律和相应的能量转换情况。

1.2.1　过程与循环

1. 过　程

　　一个热力学系统处于热力学平衡态时,只要没有外界的作用,它的状态变量就不随时间变化。如果外界对系统产生影响,则平衡态会被破坏,系统会过渡到另一个平衡态。系统从一个状态向另一个状态的过渡,或者说热力学状态随时间的变化,称为热力过程,简称过程。系统在过程中所经历的一系列状态的具体描述称为路径(如图 1-14 所示)。例如,在物态变化中,汽化是物质由液态转变为气态的过程,是凝结的相反过程,都是热力过程。按过程所经历中间状态的性质,可把热力过程分为准静态过程和非准静态过程。

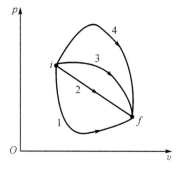

图 1-14　过程与路径

　　热力过程的目的主要是实现预期的能量转换,以及获得预期的状态变化。实际上,工质经过任一热力过程,必有与之相应的能量转换。因此,工质的状态变化及其相应的能量转换正是反映同一事物(热力过程)的两个不同方面。

　　工程中的热力过程往往是复杂的,工质的状态参数都在变化,不易找出变化规律,难以进行计算分析。为此,需要根据热力过程中有关状态参数的变化情况以及与外界的作用情况进行简化处理,通常可采用定温过程、定压过程、定容过程、绝热过程等典型热力过程进行近似分析。例如,假设使用的工质为理想气体,其过程方程式通常都可以近似地表示为下述形式

$$pv^n = 常数 \tag{1-9}$$

式中,n 可以为任何常数。显然,当 n 取不同的数值时,状态参数的变化过程不同,而过程的性质也不同。因此,式(1-9)代表了无穷多个性质不同的过程,这类过程统称为多变过程,而指

数 n 称为多变指数。

前述四种典型热力过程均为多变过程的某种特例：

当 $n=0$ 时，$pv^0=p=$ 常数，即为定压过程；

当 $n=1$ 时，$pv=$ 常数，即为定温过程；

当 $n=\kappa$ 时，$pv^\kappa=$ 常数，即为绝热过程，其中 κ 称为绝热指数；

当 $n=\infty$ 时，$p^{1/n}v=p^0v=$ 常数，即为定容过程。

图 $1-15$ 表示了四种典型过程在 $p-v$ 图上的位置，说明随着 n 的变化，多变过程在图上的位置也发生变化。除了定容、定压、定温、绝热四种过程的膨胀（或降压）过程线，即图 $1-15$ 中由点 1 出发指向右下方的四个过程曲线外，在图中也画出了由点 1 出发的这四种过程的压缩（或压力升高）过程曲线，即指向左上方的四条过程曲线。能量转换装置中的热力过程，大部分属于上述两组图线范围内的多变过程，也即 $n>0$ 的过程，而图上阴影范围以内的过程为 $n<0$ 的多变过程。

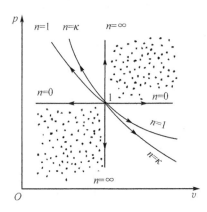

图 $1-15$　理想气体典型热力过程

2. 循　环

热功转换的主要途径是工质的膨胀或压缩，在工程应用上是通过热机来实现的。工质在热机气缸中仅仅完成一个膨胀过程不可能实现连续做功，为了重复地进行膨胀过程，连续不断地进行热功转换，工质在每次膨胀做功之后，必须经历某种压缩过程，以恢复到初态，以便重新膨胀做功。这种工质从初态经过一系列中间状态又回到初态的闭环过程，称为热力循环，简称循环。

根据循环效果及进行方向的不同，可以把循环分为正向循环和逆向循环。将热能转化为机械能的循环为正向循环（动力循环），依靠消耗机械功而将热量从低温热源传给高温热源的循环为逆向循环（制冷循环）。在热力学分析中，通常将这两种循环装置用图 $1-16$ 来表示。正向循环在 $p-v$ 图上都是按顺时针方向进行的（如图 $1-17$(a)所示），逆向循环在 $p-v$ 图上都是按逆时针方向进行的（如图 $1-17$(b)所示）。经过一个循环之后，系统回到初态，状态参数没有发生变化。

不论是正向循环还是逆向循环，通常都将循环得到的收益与循环付出的代价之比称为循环经济性指标，即

$$循环经济性指标 = \frac{循环得到的收益}{循环付出的代价} \tag{1-10}$$

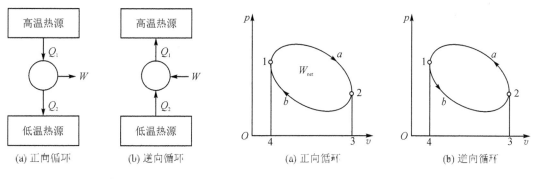

(a) 正向循环　(b) 逆向循环

图 1-16　循环装置

(a) 正向循环　(b) 逆向循环

图 1-17　正向循环与逆向循环

1.2.2 准静态过程

如果系统状态变化过程中所经历的每一个状态都无限地接近平衡状态，则这种过程称为准平衡过程，又称准静态过程。准静态过程是由初、终平衡状态以及一系列无限接近于平衡状态的中间状态组成的热力过程，如图1-18所示。设想将放置在处于平衡态的活塞上的微粒慢慢地一粒一粒移去，每移走一粒，热力系只发生微小的状态变化，每个状态与平衡态的偏离程度都非常小，过程中的状态可以近似地看作平衡态，这样就可以实现准静态过程，只是过程进行得很缓慢。

同样的分析可以应用于热力系的加热或冷却过程，即只要加热或冷却的温差（热不平衡势差）趋于无限小，对热力系缓慢地加热或冷却，则加热或冷却过程也可以视为准静态过程。

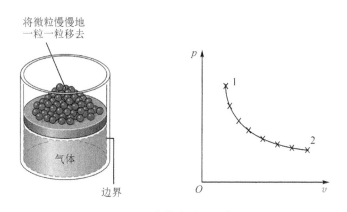

图 1-18　准静态过程示意图

准静态过程是一种理想化的热力过程，任何实际过程都是不平衡过程。但在热力学中，为便于分析，可将许多实际热力过程当作准静态过程处理，只有准静态过程才可以在参数坐标图上表示为一条连续的曲线。如图1-19所示，曲线1—2代表活塞的准静态压缩过程，曲线上的每一点都代表过程中的一个平衡状态。实际的非平衡态过程是无法在状态图上表示的。

1.2.3 可逆过程与不可逆过程

热能总是自发地从温度较高的物体传向温度较低的物体，机械能总是自发地转变为热能，气体总是自发地膨胀，这些现象都说明过程具有方向性，即过程总是自发地朝着一定的方向进行。这类从不平衡态自发地移向平衡态的过程称为自发过程。在没有外界影响的情况下,自发过程的反方向不能自动进行,这种过程称为非自发过程,也称为不可逆过程。

一个系统由某一初态出发,经一个过程,系统发生了变化,外界也要发生变化,二者均达到另一状态(末态)。对于这一原过程,若存在另一过程,能使系统和外界完全复原,即系统由末态回到初态,同时消除原过程对外界的一切影响,不留下任何痕迹,则原来的过程是可逆过程,其逆过程亦为可逆过程。如果循环中的每个过程都是可逆的,则这个循环称为可逆循环。含有不可逆过程的循环称为不可逆循环。

一个可逆过程,首先应是准静态过程,满足热的和力的平衡条件,同时在过程中没有任何耗散效应。这也是可逆过程的基本特征。图 1-20 所示的快速压缩与膨胀以及自由膨胀都不是准静态过程,因此是不可逆过程。准静态过程与可逆过程的区别在于,准静态过程只着眼于工质内部的平衡,有无外部机械摩擦对工质内部的平衡并无影响,准静态过程进行时可能发生能量耗散。可逆过程则是分析工质与外界作用所产生的总效果,不仅要求工质内部是平衡的,而且要求工质与外界的作用可以无条件地逆复,过程进行时不存在任何能量的耗散。例如,热在温度相等的物体间传输的过程是可逆过程,无摩擦的准静态过程是可逆过程。对于图 1-18 所示的准静态过程,若过程无摩擦等耗散效应,则为可逆过程;而非准静态过程则为不可逆过程,二者的比较如图 1-21 所示。可见,可逆过程必然是准静态过程,而准静态过程只是可逆过程的必要条件。因此,可逆过程必定可用状态参数图上的连续实线表示。

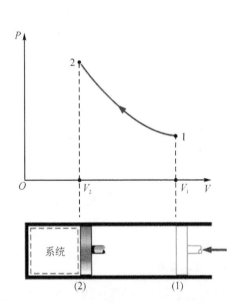

图 1-19 活塞的准平衡压缩过程

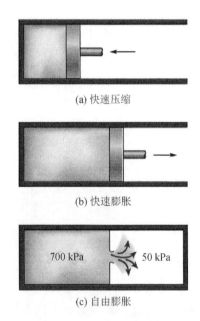

图 1-20 不可逆压缩与膨胀过程

自然界一切实际过程都不可能是可逆过程,但可控制条件,如通过消除摩擦力、黏滞力和电阻等产生耗散效应的因素的影响,以避免热效应,从而使系统在达到平衡态后,作无限缓慢的变化,这样就可近似实现可逆过程。自然界中各种不可逆过程都是互相关联的,即由某一过程的不可逆性,可推断另一过程的不可逆性。实际热力设备中所进行的一切热力过程,或多或少地存在着各种不可逆因素。研究热力过程就是要设法减少不可逆因素,使其尽可能地接近可逆过程。可逆过程的概念是对实际过程的理想化,是一切实际过程力求接近的理想目标。

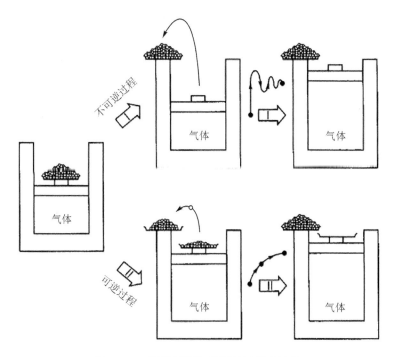

图 1 - 21 可逆过程与不可逆过程的比较

例题 1 - 1 判断下列过程是否可逆,并简要说明判断依据。

(1) 对刚性容器内的水加热,使其在恒温下蒸发。

(2) 对刚性容器的水进行搅拌做功。

(3) 对刚性容器内的空气进行缓慢加热,使其从 25 ℃升高至 100 ℃。

解:(1) 可以是可逆过程,也可以是不可逆过程,取决于热源温度与水温是否相等。若二者相等,则为可逆过程;若不相等,则存在温差传热的不可逆因素,便是不可逆过程。

(2) 对刚性容器的水进行搅拌的过程伴随有摩擦扰动,存在内部不可逆因素,是不可逆过程。

(3) 可以是可逆过程,也可以是不可逆过程。若加热足够缓慢,能够保证热源温度与刚性容器内的空气温度随时相等或随时保持无限小的温差,则为可逆过程,否则为不可逆过程。

1.3 热和功

系统与外界的能量交换是通过系统与外界的相互作用实现的。这种相互作用主要发生在边界上,其结果导致系统内的状态参数发生改变。做功和传热是系统与外界相互作用的两种方式,热和功是系统与外界之间所传递的能量,热力系统通过热或功的作用实现不同形式能量的转换。

1.3.1 热

热是物质运动的表现形式之一,其本质是大量的实物粒子(分子、原子等)永不停息地做无规则运动。热与实物粒子无规则运动的速度有关,无规则运动越强烈,则该物体或系统就越热,温度也越高。

热的另一种含义是热量。由于存在温度差,在热传递过程中,物体(系统)吸收或放出能量的多少,叫做"热量"。它与功一样,都是系统能量传递的形式,并可作为系统能量变化的量度。热量是热学中最重要的概念之一,它是量度系统内能变化的物理量。热传递的过程实质上是能量转移的过程,而热量就是能量转换的一种量度。

热传递的条件是系统间有温度差,在参加热交换的不同温度的物体(或系统)之间,热量总是由高温物体(或系统)向低温物体(或系统)传递,直到两个物体的温度相同,达到热平衡为止。即使是在等温过程中,物体的温度也会不断出现微小的差别,通过热量传递而不断达到新的平衡。

对于参与热传递的任何一个系统,只有在与其他系统之间有温差时,才能获得或失去能量。另外,对于系统本身来说,所获得或失去的这部分能量(即热量),并不一定全部用来升降自身的温度,也可用来使自身发生物态的变化。若从分子运动论的观点来看,热量传递实际就是将系统分子无规则的热运动转移到另一系统,使该系统的分子热运动的动能或分子间相互作用的势能发生变化。

热量不是热力系本身所具有的能量,其值并不由热力系的状态确定,而是与传热时所经历的具体过程有关。所以,热量不是热力系的状态参数,而是一个与过程特征有关的过程量。

热量一旦越过系统的边界,就会引起系统或外界能量的改变。热力学规定:热力系统吸热时热量取正值,放热时热量取负值。用符号 Q 表示质量为 m(kg)工质吸收或放出的热量,单位是 J 或 kJ;单位质量(1 kg)工质吸收或放出的热量用符号 q 表示,单位是 J/kg 或 kJ/kg。对于微元过程,则分别用 δQ 和 δq 表示,对于准静态过程 1—2 则有

$$Q = \int_1^2 \delta Q \tag{1-11}$$

或

$$q = \int_1^2 \delta q \tag{1-12}$$

1.3.2 功

功是在没有热传递的过程中,系统能量变化的量度。而热是在没有做功的过程中,系统能量变化的量度。热量可以通过系统转化为功,功也可以通过系统转化为热量,一定量的热量和一定量的功是相当的。做功总是和宏观位移相联系的,宏观位移过程总是大量分子都做同样位移的运动过程,与分子无规则热运动相比,这种同样位移的运动可以叫做分子的有规则运动。通过做功来改变系统的内能,是系统分子的有规则运动转化为另一系统分子的无规则运动的过程,也就是机械能或其他能和内能之间的转化过程。通过传热来改变系统的内能,是通过分子间的碰撞以及热辐射来完成的。它将分子的无规则运动从一个系统转移到另一个系统,这种转移也就是系统间内能转换的过程。状态确定,系统的内能也随之确定。

热与功都是瞬态现象和边界现象,只是当系统的状态发生变化,热与功穿越系统的边界时才能被观察到(如图 1-22 所示),二者都是穿越系统边界时的能量形式。

工程热力学主要研究热能与机械能的转换,热力系统的体积变化是热转换为功的必要途径。由于热力系体积变化(膨胀或压缩)而通过边界向外界传递的机械功称为体积变化功(膨胀功或压缩功)。热力学规定:系统对外做功时取正值,外界对系统做功时取负值。

热量和功不是状态函数,都是与过程有关的物理量。热量和功的单位是 J 或 kJ。

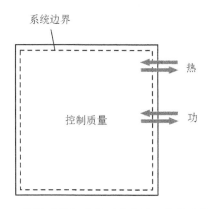

图 1 - 22　能量以热与功的形式穿越系统的边界示意图

1. 体积变化功

气体工质在气缸中进行一次可逆膨胀过程所做的体积变化功可用 p-V 图上过程曲线 1—2 下方(至横轴)区域的面积来表示(如图 1 - 23 所示)。因此,p-V 图也称为示功图。设气体的压力为 p,活塞的面积为 A,活塞移动 $\mathrm{d}x$,由于热力系经历可逆过程,外界压 p_{ext} 力必须始终与系统压力相等,因此系统对外做功为

$$\delta W = pA\,\mathrm{d}x = p\,\mathrm{d}V \tag{1-13}$$

工质从状态 1 膨胀到状态 2 所做的功为

$$W = \int_1^2 \delta W = \int_1^2 p\,\mathrm{d}V \tag{1-14}$$

1 kg 工质从状态 1 膨胀到状态 2 所做的功为

$$w = \int_1^2 \delta w = \int_{v_1}^{v_2} p\,\mathrm{d}v \tag{1-15}$$

在 p-V 图中,过程线从左向右是比体积增大的过程,是系统对外做功的过程;过程线从右向左是比体积减小的过程,是外界对系统做功的过程。由于过程路径(曲线)不同(如图 1 - 24 所

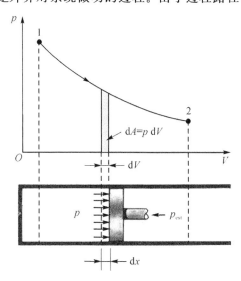

图 1 - 23　可逆膨胀过程的体积变化功

示),膨胀功也不同,所以膨胀功是过程量而不是状态量。

在图 1 - 25 的循环过程中,过程 2—A—1 为膨胀过程,过程功以面积 2—A—1—V_1—V_2—2 表示。过程 1—B—2 为压缩过程,该过程消耗的功以面积 1—B—2—V_2—V_1—1 表示。工质完成一个循环后对外做出的净功称为循环功,以 W_{net} 表示。显然,循环功等于膨胀做出的功减去压缩消耗的功,在 p - V 图上,循环功等于循环曲线包围的面积,即

$$W_{net} = \oint \delta W \tag{1-16}$$

或

$$w_{net} = \oint \delta w \tag{1-17}$$

由此可知,正向循环对外输出有效功量(正的净功),膨胀过程线的位置高于压缩过程线,膨胀功的数值大于压缩功。而逆向循环需要消耗外界提供的功量(负的净功),膨胀过程线位置低于压缩过程线,膨胀功数值小于压缩功。在可逆膨胀过程中系统做的功最大,而使系统复原的可逆压缩过程中环境做的功最小。

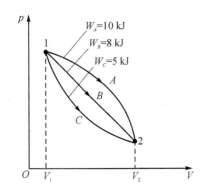

图 1 - 24　体积变化功与路径的相关性

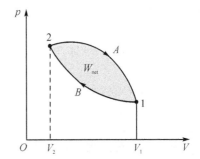

图 1 - 25　系统循环过程所做的净功

例题 1 - 2　某种气体在活塞式气缸中的初始状态为 $p_1 = 1.0$ MPa,$V_1 = 0.1$ m³,经过可逆膨胀后,$V_2 = 0.5$ m³。若膨胀过程中,该气体的压力与体积的关系为 $pV = $ 常数,求该气体在膨胀过程中对外所做的功。

解:由 $pV = $ 常数可得 $pV = p_1 V_1 = $ 常数,则该气体在膨胀过程中对外所做的功为

$$W = \int_{V_1}^{V_2} p \, dV = p_1 V_1 \int_{V_1}^{V_2} \frac{dV}{V} = p_1 V_1 \ln \frac{V_2}{V_1}$$

$$= \left(1 \times 10^3 \times 0.1 \ln \frac{0.5}{0.1} \right) \text{kJ} = 160.94 \text{ kJ}$$

2. 轴　功

工程实际中系统与外界的功量交换更多的是通过传动轴来进行的,这种功称为轴功(如图 1 - 26(a)所示)。系统既可接收外界输入的轴功(水泵、离心制冷机),也可向外界输出轴功(汽轮机)。与体积变化功一致,热力学规定系统对外输出轴功为正值,外界输入轴功为负值。轴功率 P(单位为 W 或 kW)计算如图 1 - 26(b)所示,其中转矩为 $M = Fr$(单位为 N·m),轴功率为

$$P = M\omega = M \frac{\pi n}{30} \tag{1-18}$$

式中，ω 为角速度（rad/s），n 为转速（r/min）。

上述分析表明，做功过程伴随着能量形态的转化，即工质将一部分能量转变为机械能并输出。若过程反过来进行，则可将机械能传递给工质，使工质的能量增加。

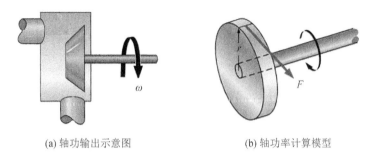

　　　(a) 轴功输出示意图　　　　　　　　(b) 轴功率计算模型

图 1 – 26　轴功及功率计算

例题 1 – 3　某驱动轴的转速为 3 000 r/min，转矩为 100 N·m，计算该驱动轴的轴功率。

解：根据式（1 – 18）可得该驱动轴的轴功率为

$$P = M\frac{\pi n}{30} = \left(100 \times \frac{3.14 \times 3\ 000}{30}\right)\ \text{kW} = 31.40\ \text{kW}$$

思考题

1 – 1　何谓平衡状态？

1 – 2　何谓状态参数？状态参数有什么特征？

1 – 3　说明广延参数与强度参数的区别和联系。

1 – 4　如何区别状态量与过程量？

1 – 5　何谓准静态过程？实现准静态过程的条件是什么？

1 – 6　何谓可逆过程？实现可逆过程的条件是什么？

1 – 7　正循环和逆循环是如何划分的？

1 – 8　调研四个基本热力过程的工程背景及意义。

1 – 9　热量和功量有什么相同的特征？两者的区别是什么？

1 – 10　充有气体的容器边界温度不一致，当突然隔绝与之相关的质量和能量交换时，该系统是否处于热力学平衡状态？为什么？

练习题

1 – 1　图 1 – 27 为汽轮机发电设备组成的简图。采用不同的系统划分，对系统与外界的能量和物质的交换进行分析。（1）选取气阀和汽轮机作为热力系统；（2）选取气阀、汽轮机和发电机作为热力系统。

1 – 2　某合金工件的质量为 9 kg，体积为 0.002 m³。求该合金的密度，列出该零件的两个广延参数和三个强度参数。

1 – 3　若某种气体的状态方程为 $pv = C$，C 为常数，求该气体从状态 1 可逆膨胀到状态 2 所做功的表达式。

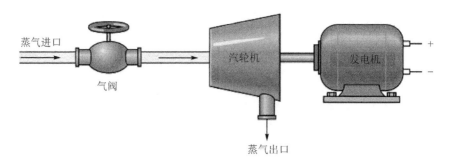

图 1-27　练习题 1-1 图

1-4　某气体工质从状态 $1(p_1、V_1)$ 可逆膨胀到状态 $2(p_2、V_2)$，膨胀过程中工质的压力与体积变化关系为 $p=a-bV$，其中 $a、b$ 为常数。求气体所做的膨胀功。

1-5　某气体工质在活塞气缸中膨胀过程的压力与体积的变化数据记录如表 1-2 所列，根据数据估算该过程中气体所做的膨胀功。

表 1-2　练习题 1-5 表

p/kPa	200	250	300	350	400	450	500
V/cm^3	800	650	550	475	415	365	360

1-6　汽车发动机通过传动轴输出的转矩为 200 N·m，转速为 4 000 r/min。求该发动机输出的轴功。

1-7　质量为 2 kg 的理想气体工质经历了如图 1-28 所示的三个可逆过程组成的循环。计算该循环过程气体所做的净功。

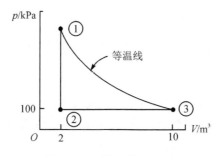

图 1-28　练习题 1-7 图

1-8　理想气体等温可逆膨胀，体积从 V_1 膨胀到 $10V_1$，对外做了 41.85 kJ 的功，系统的起始压力为 202.65 kPa。求始态体积 V_1。

1-9　某驱动轴的轴功率为 8 500 W，转速为 900 r/min，计算该驱动轴传递的转矩。

第2章 热力学第一定律及应用

自然界中物质所具有的能量既不能被创造也不能被消灭,只能从一种能量形态转换为另一种能量形态,转换过程中能量的总量守恒。热力学第一定律就是能量守恒及转换定律用于热能与其他能量形态之间的转换时的表述,以阐明热能和其他能量形态转换中能量守恒的原理。

2.1 热力学第一定律

2.1.1 热力学能

质量与能量都是物质的属性,有物质就有相应的质量和能量。物质系统内部各种形式能量的总和称为热力学能,简称内能,是指由物质系统内部状态所决定的能量。从分子运动论的观点看,热力学系统的内能包括组成物质的所有分子热运动的动能、分子间相互作用的势能的总和,以及分子中原子、电子运动的能量和原子核内的能量等。当有电磁场和系统相互作用时,还应包括相应的电磁形式的能。内能是热力学系统的状态函数,是完全由系统的初、终状态决定的物理量。状态一定时,系统的内能也一定。当系统从一个状态转变到另一个状态时,不论这种转变通过什么过程实现,只要系统的初、终状态不变,在各种不同的绝热过程中,采用各不相同的做功形式,所测得功的数值都相同,而与转变过程无关。

热力学能用符号 U 表示,单位是 J;1 kg 物质的热力学能称为比热力能,用符号 u 表示,单位是 J/kg。对于简单可压缩系统而言,热力学状态可由两个独立状态参数确定,热力学能 U 可以表示为

$$U=U(T,V) , \quad U=U(T,p) , \quad U=U(p,V) \tag{2-1}$$

物体内能的大小与它的质量有关。质量越大,即分子数量越多,它的内能就越大;此外,还与物体的温度、物体的聚集态(固态、液态或气态)及物体存在的状态(整块、碎块或粉末)有关。其原因是:物体温度越高,分子运动越快,分子动能越大;分子间距离越大,分子的势能就越大。对气体来说,它的内能基本上只有分子的动能。因气体分子间的距离已经变得很大,它们之间的相互作用力实际上已不再发挥作用,所以气体分子的势能可以忽略。物体的内能与整个物体的机械能含义不同,只要物体的温度、体积、形状、物态不变,它的内能就保持不变。

物体的温度升高,物体内能随之增加。因为分子无规则运动加快,分子的动能增加;又因一般物体受热体积膨胀,分子间距离增大,分子的势能也增加。相反,物体的温度降低时,物体的内能就减少。整个物体破成碎块或粉末,分子的势能就要增加。物态变化也伴随着物体内能的变化。在熔解、蒸发、沸腾等过程中,物体的内能增加;相反,在凝固和液化等过程中,物体的内能减少。改变物体内能的方式是做功和热传递。

两个系统也可以直接交换内能。无规则运动的能量可通过分子在界面上的碰撞从一个物体转移到另一个物体,物体间直接转移的内能称为热(即传热)。如果允许物质在系统间转移,

被转移的物质中的内能便会跟着转移。如果系统中发生化学反应,伴随着各种物质成分的变化也会发生内能的变化。

2.1.2　热力学第一定律的数学表述

　　热力学第一定律是热力学的基本定律之一,是能量转换与守恒定律在热力学中的应用,揭示了热能和机械能之间的相互转换和总量守恒。热力学第一定律可表述为:热能作为一种能量形态,可以与其他形态的能量相互转换,转换中能量的总量守恒。将热力学第一定律应用于系统中的能量变化(如图 2-1 所示)时可表达为如下形式,图 2-2 为系统能量示意图。

　　进入系统的能量 E_{in} — 离开系统的能量 E_{out} = 系统总储存能量的变化 ΔE

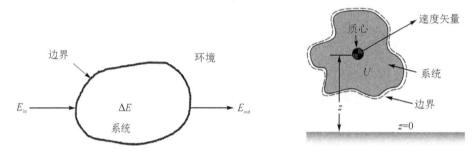

图 2-1　能量守恒示意图　　　　　　　　图 2-2　系统能量示意图

　　系统总储存能为热力系的热力学能 U、宏观动能 E_k 和宏观位能 E_p 之和。因此,系统从状态 1 变化到状态 2 的总储存能量的变化为

$$\Delta E = \Delta(U + E_k + E_p) = \Delta U + \Delta E_k + \Delta E_p \tag{2-2}$$

其中

$$\Delta U = U_2 - U_1$$

$$\Delta E_k = \frac{1}{2}m(c_2^2 - c_1^2) = \frac{1}{2}m\Delta c^2$$

$$\Delta E_p = mg(z_2 - z_1) = mg\Delta z$$

式中,c 为热力系的宏观速度;z 为热力系质量中心的宏观位置高度(如图 2-3 所示);m 为热力系质量。E_k 和 E_p 之和代表了热力系作为一个整体由于宏观运动所具有的机械能,它们与热力系内部的状态参数无关,通常被称为外部储存能或宏观能量,而热力学能则属于内部储存能。外部储存能是有序能,内部储存能是无序能。无序能不能直接做功,必须先转换为有序能才能做功(如图 2-4 所示)。

　　工程中的能量转换设备,按其常用工作情况,可看作热力学上的闭口系统或稳定流动的开口系统。对于闭口系统,进入和离开系统的能量只包括热量和功量两项;而对于开口系统,因有物质的进出边界,所以进入和离开系统的能量除热量和功量外,还有随物质带进、带出的能量。由于存在这些区别,热力学第一定律应用于不同系统时有不同的能量方程。

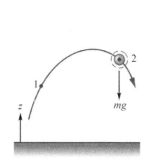
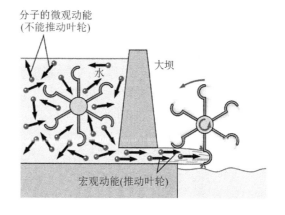

图 2 - 3 质点位置变化 图 2 - 4 无序能与有序能的比较

2.2 闭口系统的能量方程与分析

2.2.1 闭口系统的能量平衡方程

闭口系统的能量平衡方程是热力学第一定律的基本方程。闭口系统(如图 2 - 5 所示)任一过程中系统所吸收的热量(Q)等于该过程中系统内能的增加(ΔU)和外界对它所做的功(W)之和

$$Q = \Delta U + W \tag{2 - 3a}$$

或

$$\Delta U = Q - W \tag{2 - 3b}$$

式(2 - 3)是热力学第一定律的数学表达式,其中热量 Q、热力学能变量 ΔU 和功 W 都是代数值。当系统对外做功时,W 为正值;当外界对系统做功时,W 为负值。若外界向系统传热(系统吸热),则 Q 为正值;若系统向外界放热,则 Q 为负值。ΔU 为正值,表示系统的内能增加;ΔU 为负值,表示系统的内能减少。在状态变化过程中,转化为机械能的部分为 $Q - \Delta U$。

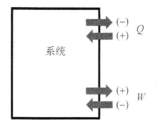

图 2 - 5 闭口系统的能量平衡与交换方向

对于无限小的过程,与式(2 - 2)对应的热力学第一定律的微分形式数学表达式为

$$\delta Q = dU + \delta W \tag{2 - 4}$$

对于 1 kg 物质(热力学参数用小写字母表示),则式(2 - 3a)和式(2 - 4)分别表示为

$$q = \Delta u + w \tag{2 - 5}$$

$$\delta q = \mathrm{d}u + \delta w \tag{2-6}$$

式中，δQ 和 δW、δq 和 δw 不是全微分，只表示微小量。对于可逆过程，则有

$$\delta q = \mathrm{d}u + p\,\mathrm{d}v$$

式(2-4)中，$\mathrm{d}U$ 代表在某微元过程中系统吸入的微小热量 δQ 与对外输出的微小功量 δW 之间的差值，也即系统从外界得到的净能量输入。由能量守恒定律可以判定，系统既然有净能量输入，则它绝不会自行消失，而必然以某种方式储存于热力系统中。这种以一定方式储存于热力系内部的能量就是系统的热力学能。

热力学能是一个状态函数。功是过程量，系统的始态和末态在一定的条件下，以可逆过程做功为最大，即 $\delta w_\mathrm{r} \geqslant \delta w$。根据式(2-6)有 $\delta q_\mathrm{r} = \mathrm{d}u + \delta w_\mathrm{r}$ 和 $\delta q = \mathrm{d}u + \delta w$。其中内能是状态函数，与路径无关，两式相减有 $\delta q_\mathrm{r} - \delta q = \delta w_\mathrm{r} - \delta w$，由此可得 $\delta q_\mathrm{r} - \delta q \geqslant 0$ 或 $\delta q_\mathrm{r} \geqslant \delta q$。

对于循环过程

$$\oint \delta q = \oint \mathrm{d}u + \oint \delta w \tag{2-7}$$

由于内能是状态函数，在循环过程中内能不发生变化，即 $\oint \mathrm{d}u = 0$，则有

$$\oint \delta q = \oint \delta w \tag{2-8}$$

即闭口系统在整个循环过程中与外界交换的净热量等于与外界交换的净功量（如图2-6所示），这是能量转换与守恒定律在循环中的必然反映。用 Q_net 和 W_net 分别表示循环净热量和净功量，则有

$$Q_\mathrm{net} = W_\mathrm{net} \tag{2-9a}$$

或

$$q_\mathrm{net} = w_\mathrm{net} \tag{2-9b}$$

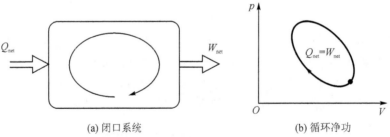

(a) 闭口系统   (b) 循环净功

图 2-6 循环过程中的能量守恒

若用 q_1 表示循环中工质从高温热源中接受热量的绝对值，用 q_2 表示工质向低温热源放出热量的绝对值，则循环中工质接受的净热量为 $q_1 - q_2$，根据式(2-9)则有

$$q_1 - q_2 = w_\mathrm{net}$$

即热力循环中工质从高温热源所接受的热量 q_1，只有一部分热量变成循环净功，而另一部分热量放出给低温热源。意即在保持系统内能不变的前提下，要想让系统对外做功，则必须从外界吸取等量的热量。如果系统不从外界吸热（$q_\mathrm{net} = 0$），则有

$$w_\mathrm{net} = 0$$

也就是说不损失热能而使系统对外做功是无法实现的。

能量守恒定律是自然界的基本规律之一。热力学定律是能量转换和守恒定律在一切涉及

热现象的宏观过程中的具体表现,它只涉及内能与其他形式能量相互转换的过程。热力学第一定律是宏观规律,它对少量粒子组成的系统和个别微观粒子都不适用。

2.2.2　焓与热容

1. 焓的定义及意义

闭口系统的定容过程,系统与环境不进行功交换。由式(2-5)可得 $q_v=\Delta u$ 或 $\delta q_v=\mathrm{d}u$,即系统在等容过程中所吸收的热全部用于增加热力学能(如图 2-7 所示),而未来与过程相关的热量退化为状态量。

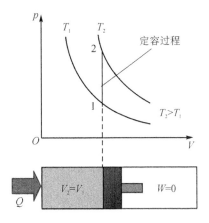

图 2-7　闭口系统定容过程

对于闭口系统定压过程(如图 2-8 所示),系统对外做功,根据式(2-4)有

$$\delta Q_p=\mathrm{d}U+\delta W=\mathrm{d}U+p\,\mathrm{d}V \qquad (2-10)$$

对于定压过程,p 为常量,因此

$$\delta Q_p=\mathrm{d}(U+pV) \qquad (2-11)$$

令 $H=U+pV$,则

$$\delta Q_p=\mathrm{d}H \qquad (2-12\text{a})$$

或

$$\Delta H=H_2-H_1=Q_p \qquad (2-12\text{b})$$

式中,H 称为焓。1 kg 物质的焓称为比焓,用 h 表示,$h=u+pv$。式(2-12a)可以表示为

$$\delta q_p=\mathrm{d}h$$

根据焓的定义,准静态定压过程中系统所吸收的热量等于焓的增加,或一般地,定压过程中体系焓的变化等于过程中体系加入的热量或从体系中抽出的热量。从焓的定义来看,它所包含的 u、p 和 v 都是状态函数,因此焓也是一个状态函数。由此可见,对于闭口系统的定压过程,热量也退化为状态量。非定压过程也有焓变,但其数值不等于过程中的传热量。

例题 2-1　某活塞气缸中的气体从状态 1 定压压缩至状态 2,外界输入功量为 80 kJ,气体向外界散热 20 kJ,求此压缩过程中气体的内能变化与焓变。

解:根据式(2-3b)可得

$$\Delta U=Q-W=\big[-20-(-80)\big]\ \mathrm{kJ}=60\ \mathrm{kJ}$$

$\Delta U>0$,即气体的内能增加。

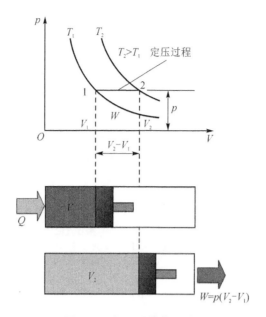

图 2 - 8   闭口系统定压过程

对于定压压缩过程,根据式(2-12b)可得焓变为

$$\Delta H = Q_p = -20 \text{ kJ}$$

$\Delta H < 0$,即气体的焓降低,焓变与系统与外界的热交换一致。

2. 热容和比热容

物质温度升高 1 ℃(1 K)所需要的热量称为热容,以符号 C 表示,单位 J/K。

$$C = \frac{\delta Q}{\mathrm{d}T} \tag{2-13a}$$

1 kg 物质温度升高 1 ℃(1 K)所需要的热量称为比热容,以符号 c 表示,单位 kJ/(kg·K)。

$$c = \frac{\delta q}{\mathrm{d}T} \tag{2-13b}$$

由于热量是过程量,因此比热容也与过程有关。常用的有定容过程和定压过程的比热容,分别称为比定容热容和比定压热容,分别以 c_v 和 c_p 表示

$$c_v = \left(\frac{\delta q}{\mathrm{d}T}\right)_v \tag{2-14}$$

$$c_p = \left(\frac{\delta q}{\mathrm{d}T}\right)_p \tag{2-15}$$

对于可逆过程,热力学第一定律可以表示为

$$\delta q = \mathrm{d}u + p\,\mathrm{d}v \tag{2-16a}$$

或

$$\delta q = \mathrm{d}(u + pv) - v\,\mathrm{d}p = \mathrm{d}h - v\,\mathrm{d}p \tag{2-16b}$$

式中,$h = u + pv$。等容过程 $\mathrm{d}v = 0$,则

$$\delta q_v = \mathrm{d}u \tag{2-17}$$

$$c_v = \frac{\delta q_v}{\mathrm{d}T} = \left(\frac{\partial u}{\partial T}\right)_v \tag{2-18}$$

等压过程 d$p=0$,则

$$\delta q_p = dh \qquad (2-19)$$

$$c_p = \frac{\delta q_p}{dT} = \left(\frac{\partial h}{\partial T}\right)_p \qquad (2-20)$$

c_p 和 c_v 的几何意义如图 2-9 所示。任何物质的 c_p 都要大于 c_v,这是由于定容加热时,所有吸收的热都用来升高温度;但在定压加热过程中,所吸收的热除了用来增加系统内能使温度升高外,还要供给系统在恒压下做膨胀功(如图 2-10 所示)。对于固态物质,因其热膨胀很小,定压条件下加热时对外做功很小,所以固态物质的 c_p 和 c_v 近似相等。

式(2-18)和式(2-20)直接由 c_p、c_v 的定义导出,适用于一切工质。

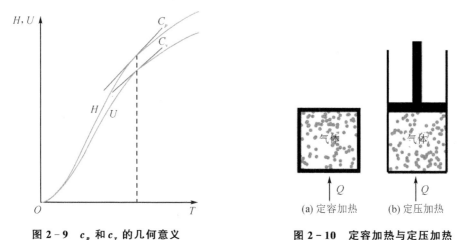

图 2-9　c_p 和 c_v 的几何意义　　　　　　图 2-10　定容加热与定压加热

2.3　开口系统的稳定流动能量方程与分析

实际热力系统中的工质要经过循环流动完成不同的热力过程以实现能量转换。分析这类热力系统时,常采用开口系统求解,也称控制容积的分析方法或控制质量的分析方法。

2.3.1　开口系统及流动功

工程上的一般热力设备常涉及开口系统(如图 2-11 所示),有流体从系统流进流出,且工作流体常处在稳定工况下。这时,可认为系统与外界的功量和热量交换情况不随时间改变,系统内(控制体)各处流体的热力状态和连续流动情况也不随时间变化,即为稳定流动过程。某些热力设备运行时,工质进出系统并不是连续的,而是重复着同样的循环变化,每一循环周期进出系统的工质的量相同,也可以按稳定流动的情况分析。

1. 质量守恒方程

开口系统与外界有物质交换。如在某过程中有质量为 m_{in} 的物质流入,有 m_{out} 的物质流出,则质量($m_{in}-m_{out}$)绝不会消失,必然成为热力系质量的增量储存在系统中,即

$$m_{in} - m_{out} = \Delta m_{cv} \qquad (2-21)$$

式中,Δm_{cv} 为开系质量的增加量。式(2-21)是开系质量守恒方程的一般形式。

如果在流动过程中流道内各点流体的热力状态及流动情况不随时间变化,则此流动过程

称为稳定流动过程。此时，$\Delta m_{cv} = 0$，质量守恒方程式可写作

$$m_{in} = m_{out} \qquad (2-22)$$

若在单位时间内流入、流出的质量用质量流率（或称质量流量）表示为

$$\dot{m}_{in} = \left(\frac{\partial m}{\partial t}\right)_{in} \qquad (2-23)$$

$$\dot{m}_{out} = \left(\frac{\partial m}{\partial t}\right)_{out} \qquad (2-24)$$

则稳定流动过程的质量守恒方程也可表示为

$$\dot{m}_{in} = \dot{m}_{out} \qquad (2-25)$$

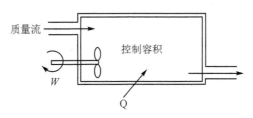

图 2-11 开口系统示意图

2. 流动功

对于任何开口系统而言，为使工质流入系统，外界必须对流入系统的工质做功。图 2-12 是一个有流体通过控制体的开口系统简图，将流体从入口推入系统，外界必须克服系统内阻力做的功称为推动功；流体通过出口流出的流动过程中，系统需要对外界做功也是推动功。推动功是维持工质流动所必需的功，也称为流动功。如图 2-12 所示，作用在活塞上的力为 pA，将质量为 m、体积为 V 的工质推入控制体时活塞移动的距离为 L，所做的流动功为

$$\delta W_f = pAL = pV = mpv \qquad (2-26)$$

每 1 kg 流体推动功为 pv，即比流动功 w_f 为

$$w_f = \frac{\delta W_f}{m} = pv \qquad (2-27)$$

流动功的计量单位为 J，比流动功为 J/kg。

若稳流系统进口流体的压力和比体积分别为 p_1、v_1，出口流体的压力和比体积分别为 p_2、v_2，则净流动功为

$$w_{fnet} = \Delta(pv) = p_2 v_2 - p_1 v_1 \qquad (2-28)$$

流动功是输送工质并随着工质的流动而向前传递的一种能量，不是工质本身具有的能量。流动功只有在工质流动的过程中才出现。工质在移动位置时总是从后面获得流动功，而对前面做出流动功。

当 1 kg 工质通过一定的界面流入热力系统时，储存于工质内部的热力学能 u 也随之进入系统，同时还把从后面获得的流动功 pv 带进了系统，因此系统因引进 1 kg 工质而获得的总能量为 $u + pv$，即焓。在热力系统中，工质总是不断地从一处流到另一处，随着工质的移动而转移的能量不等于热力学能，而等于焓。因此，在热力工程计算中，焓比热力学能有更广泛的应用。

当工质不流动时，虽然也具有一定的状态参数 p 和 v，但此时的 pv 并不代表流动功。因

此,在闭口系统中虽然也存在焓,但不具有"热力学能＋流动功"的含义。

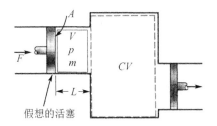

图 2 - 12　流体在滞诮中流动

2.3.2　稳定流动能量方程

开口系统稳定流动的能量分析需要工质的进出口状态参数。考虑到工质的流动,要求系统中处于同一截面上的各点的参数相同,即在同一截面上处于平衡状态,而在垂直于截面的流动方向上状态参数可以变化,但变化不能太快,即处于准静态。这种参数只沿流动方向变化的流动称为一维流动或一元流动。一元流动是流动研究中最简单的情况,这里将开口系统的工质流动视为一维稳定流动。

开口系统的稳定流动能量方程可根据能量守恒原理导得。设想一控制体有流体在其中流过(如图 2 - 13 所示),控制体包含的流体作热力系。

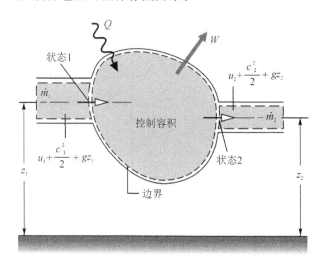

图 2 - 13　稳定流动系统示意图

假定质量为 m 的流体在流经此系统时吸入热量 Q,对外做净功 $W = W_{net}$,进入系统的工质的能量 E_1 包含热力学能 U_1、宏观动能 $\dfrac{m}{2}c_1^2$ 及重力位能 mgz_1,即

$$E_1 = U_1 + \frac{m}{2}c_1^2 + mgz_1 \tag{2-29}$$

相应地,出口流体的能量为

$$E_2 = U_2 + \frac{m}{2}c_2^2 + mgz_2 \tag{2-30}$$

此外,流体在流入和流出系统时所做的流动功为

$$W_f = p_2 V_2 - p_1 V_1 = \Delta(pV) \qquad (2-31)$$

根据能量守恒原理可得

$$Q = E_2 - E_1 + W_f + W_{net}$$

$$= \left(U_2 + \frac{m}{2}c_2^2 + mgz_2\right) - \left(U_1 + \frac{m}{2}c_1^2 + mgz_1\right) + (p_2 V_2 - p_1 V_1) + W_{net}$$

$$(2-32)$$

将焓$（H = U + pV）$代入式$（2-32）$，加以整理得到

$$Q = (H_2 - H_1) + \frac{m}{2}(c_2^2 - c_1^2) + mg(z_2 - z_1) + W_{net} \qquad (2-33a)$$

或

$$Q = \Delta H + \frac{m}{2}\Delta c^2 + mg\Delta z + W_{net} \qquad (2-33b)$$

写成微分形式，则有

$$\delta Q = dH + \frac{m}{2}dc^2 + mg\,dz + \delta W_{net} \qquad (2-33c)$$

式$（2-33b）$、式$（2-33c）$即是稳定流动的能量方程式。开口系统能量方程中的焓实际上是流动工质的热力学能和流动功之和，可以认为是流动工质移动时随工质一起转移的能量。在通过叶轮推动旋转轴与外界交换功量的开口系统（如汽轮机）中，净功为轴功。

对于流过流道的每 1 kg 流体，可用比参量将式$（2-33b）$、式$（2-33c）$分别写作

$$q = \Delta h + \frac{1}{2}\Delta c^2 + g\Delta z + w_{net} \qquad (2-34a)$$

$$\delta q = dh + \frac{1}{2}dc^2 + g\,dz + \delta w_{net} \qquad (2-34b)$$

实际上，在以上的稳定流动能量方程中，等式右端的后三项都属于机械能的范畴，有时把它们加在一起用 W_t 表示，称为技术功，即

$$W_t = \frac{m}{2}\Delta c^2 + mg\Delta z + W_{net} \qquad (2-35a)$$

对于微元过程，有

$$\delta W_t = \frac{m}{2}dc^2 + mg\,dz + \delta W_{net} \qquad (2-35b)$$

这样，开系的能量方程也可写作

$$Q = \Delta H + W_t \qquad (2-36a)$$

或写成微分形式

$$\delta Q = dH + \delta W_t \qquad (2-36b)$$

对于流过系统的每 1 kg 流体则相应有

$$q = \Delta h + w_t \qquad (2-37a)$$

$$w_t = \frac{1}{2}\Delta c^2 + g\Delta z + w_{net} \qquad (2-37b)$$

或

$$\delta q = dh + \delta w_t \qquad (2-38a)$$

$$\delta w_t = \frac{1}{2}dc^2 + g\,dz + \delta w_{net} \qquad (2-38b)$$

式(2-36)～式(2-38)称为开口系统稳定流动的能量方程,与闭口系统能量方程相比,其表达形式是一样的,只是用焓代替了热力学能,用技术功代替了体积功。稳定流动的能量方程反映了工质在流动过程中能量转化的一般规律。稳定流动时,工质流经热力系向外界做功也是由于工质在流动过程中容积发生变化或宏观动能、位能发生变化而导致的。但它与闭系的做功形式不同,它不是通过定质量的工质热力系边界的胀缩而实现做功的。稳定流动做功的方式一般有两类:一类是流动过程中具有热能的转换,如在汽轮机中,工质首先通过膨胀将热能转变成动能,再将动能转变为有用的轴功输出;另一类没有热能的转换过程,仅有机械能的转换,如将工质的宏观位能变成工质的动能,再驱动叶轮而得到有用的轴功输出,如水轮机。无论是哪一类做功的方式,热力系输出的都是推动机器工作的有用功,即轴功。轴功不但与膨胀功等仅由工质容积变化而产生的容积功形式不同,而且在数量上也有差别。

2.3.3　可逆过程的技术功计算

将 $h = u + pv$ 代入式(2-37a)可得

$$q = \Delta u + \Delta(pv) + w_t \qquad (2-39a)$$

或

$$q - \Delta u = \Delta(pv) + w_t \qquad (2-39b)$$

根据式(2-5)可得

$$q - \Delta u = w \qquad (2-40)$$

比较式(2-40)和式(2-39b)有

$$w = \Delta(pv) + w_t \qquad (2-41)$$

由式(2-41)可知,维持工质流动的流动功和技术上可资利用的技术功,均由热能转换所得的工质体积变化功(膨胀)转化而来。或者说,技术功是由热能转换所得的体积变化功扣除净流动功后得到的。

对于可逆过程,将式(1-15)代入式(2-41)可求得技术功

$$w_t = w - \Delta(pv) = \int_1^2 p\,dv - \int_1^2 d(pv)$$

$$= \int_1^2 p\,dv - \left(\int_1^2 p\,dv + \int_1^2 v\,dp \right) \qquad (2-42a)$$

即

$$w_t = -\int_1^2 v\,dp \qquad (2-42b)$$

由此可见,技术功是因压力变化而做的功:压力下降,热力系对外做功;压力上升,外界对热力系做功。因此,技术功也称为压力功。如图 2-14 所示,可逆过程 1-2 的技术功可用过程线与纵轴之间的面积表示,微元过程 $\delta w_t = -v\,dp$。因此,对于可逆过程,式(2-38a)可以表示为

$$\delta q = dh - v\,dp \qquad (2-43)$$

上述分析表明,由于不同过程中参与转换的能量形式不同,因而其能量守恒方程也会呈现出不同的形式,但其实质是同一的,即它们都是“能量守恒”这一原则在不同情况下的体现。根据能量守恒原则,在各种各样的具体情况下灵活地

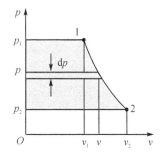

图 2-14　可逆过程的技术功

对其加以应用,即可正确地给出其能量守恒关系并对过程进行正确的热力学分析。

例题 2-2　汽轮机入口处水蒸气的比焓 $h_1 = 3\ 240$ kJ/kg,速度 $c_1 = 50$ m/s;出口处水蒸气的比焓为 $h_2 = 2\ 380$ kJ/kg,速度 $c_2 = 150$ m/s。水蒸气的流量为 500 t/h,若不考虑汽轮机的散热,且忽略入口和出口的势能差,求汽轮机的输出功率。

解:本题为开口系统稳定流动问题,其中,$q = 0$,$\Delta z = 0$,根据式(2-34),有

$$w_{net} = (h_1 - h_2) + \frac{1}{2}(c_1^2 - c_2^2)$$

$$= \left[(3\ 240 - 2\ 380) + \frac{1}{2}(50^2 - 150^2) \times 10^{-3} \right] \text{kJ/kg} = 850 \text{ kJ/kg}$$

汽轮机的输出功率为

$$P = q_m w_{net} = (500 \times 10^3 \times 850) \text{kJ/h} = 425 \times 10^6 \text{ kJ/h} = 1.18 \times 10^5 \text{ kW}$$

2.4　能量方程的应用

热力学第一定律的能量方程可用于分析热力设备中的能量传递和转换问题。针对具体问题,应根据问题的不同条件对其进行合理的简化,得到更为简单明了的方程。这里讨论几种典型热力装置的能量关系。

2.4.1　热力发动机

热力发动机包括内燃机、蒸汽机、燃气轮机、蒸汽轮机等。这里以蒸汽轮机为例。如图 2-15 所示,有气体流经汽轮机而对外做功。如果汽轮机处于稳定工作状态,则所讨论的是开系中流体作稳定流动的情况。此时,气流通过汽轮机发生膨胀,压力下降,对外做功。在实际的汽轮机中,其进出口速度相差不多,动能差很小,可以忽略;气流对外略有散热损失,但量通常不大,也可以忽略;气体在进出口的重力位能之差甚微,也可忽略。将上述条件代入式(2-33),得到气体流经汽轮机时的能量方程

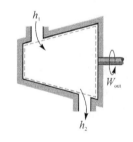

图 2-15　汽轮机示意图

$$W_{net} = H_1 - H_2 \tag{2-44a}$$

流过汽轮机的每 1 kg 流体所做净功为

$$w_{net} = h_1 - h_2 \tag{2-44b}$$

可见,在汽轮机中气流对外输出的净功量(此时称为轴功)等于其进出口焓的差值。

例题 2-3　在例题 2-2 中,若同时忽略流动工质的动能变化,求汽轮机输出功率的计算误差。

解:设此题的汽轮机输出净功为 w'_{net},输出功率为 P',根据题意有

$$w'_{net} = (h_1 - h_2) = (3\ 240 - 2\ 380) \text{kJ/kg} = 860 \text{ kJ/kg}$$

$$P' = q_m w'_{net} = (500 \times 10^3 \times 860) \text{kJ/h} = 430 \times 10^6 \text{kJ/h} = 1.19 \times 10^5 \text{ kW}$$

汽轮机输出功率计算的相对误差为

$$\frac{\Delta P}{P} = \frac{P' - P}{P} = \frac{1.19 \times 10^5 - 1.18 \times 10^5}{1.18 \times 10^5} = 0.85\%$$

由此可见,忽略流动工质的动能变化,对汽轮机输出功率计算结果的影响较小。

2.4.2 喷管与扩压管

喷管是使气流加速的设备,通常是一个变截面的流道,如图 2－16 所示。

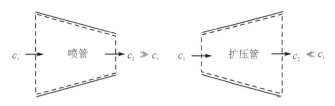

图 2－16 喷管与扩压管示意图

在分析中,取其进、出口截面间的流体为热力系,并假定流动是稳定的。喷管实际流动过程的特征是:气流迅速流过喷管,其散热损失甚微,可以忽略;气流流过喷管时无净功输入或输出,$W_{net}=0$;进、出口气体的重力位能差也可忽略。将上述条件代入式(2－33),得

$$\frac{1}{2}m\Delta c^2 = -\Delta H = H_1 - H_2 \tag{2-45a}$$

对 1 kg 流体而言,则有

$$\frac{1}{2}\Delta c^2 = -\Delta h = h_1 - h_2 \tag{2-45b}$$

可见,喷管中气流宏观动能的增加是由气流进、出口焓差转换而来的。喷管是航空喷气式发动机、火箭发动机、各类导弹的主要部件,其作用是把高温燃气的焓转变为高速动能,推动飞机、火箭前进。

工程上还有一种与喷管作用相反的设备,称为扩压管。它的作用是使流过后的工质速度降低而压力升高。气体在扩压管中的能量转换过程,正好与喷管中的过程相反。喷气发动机等设备中的气体增压要用到扩压管。

2.4.3 热交换器

电厂中锅炉、加热器等换热设备均属于热交换器。图 2－17 表示一个表面式热交换器,换热表面两边的流体各构成一个开系。热交换器和外界无功的交换,动能差和位能差也可忽略。根据式(2－33)可得

$$Q = \Delta H = H_2 - H_1 \tag{2-46a}$$

对于 1 kg 工质,可写出

$$q = h_2 - h_1 \tag{2-46b}$$

可见,气流在热交换器中得到(失去)的热量等于其焓的增加(减少)量。

2.4.4 压气机

压气机是消耗外功而使气体升压的设备。工程上常见的压气机主要有活塞式和回转式两种。现以回转式压气机为例(如图 2－18 所示)进行分析。压气机工作时,气体对外略有散热,而进、出口气流的动能差和位能差可以忽略。这样,由式(2－33)可得到

$$-W_{net} = H_2 - H_1 - Q \tag{2-47a}$$

对于 1 kg 气体有

$$-w_{net} = h_2 - h_1 - q \tag{2-47b}$$

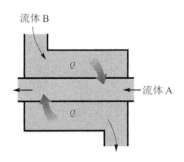

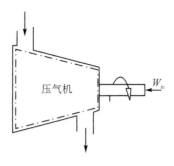

图 2-17　热交换器示意图　　　　　　图 2-18　压气机示意图

2.4.5　节流过程

节流过程是气体流经管道中的阀门或缩孔时发生的一种特殊流动过程（如图 2-19 所示）。由于存在涡流和摩擦，这是一个典型的非平衡过程。设流动是绝热的，前后两截面间的动能差和位能差可忽略不计，根据式（2-33）可得

$$H_1 = H_2 \tag{2-48a}$$

对于 1 kg 工质有

$$h_1 = h_2 \tag{2-48b}$$

可见，绝热节流前后工质的焓值不变，但不能说绝热节流是等焓过程。因为工质在阀门或缩孔附近是非平衡的，节流过程中的焓并没有保持恒定不变，仅仅是在进出口处相等。

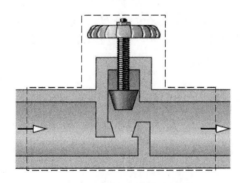

图 2-19　节流装置示意图

实验发现，节流膨胀后，工质的温度会发生变化。通过节流膨胀使制冷剂降温是一种获得低温的基本方法。在节流过程中，工质的温度随压强变化的现象，称为焦耳-汤姆孙效应，可采用焦耳-汤姆孙系数 μ_{JT} 表示，即

$$\mu_{JT} = \left(\frac{\partial T}{\partial p}\right)_H \tag{2-49}$$

由于绝热节流后焓不变，且经过节流后工质压力下降，所以 μ_{JT} 反映了绝热节流过程中温度的变化规律。$\mu_{JT} > 0$ 说明节流后工质温度下降，产生致冷效应；$\mu_{JT} < 0$ 说明节流后工质温度上升，产生致热效应；$\mu_{JT} = 0$ 说明绝热节流后工质的温度不变。理想气体的焓只是温度的函数，在任何状态下的节流膨胀均无焦耳-汤姆孙效应（$\mu_{JT} = 0$）。

思考题

2 - 1　根据热力学第一定律基本方程分析能量转换关系。

2 - 2　为什么说闭口系统定压过程的热量成为状态量？

2 - 3　说明焓在稳流系统中的物理意义。

2 - 4　分析膨胀功、流动功、轴功和技术功之间的区别和联系。

2 - 5　理想气体的热力学能和焓有何特点？

2 - 6　计算理想气体经由任意过程由 T_1 变化到 T_2 的 Δu 和 Δh，根据计算结果得出结论。

2 - 7　在 p - v 图中表示并讨论热力过程的膨胀功和技术功。

练习题

2 - 1　闭口系统经过一个热力过程，放热 9 kJ，对外做功 27 kJ。为使其返回原状，若对系统加热 6 kJ，需对系统做功多少？

2 - 2　气体在某过程中内能增加了 20 kJ，同时外界对气体做功 26 kJ，该过程是吸热还是放热过程？热量交换是多少？

2 - 3　气体在某过程中吸入热量 12 kJ，同时内能增加 20 kJ，此过程是膨胀过程还是压缩过程？对外所做的功是多少（不考虑摩擦）？

2 - 4　在等压过程中，比热容比 $\gamma = 1.4$ 的理想气体所吸收的热量中，转变为内能的占百分之几？转变为机械功向外界输出的占百分之几？

2 - 5　对一质量 $M = 0.10$ kg 的金属坯料进行等温加压，压强从 0 逐渐增至 10^7 Pa。设坯料初始密度为 $\rho_0 = 10^4$ kg/m^3，等温压缩系数 $\kappa = -\dfrac{1}{V}\left(\dfrac{\partial V}{\partial p}\right)_T = 6.72 \times 10^{-12}$ /Pa，试计算外界压缩金属坯料时所做的功。

2 - 6　舰载机蒸汽弹射器的能量转换装置由大型气缸和活塞组成，以高压蒸汽推进活塞带动弹射轨道上的滑块助力舰载机加速滑行并起飞。假设气缸的平均压力为 1.38 MPa，飞机的质量为 17 479 kg，使飞机从零速度加速到 30.48 m/s 耗用 30% 的蒸气推动活塞的能量，求活塞在气缸中推进过程的容积变化。

2 - 7　汽轮机入口处水蒸气的比焓 $h = 3\,340$ kJ/kg，出口处水蒸气的比焓为 $h_2 = 2\,210$ kJ/kg，水蒸气的流量为 600 t/h，不考虑汽轮机的散热，也不考虑入口和出口动能及势能的差。求汽轮机的功率。

2 - 8　汽轮机入口处水蒸气的比焓 $h = 3\,280$ kJ/kg，速度为 50 m/s；出口处水蒸气的比焓为 $h_2 = 2\,610$ kJ/kg，速度为 150 m/s，要求输出功率 $P = 5.21 \times 10^4$ kW。若不考虑汽轮机的散热，且忽略入口和出口的势能差，求所需蒸气的质量流量。

2 - 9　若压力为 p_1 的理想气体经节流阀后压力降至 p_2，为了使节流前后速度相等，求节流阀前后的管径比 D_1/D_2 与压力比（p_1/p_2）的关系。

第3章 热力学第二定律与熵

热力学第一定律表明了能量在转换和转移过程中的总量守恒性。然而,满足热力学第一定律的过程并不一定都能实现,即自然过程是有方向性的。热力学第二定律就是研究热力过程进行的方向、条件与限度的规律。只有同时满足热力学第一定律和热力学第二定律的过程才能实现。

3.1 热力学第二定律

3.1.1 自发过程及其方向性

没有任何外部因素作用而自发单向变化的过程称为自发过程。自发过程都具有方向性,亦即自发过程进行之后,系统不能自动恢复原状。热量从高温物体传向低温物体,气体的自由膨胀(如图 3-1 所示),机械能转换成热能等过程都是自发过程。

在自然条件下能自发进行的过程,其逆向过程是不能自发进行的。但并非任何条件下均不能逆转,如果环境对体系做功,就可以使逆向过程得以进行。如用真空泵就可以将容器中的低压气体抽至高压容器而产生真空;使用制冷机则可将低温热源的热传递到高温热源。即要使自发过程的逆过程得以进行,环境就必须对体系做功。

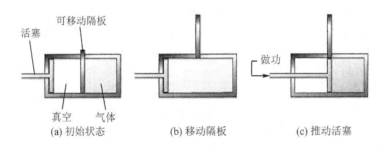

图 3-1 自发过程与非自发过程

自发过程的逆向过程称为非自发过程。由前述可知,要使非自发过程得以进行,环境必须对体系做功。显然,由自发过程与其逆过程组成的循环结束时,系统虽然还原了,但环境消耗了功。根据热力学第一定律,环境消耗了功,必定得到了等量的热,因而环境付出了功而得到了热,未能恢复到原来的状态,故自发过程必为不可逆过程。

热功转化是有方向性的,即功可以全部转化为热,但热不能全部转化为功而不引起其他变化。一切自发过程都是不可逆的,这种不可逆性均可归结为热功转换的不可逆性,其方向性都可以用热功转换过程的方向性来表达。

3.1.2 热力学第二定律的表述

热力学第二定律是关于在有限空间和时间内,一切与热运动有关的物理、化学过程所具有的不可逆性的总结。热力学第二定律有多种表述形式,常用的定性表述是克劳修斯表述和开尔文-普朗克表述。

1. 克劳修斯表述

克劳修斯从热量传递的方向性的角度,将热力学第二定律表述为:不可能使热量由低温物体传到高温物体而不产生其他影响。这一表述阐明热量在自然条件下只能从高温物体向低温物体转移,而不能自发地、不付任何代价地由低温物体向高温物体转移(如图 3 - 2 所示),这个转变过程是不可逆的。若想让热传递方向逆转,则必须消耗功。

2. 开尔文表述

开尔文-普朗克从热功转换的角度,将热力学第二定律表述为:不可能从单一热源吸取热量,使之完全转变为有用功而不产生其他影响(如图 3 - 3 所示)。表述中的"单一热源"是指温度均匀并且恒定不变的热源。"不产生其他影响"是指除了由单一热源吸热,把所吸的热用来做功以外的任何其他变化。若有其他任何变化产生,把由单一热源吸来的热量全部用来对外做功是不可能的,不可避免要有一部分热向温度更低的低温热源传递。

自然界中任何形式的能都可能转变成热,但热却不能在不产生其他影响的条件下完全变成其他形式的能,这种转变在自然条件下也是不可逆的。热机在运行过程中,可连续不断地将热变为机械功,一定伴随有热量的损失。热力学第二定律与热力学第一定律有所不同。热力学第二定律阐明了过程进行的方向性。开尔文还将热力学第二定律表述为:第二种永动机是不可能造成的。第二种永动机就是能从单一的热源吸收热量使之完全变为有用的功而不产生其他影响的机器。

图 3 - 2　违背克劳修斯表述的装置示意图　　图 3 - 3　违背开尔文表述的装置示意图

3.2　卡诺循环及卡诺定理

3.2.1　卡诺循环

由于热力学第二定律是从研究热转化为功的限制来解决可能性问题的,因而首先必须了解热转化为功的限制条件,这可通过研究热机效率来实现。所谓热机,就是通过工质(如气缸中的气体)从高温热源吸取热量对外做功,然后向低温热源放热而复原(如图 3 - 4 所示),如此循环,不断将热转化为功的机器。

在蒸汽机发明以后,人们竞相研究如何提高热机的效率。1824 年,法国青年工程师卡诺

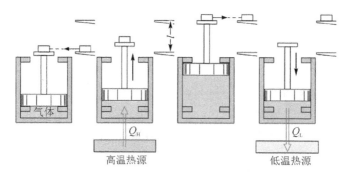

图 3-4　简单热机

(N. L. S. Carnot,1796—1832)发现,热机在最理想的情况下也不能把所吸收的热全部转化为功,而是存在一个极限。他设计了由四个可逆过程构成的一个循环过程(如图 3-5 所示),并由此求出了该过程的效率。该循环过程就称为卡诺循环。

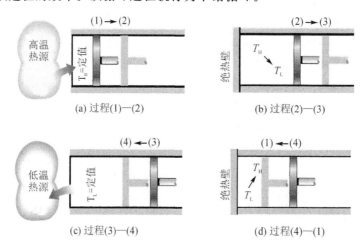

图 3-5　卡诺循环过程

卡诺循环是由两个等温可逆过程和两个绝热可逆过程构成的可逆循环过程(如图 3-6 所示)。

过程(1)—(2):在定温(T_H)下,由状态 1(p_1,V_1)可逆地膨胀到新的状态 2(p_2,V_2);

过程(2)—(3):在绝热条件下,由状态 2(p_2,V_2)可逆地膨胀到新的状态 3(p_3,V_3);

过程(3)—(4):在定温(T_L)下,由状态 3(p_3,V_3)可逆地压缩到新的状态 4(p_4,V_4);

过程(4)—(1):在绝热条件下,由状态 4(p_4,V_4)可逆地压缩到初始状态 1(p_1,V_1)。

在卡诺循环过程中,工质(理想气体)从高温热源吸热 Q_H,一部分热对环境做功 W,一部分热放给低温热源 Q_L。假定热源很大,当取出或放入有限的热量时,其温度变化可忽略不计。卡诺循环曲线所围面积即为体系对环境所做的功。

卡诺循环是热力学的基本循环,由卡诺循环构成的热机是理想热机(卡诺热机),其在一个循环过程中的能量转换关系可用图 3-7 表示。卡诺热机循环的热效率为

$$\eta = \frac{W}{Q_H} = \frac{Q_H - Q_L}{Q_H} = 1 - \frac{Q_L}{Q_H} \qquad (3-1a)$$

或

$$\eta = \frac{w}{q_H} = \frac{q_H - q_L}{q_H} = 1 - \frac{q_L}{q_H} \qquad (3-1b)$$

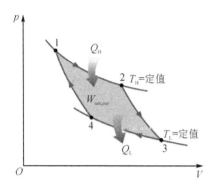

图 3-6　卡诺循环 $p-v$ 图

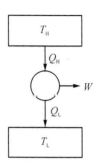

图 3-7　卡诺热机的能量转换关系

对于理想气体,定温吸热过程 1—2 的吸热量为

$$q_H = R_g T_H \ln \frac{v_2}{v_1}$$

定温放热过程 3—4 的放热量为

$$q_L = R_g T_L \ln \frac{v_3}{v_4}$$

其循环热效率为

$$\eta_t = 1 - \frac{q_L}{q_H} = 1 - \frac{R_g T_L \ln \frac{v_3}{v_4}}{R_g T_H \ln \frac{v_2}{v_1}} = 1 - \frac{T_L \ln \frac{v_3}{v_4}}{T_H \ln \frac{v_2}{v_1}}$$

卡诺循环的 2—3 和 4—1 为定熵过程,根据理想气体定熵过程的状态参数关系式,有

$$T_H v_2^{\kappa-1} = T_L v_3^{\kappa-1}$$
$$T_H v_1^{\kappa-1} = T_L v_4^{\kappa-1}$$

由此可得

$$\frac{T_H}{T_L} = \left(\frac{v_3}{v_2}\right)^{\kappa-1} = \left(\frac{v_4}{v_1}\right)^{\kappa-1}$$

即

$$\frac{v_3}{v_2} = \frac{v_4}{v_1}$$

或

$$\frac{v_3}{v_4} = \frac{v_2}{v_1}$$

代入式(3-1)可得

$$\eta_t = 1 - \frac{T_L}{T_H} \qquad (3-2)$$

即卡诺热机的热效率只与两个热源的温度差有关,温差越大,热效率也越高(如图 3-8 所示)。若低温热源相同,则高温热源的温度越高,从高温热源传出同样的热对环境所做的功越多。这

说明温度越高,热的品质越高。

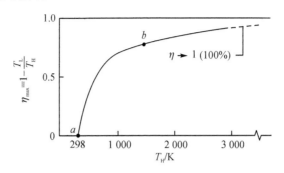

图 3-8　卡诺循环热效率($T_L = 298$ K)

式(3-1)中的 Q_L 为绝对值。若改用代数值,则有

$$\frac{Q_L}{T_L} + \frac{Q_H}{T_H} = 0 \qquad\qquad (3-3a)$$

或

$$\frac{q_L}{T_L} + \frac{q_H}{T_H} = 0 \qquad\qquad (3-3b)$$

式(3-3)表明,在可逆卡诺循环中,可逆过程热温商之和等于 0,这是卡诺循环的一项重要性质。

由卡诺循环分析可以看出,卡诺热机的效率完全取决于两个热源的温差,温差越大,效率越高,温差为零,效率亦为零。由于低温热源的温度不可能为零,因此热机效率达不到 100%。当低温热源温度一定时,高温热源的温度越高,则一定量的热所能产生的功就越大,即温度越高,热能的品位就越高(如图 3-9 所示)。

卡诺循环的逆向循环称为制冷循环,这样的卡诺机就称为制冷机(如图 3-10 所示)。制冷循环过程中,环境对体系做功,体系自低温热源吸热,而向高温热源放热(有关内容见第 6 章)。

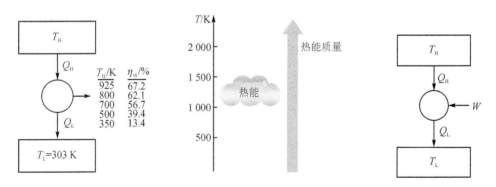

图 3-9　热机效率与热能质量　　　　　图 3-10　卡诺制冷机的能量转换关系

例题 3-1　一卡诺热机在 $T_H = 1\ 000$ K 的高温热源和 $T_L = 300$ K 的低温热源间运行,若要热机每次循环输出的净功为 150 kJ,求从高温热源吸收的热量和向低温热源放出的热量。

解:设该卡诺热机从高温热源吸收的热量和向低温热源放出的热量分别为 Q_H 和 Q_L,其热效率为

$$\eta_I = \frac{W_{net}}{Q_H} = 1 - \frac{T_L}{T_H} = 1 - \frac{300}{1\,000} = 70\%$$

则

$$Q_H = \frac{W_{net}}{\eta_I} = \left(\frac{150}{0.70}\right) \text{ kJ} = 214.29 \text{ kJ}$$

$$Q_L = Q_H - W_{net} = (214.29 - 150) \text{ kJ} = 64.29 \text{ kJ}$$

3.2.2　卡诺定理

卡诺定理认为:所有工作于同温热源与同温冷源之间的热机,以可逆热机的效率为最高,即 $\eta_R \geqslant \eta_I$(如图 3 - 11 所示)。

这里 η_R 和 η_I 分别为

$$\eta_R = 1 - \frac{T_L}{T_H} \tag{3-4}$$

$$\eta_I = 1 + \frac{Q_L}{Q_H} \tag{3-5}$$

由卡诺定理可得

$$\frac{Q_L}{Q_H} \leqslant -\frac{T_L}{T_H} \tag{3-6}$$

亦即

$$\frac{Q_L}{T_L} + \frac{Q_H}{T_H} \leqslant 0 \begin{cases} < \text{不可逆循环} \\ = \text{可逆循环} \end{cases} \tag{3-7}$$

对无限小循环,有

$$\frac{\delta Q_L}{T_L} + \frac{\delta Q_H}{T_H} \leqslant 0 \begin{cases} < \text{不可逆循环} \\ = \text{可逆循环} \end{cases} \tag{3-8}$$

根据卡诺定理可以推论:所有工作于同温热源与同温冷源之间的可逆机,其效率都相等。

卡诺循环和卡诺定理在热力学的研究中具有重要的理论和实际意义。实际应用的各种热力装置的热力循环,其热效率都低于相应的可逆循环热效率。因此,制造出高于卡诺循环热效率的热机是不可能的。在研究各种热机循环时,可先从其理想循环分析入手,进而找到提高热力循环热效率的途径。

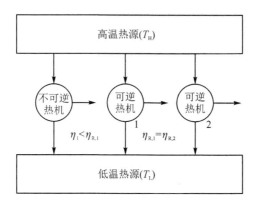

图 3 - 11　卡诺定理

例题 3 - 2 某型热机从 $T_1 = 1\ 700$ K 的高温热源吸热,向 $T_2 = 300$ K 的低温热源放热 600 kJ,若该热机每次循环输出的净功为 1 200 kJ,试判断该热机循环的可逆性。

解:根据能量守恒定律,该热机从高温热源吸热量为

$$Q_1 = Q_2 + W_{net} = (600 + 1\ 200)\ \text{kJ} = 1\ 800\ \text{kJ}$$

该热机的热效率为

$$\eta_1 = \frac{W_{net}}{Q_1} = \frac{1\ 200}{1\ 800} = 66.67\%$$

而工作于同温热源与同温冷源之间的可逆机的热效率为

$$\eta_1 = 1 - \frac{T_2}{T_1} = 1 - \frac{300}{1\ 700} = 82.35\%$$

根据卡诺定理,该热机循环可以实现,为不可逆循环。

3.3 熵与熵增原理

3.3.1 熵和熵变计算

在卡诺循环中,若吸热量为 Q_1,放热量为 Q_2,则式(3 - 3)可以表示为

$$\frac{Q_1}{T_1} + \frac{Q_2}{T_2} = 0 \qquad (3 - 9)$$

对应于无限小的循环,则有

$$\frac{\delta Q_1}{T_1} + \frac{\delta Q_2}{T_2} = 0 \qquad (3 - 10)$$

式(3 - 9)实际上是双热源热力循环的卡诺定理的数学表达式,表明任意一个热力学系统在只与两个热源发生热接触、进行热交换的可逆循环一周过程中,其热温商之和等于零。任意可逆循环可分解为无数多的微元卡诺循环之和(如图 3 - 12 所示),这相当于多热源情况。假设各热源的温度分别为 T_1、T_2、T_3、$\cdots$、T_n,循环过程中系统从这些热源吸收的热量分别为 Q_1、Q_2、Q_3、$\cdots$、Q_n,则有

$$\sum_{i=1}^{n} \frac{Q_i}{T_i} = 0 \qquad (3 - 11a)$$

或

$$\sum_{i=1}^{n} \frac{\delta Q_i}{T_i} = 0 \qquad (3 - 11b)$$

即在任意可逆循环过程中,工作物质在各温度所吸收的热量(Q)与该温度之比的总和等于零。当 $n \to \infty$ 时,式(3 - 11b)可表示为积分形式

$$\oint \frac{\delta Q_{rev}}{T} = 0 \qquad (3 - 12)$$

即任意工质经任一可逆循环,$\frac{\delta Q_{rev}}{T}$ 沿循环的积分为零。积分 $\oint \frac{\delta Q_{rev}}{T}$ 称为克劳修斯积分,式(3 - 12)称为克劳修斯积分等式。根据状态函数的数学特征,若沿封闭曲线的环积分为零,则被积函数是某个状态函数的全微分。克劳修斯将这个新的状态参数定名为熵(Entropy),以符号 S 表示。

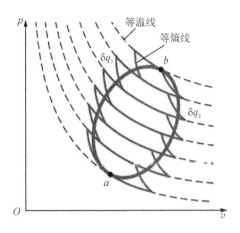

图 3 - 12　任意可逆循环及分解

对所有的可逆过程有

$$dS = \frac{\delta Q_{rev}}{T} \tag{3-13}$$

比熵变为

$$ds = \frac{\delta q_{rev}}{T} \tag{3-14}$$

熵是判别热力过程的方向以及可逆性的热力学参数。熵的变化反映了可逆过程中热交换的方向和大小。系统可逆地从外界吸热，$\delta Q > 0$，系统熵增加；系统可逆地向外界放热，$\delta Q < 0$，系统熵减少；可逆绝热过程中，系统熵不变。熵是状态函数，只要系统始末状态一定，无论过程可逆与否，其熵差就有确定的值。

设有一可逆循环过程（如图 3 - 13 所示），在该过程曲线中任取两点 A 和 B，则可逆曲线被分为两条，每条曲线所代表的过程均为可逆过程。对这两个过程有

$$\int_A^B \left(\frac{\delta Q}{T}\right)_{R_a} + \int_B^A \left(\frac{\delta Q}{T}\right)_{R_b} = 0 \tag{3-15a}$$

整理得

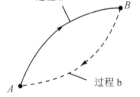

图 3 - 13　状态空间循环过程

$$\int_A^B \left(\frac{\delta Q}{T}\right)_{R_a} = \int_A^B \left(\frac{\delta Q}{T}\right)_{R_b} \tag{3-15b}$$

这表明，从状态 A 到状态 B，经由不同的可逆过程，它们各自的热温商的总和相等。由于所选的可逆循环及曲线上的点 A 和 B 均是任意的，故上述结论也适合于其他任意可逆循环过程。

在可逆过程中，由于 $\int_A^B \left(\frac{\delta Q}{T}\right)_R$ 的值与状态点 A、B 之间的可逆途径无关，仅由始末态决定。若令 S_A 和 S_B 分别代表始态和末态的熵，则式（3 - 15）可写为

$$S_B - S_A = \Delta S = \int_A^B \left(\frac{\delta Q}{T}\right)_R \tag{3-16}$$

对微小的变化过程有

$$dS = \left(\frac{\delta Q}{T}\right)_R \tag{3-17}$$

上列两式均为熵的定义式。

　　内能和焓都是状态函数,是体系自身的性质。熵也是状态函数,只取决于体系的始末态,其值用可逆过程的热温商来计算,单位为 $J \cdot K^{-1}$;1 kg 物质的熵称比熵,单位为 $J \cdot kg^{-1} \cdot K^{-1}$;1 mol 物质的熵称摩尔熵,单位为 $J \cdot mol^{-1} \cdot K^{-1}$。

3.3.2　热力学第二定律的数学表达式

　　克劳修斯积分等式是循环可逆的判据。实际热过程是不可逆过程,都具有一定的方向性,因此还需要研究不可逆过程的判据。

　　假设图 3-13 所示的循环过程中由状态 A 到状态 B 是不可逆过程,而由状态 B 到状态 A 是可逆过程。因循环过程中包含不可逆过程,故整个循环亦不可逆。因此,由卡诺定理可推得

$$\int_A^B \frac{\delta Q_I}{T} + \int_B^A \frac{\delta Q_R}{T} < 0 \tag{3-18}$$

或

$$\oint \frac{\delta Q}{T} < 0 \tag{3-19}$$

式(3-19)称为克劳修斯不等式。将式(3-12)与式(3-19)相结合可得

$$\oint \frac{\delta Q}{T} \leqslant 0 \tag{3-20}$$

式(3-20)是热力学第二定律的数学表达式之一,可以作为循环是否可逆、是否可以发生的判别式:克劳修斯积分 $\oint \dfrac{\delta Q}{T}$ 等于零为可逆循环,小于零为不可逆循环,大于零为不可能发生的循环。需要强调的是,只有可逆过程的 $\dfrac{\delta Q_{rev}}{T}$ 称为熵,而不可逆过程的 $\dfrac{\delta Q}{T}$ 仅仅是热温商,并不具备熵的含义。

　　根据式(3-18),因 $\int_B^A \dfrac{\delta Q_R}{T} = S_A - S_B$,所以 $\Delta S = S_B - S_A > \int_A^B \dfrac{\delta Q_I}{T}$。可见,体系从状态 A 经由不可逆过程到状态 B,过程中的热温商的总和小于体系的熵变 ΔS。

　　若考虑可逆过程的情况,则有

$$\Delta S \geqslant \int_A^B \frac{\delta Q}{T} \tag{3-21}$$

式中,δQ 是实际过程的热效应,T 是环境温度。式(3-21)在可逆过程中取等号,不可逆过程中取大于号。

　　式(3-21)可用于判断过程的可逆性,也可作为热力学第二定律的数学表达式。

　　对微小变化过程,有

$$dS \geqslant \frac{\delta Q}{T} \tag{3-22}$$

或

$$ds \geqslant \frac{\delta q}{T} \tag{3-23}$$

这是热力学第二定律最普遍的表示形式。

3.3.3 熵增原理

对绝热体系中发生的过程,因 $\delta Q = 0$,所以

$$dS \geqslant 0 \text{ 或 } \Delta S \geqslant 0 \tag{3-24}$$

即在绝热可逆过程中,只能发生 $\Delta S \geqslant 0$ 的变化。在绝热可逆过程中,体系的熵不变;在绝热不可逆过程中,体系的熵增加。体系不可能发生熵减少($\Delta S < 0$)的变化,故可用体系的熵函数判断过程的可逆与不可逆。

在绝热条件下,趋向于平衡的过程使体系的熵增加,这个规律称为熵增加原理。

应该注意,自发过程必定是不可逆过程。但不可逆过程既可以是自发过程,也可以是非自发过程。若不可逆过程是由环境对体系做功形成的,则为非自发过程;若环境没有对体系做功而发生了一个不可逆过程,则该过程必为自发过程。

就隔离体系而言,体系与环境之间没有热和功的交换,当然也是绝热的。考虑到与体系密切相关的环境,可将体系与环境作为一个整体归入一个孤立系统,如此则可用下式来判断

$$dS_{隔离} = dS_{体系} + dS_{环境} \geqslant 0 \text{ 或 } \Delta S_{隔离} = \Delta S_{体系} + \Delta S_{环境} \geqslant 0 \tag{3-25}$$

由于外界对隔离体系无法产生干扰,任何自发过程都是由非平衡态趋向于平衡态的。达到平衡时,其熵值达到最大值($dS_{隔离} = 0$ 或 $\Delta S_{隔离} = 0$)。式(3-22)是判断过程可逆与否的依据,故又称为熵判据。

根据卡诺循环和卡诺定理,热能的温度越高,其"品质"越高。在热功转换过程中,热不能全部变为功,而且热变为一定量的功后温度要下降,做功能力减弱,意即热的品质会降低。所有的自发过程都会使能量的品质降低或贬值,没有能量品质的变化就没有过程的方向性和孤立系的熵增加。正是孤立系内能量品质的降低才造成了孤立系的熵增加,孤立系的熵增加也意味着能量品质的降低和做功能力的损失,熵是能量不可用程度的量度。因此,热力学第二定律还可以表述为:在孤立系的能量传递与转换过程中,能量的数量保持不变,但能量的品质却只能下降不能升高,在极限条件下(可逆过程)可保持不变。这个表述称为能量贬值原理。

总体而言,热力学第一定律描述的是能量的量,热力学第二定律描述的是能量的质。能量的利用不仅要考虑能量的量,更要考虑能量的质。在能量的转换或传递过程中,高级能量贬值成为低级能量的现象普遍存在,如蒸汽动力循环中的高温蒸汽贬值为低温蒸汽,后者的做功能力就大大降低。而能质提高的过程不可能自动地单独进行,其必定与另一个能质下降的过程同时发生,这个能质下降的过程就是实现能质升高过程的必要补偿条件,意即必须付出一定的代价。例如,制冷装置是以功量转换成热量的过程为代价,或者以热量从高温传向低温的过程作为补偿条件,可以实现把热量从低温区传向高温区。

若以能量的可转换能力作为能量品位的衡量尺度,则有以下三种不同质的能量。

(1) 可无限转换的能量,如机械能、电能、水能、风能等。这类形式的能量都是有序的,有序能具有较高的转换能力,理论上可以百分之百地转换为任何其他形式的能量,属于高品位能量。

(2) 可有限转换的能量,如热力学能等。这类能量的形式都是无序的,无序能转换为其他形式能量的能力较低,理论上只有有限部分可以转换为其他形式的能量,属于低品位能量。

(3) 不可转换的能量,如周围环境(空气、海洋等)的焓、热力学能。因为任何热机都是以环境为低温热源进行工作的,环境具有的热能是最低品质的能量,理论上它们不能转换为任何

其他形式的能量,是失去了转化能力的能量。因此,周围环境很自然地成为计算各种不同形式的能量在不同存在状态下能质的共同基准。

3.3.4 熵的统计意义

从分子运动论的观点看,热运动是大量分子的无规则运动,而做功则是大量分子的有规则运动。无规则运动变为有规则运动的概率极小,而有规则的运动变为无规则运动的概率大。一个不受外界影响的孤立系统,其内部自发的过程总是由几率小的状态向概率大的状态进行,总是从包含微观状态数目少的宏观状态向包含微观状态数目多的宏观状态进行。这是热力学第二定律的统计意义。因此,也可以把熵作为体系"混乱程度"的量度。

对以原子型为组态的体系来说,组成体系的粒子越混乱,其熵值越大。这样熵就可以与体系在原子范围的混乱程度相联系。例如,在结晶固态物质中,绝大多数的组成粒子(原子或离子)只在规则排列的一定位置范围内振动。而在液态物质中,组成粒子可以比较自由地在液体范围内运动。固态物质的原子排列比液态物质更为规则(有序),或者说具有较小的混乱度,因而固体具有较小的熵值,而液体具有较大的熵值。同理,气体内原子的混乱度大大超过液体,因此气体的熵值也就大大超过液体。

上述混乱度概念也能与宏观现象相联系。例如,固体吸收一定热量 Q(达到熔化热)并在熔点(T_m)时熔化,熵值增加了 Q/T_m,在定压过程中 $Q = \Delta H$

$$\Delta S_{熔化} = \frac{\Delta H}{T_m} \tag{3-26}$$

这种增加的熵值可与体系内组成粒子的混乱度增大相联系,这时供给热量的热源的混乱度则有较小程度的减小。当过冷液体不可逆地发生凝固时,其混乱度有所减小,同时环境(热浴)因吸收了凝固热而使混乱度大大地增加。假如在平衡温度(熔点)发生凝固,则凝固体系混乱度的减小正好等于环境因吸收了凝固热而导致的混乱度的增加。因此,过程总的结果是总的混乱度(体系的混乱度和环境的混乱度之和)没有改变,即熵值不变,或者说体系的熵转移到了环境中。

波尔兹曼(Boltzmann)在宏观量熵(S)与微观状态数(Ω)二者之间建立了联系,这就是著名的波尔兹曼公式

$$S = -k \ln \Omega \tag{3-27}$$

式中,k 为玻耳兹曼常数。玻耳兹曼公式表达了体系的熵值和其内部粒子混乱度之间的定量关系。体系的微观组态数越多,混乱度就越大,熵值也越大(如图 3-14 所示)。因此,从混乱度观点来描述熵,熵就是体系内部微粒混乱度的量度,这就是熵的物理意义。

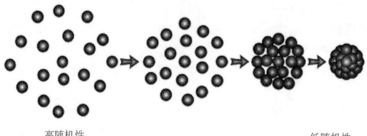

高随机性　　　　　　　　　　　　　　　　　　　　低随机性
高熵　　　　　　　　　　　　　　　　　　　　　　低熵
高混乱度　　　　　　　　　　　　　　　　　　　　低混乱度

图 3-14 熵与混乱度示意图

　　理论和实践都说明,定温膨胀、定压或定容升温、气体混合、固→液→气相变等过程,都是体系无序度(混乱度)增加而熵也增加的过程(如图 3 - 15 所示)。这说明熵是体系无序度的函数。可以预料,随着温度的下降,体系的无序度减小,到 0 K 时,纯物质完美晶体的无序度将达到最小,熵亦达到最小。

　　熵是具有统计性的物理量,因而热力学第二定律所得结论及不可逆、自发等概念,都只能应用于由大量微粒构成的宏观系统,这也是热力学第二定律的统计特征。

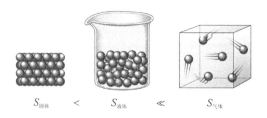

$S_{固体} \quad < \quad S_{液体} \quad \ll \quad S_{气体}$

图 3 - 15　物质的状态与熵

3.4　熵变计算与温–熵图

3.4.1　熵变计算

　　熵是状态函数,只与始末态有关,而与途径无关。可逆过程的熵变可直接按定义式计算,对于不可逆过程,可将其设计为一可逆过程来计算。

　　根据热力学第一定律,$\delta q_R = \mathrm{d}u + p\,\mathrm{d}v$ 或 $\delta q_R = \mathrm{d}h - v\,\mathrm{d}p$,结合式(3 - 14)则有

$$\mathrm{d}s = \frac{\mathrm{d}u + p\,\mathrm{d}v}{T} \tag{3 - 28a}$$

及

$$\mathrm{d}s = \frac{\mathrm{d}h - v\,\mathrm{d}p}{T} \tag{3 - 28b}$$

　　只要选择任意一个合适的可逆过程,由初态至终态对上述任一公式进行积分求解,即可得到具有相同初态和终态的不可逆过程中系统的熵变。这里仅介绍几种简单过程的熵变,一般的计算方法可参考第 4 章。

1. 绝热可逆过程

　　绝热可逆过程也称为定熵过程,因 $q_R = 0$,故 $\Delta s = 0$。

2. 定容过程($\mathrm{d}v = 0$)

　　根据式(3 - 28a)有

$$\mathrm{d}s = \frac{\mathrm{d}u}{T} = \frac{c_v}{T} \tag{3 - 29}$$

若 c_v 为常数,则有

$$\Delta s = \int_{T_1}^{T_2} \frac{c_v}{T} \mathrm{d}T = c_v \ln \frac{T_2}{T_1} \tag{3 - 30}$$

3. 定压过程(dp=0)

根据式(3-28b)有

$$ds = \frac{dh}{T} = \frac{c_p}{T}dT \tag{3-31}$$

若 c_p 为常数,则有

$$\Delta s = \int_{T_1}^{T_2} \frac{c_p}{T}dT = c_p\ln\frac{T_2}{T_1} \tag{3-32}$$

对于可压缩性非常小的固体和液体而言,$c_v = c_p = c$,所以可按式(3-30)或式(3-32)计算熵变。

4. 定温定压可逆相变过程

此过程的熵变为

$$\Delta s = \frac{q_R}{T} = \frac{\Delta_x h}{T} \tag{3-33}$$

式中,$\Delta_x h$ 为相变过程的焓变。因熵是状态函数,上列各式既适用于可逆过程,也适用于不可逆过程。

例题 3-3　设有两个相同的物体 A 和 B,质量均为 m,比热容为 c,两物体的初始温度分别为 T_A 和 $T_B(T_A > T_B)$。两物体接触后发生热传导,最后达到热平衡态。若两物体构成的热力系统为孤立系,求两物体达到热平衡时整个孤立系统的熵变。

解:设达到热平衡时的温度为 T_C,根据能量守恒关系,有

$$mc(T_A - T_C) = mc(T_C - T_B)$$

即

$$T_C = \frac{T_A + T_B}{2}$$

且

$$T_A > T_C > T_B$$

对于固体而言,可应用式(3-30)分别计算两物体在传热过程中的熵变

$$\Delta S_A = mc\ln\frac{T_C}{T_A} < 0$$

$$\Delta S_B = mc\ln\frac{T_C}{T_B} > 0$$

整个孤立系统的熵变为

$$\Delta S = \Delta S_A + \Delta S_B = mc\ln\frac{T_C^2}{T_A T_B} = mc\ln\left[1 + \frac{(T_A - T_B)^2}{4T_A T_B}\right] > 0$$

即整个孤立系统的熵是增加的。

3.4.2　温-熵图

热量和功都是系统与外界通过边界传递的能量,都是过程量,二者之间具有某种共性。有了熵参数,可逆过程的热量也可以按类似式(1-13)的形式计算。体积变化功的计算中,压力是做功的推动力,有无体积变化决定是否做功;而热量交换则以温度为推动力,有无熵变化决

定有无传热。与 $p\text{-}v$ 图相对应,可以 T 为纵坐标、s 为横坐标表示热力学过程,称为温-熵图
或 $T\text{-}s$ 图。

根据式(3-13)有

$$\delta Q_R = T\,\mathrm{d}S \tag{3-34a}$$

由此可得

$$Q_R = \int T\,\mathrm{d}S \tag{3-34b}$$

或

$$q_R = \int T\,\mathrm{d}s \tag{3-34c}$$

对于定温过程,则有

$$Q_R = T\int \mathrm{d}S = T\Delta S \tag{3-34d}$$

从式(3-34)可以看出,体系从状态 1 到状态 2,在 $T\text{-}s$ 图上曲线下的面积表示体系在这
一过程中与外界交换的热量(如图 3-16 所示)。由于 $T>0$,根据 $\delta Q_R = T\mathrm{d}S$ 可知,如果可逆
过程中工质的熵增加,则热量为正,反之则热量为负。即可逆过程是吸热还是放热,不取决于
温度的变化,而取决于熵的变化。对于不可逆过程,不能直接利用式(3-34)计算热量。

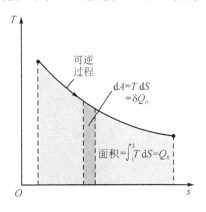

图 3-16　$T\text{-}s$ 图

表 3-1 对比了熵与比体积,可以清楚地看到熵与比体积是相互对应的一组状态参数。

表 3-1　熵与比体积的对比

类　别	功量 W	热量 q
表达式	$\mathrm{d}w = p\,\mathrm{d}v,\ w = \int_{v_1}^{v_2} p\,\mathrm{d}v$	$\mathrm{d}q = T\,\mathrm{d}s,\ q = \int_1^2 T\,\mathrm{d}s$
动力	p	T
能量传递的方向	$\mathrm{d}v>0,\mathrm{d}w>0$,对外做功 $\mathrm{d}v=0,\mathrm{d}w=0$,不做功 $\mathrm{d}v<0,\mathrm{d}w<0$,对内做功	$\mathrm{d}s>0,\mathrm{d}q>0$,工质吸热 $\mathrm{d}s=0,\mathrm{d}q=0$,绝热 $\mathrm{d}s<0,\mathrm{d}q<0$,工质放热
图示	$p\text{-}v$ 图	$T\text{-}s$ 图

图 3-17 中,1—a—2—b—1 表示任一可逆循环;1—a—2 是吸热过程,所吸之热等于 4—

1—a—2—3—4 所围的面积；2—b—1 是放热过程，所放之热等于 4—1—b—2—3—4 所围的面积。热机所做的功 W 为闭合曲线 1—a—2—b—1 所围的面积。循环热机的效率=1—a—2—b—1 的面积/4—1—a—2—3—4 的面积。

图 3-18 为卡诺循环的 T-s 图，据此可计算卡诺循环的效率

$$\eta_R = \frac{W_{net}}{Q_H} = 1 - \frac{Q_L}{Q_H} = 1 - \frac{T_L(S_3 - S_4)}{T_H(S_2 - S_1)} = 1 - \frac{T_L}{T_H}$$

由图 3-18 可见，对于卡诺循环，有

$$Q_{net} = W_{net} = \Delta T \Delta S$$

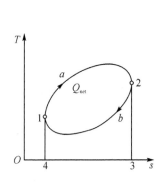

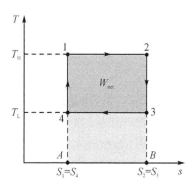

图 3-17　可逆循环 T-s 图　　　　　　　　图 3-18　卡诺循环 T-s 图

例题 3-4　一卡诺热机在 T_H=1 200 K 的高温热源和 T_L=300 K 的低温热源间运行，热机的每次循环输出净功为 180 kJ，试证明该热机循环满足克劳修斯积分等式。

解：根据卡诺循环的 T-s 图有

$$W_{net} = \Delta T \Delta S$$

则

$$\Delta S = \frac{W_{net}}{\Delta T} = \frac{180 \text{ kJ}}{(1\,200 - 300) \text{ K}} = 0.2 \text{ kJ/K}$$

该卡诺热机从高温热源吸收的热量 Q_H 和向低温热源放出的热量 Q_L 分别为

$$Q_H = T_H \Delta S = (1\,200 \times 0.2) \text{ kJ/K} = 240 \text{ kJ/K}$$

$$Q_L = T_L \Delta S = (300 \times 0.2) \text{ kJ/K} = 60 \text{ kJ/K}$$

克劳修斯积分为

$$\oint \frac{\delta Q}{T} = \frac{Q_H}{T_H} - \frac{Q_L}{T_L} = 0.2 - 0.2 = 0$$

即该热机循环满足克劳修斯积分等式。

3.5　㶲及㶲效率

3.5.1　㶲的定义

热力学第一定律和热力学第二定律是热学中最基本的两条定律，前者是能量守恒的规律，后者是熵的法则。据热力学第一定律，一个过程发生后，其能量总值保持不变；而热力学第二定律表明在不可逆过程中熵的总值会增加，并使系统中的一部分能量丧失做功能力，这就是能

量"贬值",贬值的程度与熵的增加成正比。

　　功和热都是被传递的能量,但功变为热是无条件的,而热不能无条件地全部变为功。热和功"不等价",功的"质量"高于热。在给定环境条件下,能量中可转换为有用功的最高份额称为该能量的㶲(exergy),可以认为㶲是衡量能量"品质"或"价值"的一种尺度,㶲越高,能量的"品质"越高,越有能力转换为其他形式的能量。只要系统与环境存在差异,这一系统便具备做功能力,而㶲表示系统和环境所共同具备的做功能力。处于某一状态的热力系,当可逆地变化到与周围环境相平衡时,可以转化为有用功(最大有用功)的能量即为该热力系的㶲,不可转化为有用功的那部分能量称为㷂(anergy)。任何能量 E 均由㶲(E_x)和㷂(A_n)两部分所组成,即

$$E = E_x + A_n \tag{3-35}$$

可无限转换的能量,$A_n = 0$,如机械能、电能全部是㶲,$E_x = E$;不可转换的能量,$E_x = 0$。

　　㶲是能量中具有做功能力的部分,因而判断能量的价值,除了要考虑数量,还要考虑质量,也就是其中㶲的含量。不同形态的能量或物质处于不同状态时,包含的㶲和㷂的比例各不相同。机械能(或电能)全部是㶲,而热能中只有部分是㶲,其余是㷂,这是二者不等价的原因。

3.5.2　热量㶲

　　在给定的环境条件下,热量可转化为有用功的最大值是热量㶲,不可转换为有用功的热量称为热量㷂。根据卡诺定理,在相同的高温热源和低温热源间工作的一切热机,以可逆热机的效率为最高。对于卡诺循环,当低温热源的温度 $T_L = T_0$ 为环境温度时,温度为 $T(T > T_0)$ 的热源所提供的热量 Q 中可转化为有用功的最大份额(热量㶲)$E_{x,Q}$ 为

$$E_{x,Q} = \left(1 - \frac{T_0}{T}\right) Q \tag{3-36}$$

热量 Q 中不能转化为有用功的那部分能量(热量㷂)$A_{n,Q}$ 为

$$A_{n,Q} = \frac{T_0}{T} Q \tag{3-37}$$

　　卡诺循环的热量㶲和热量㷂可以分别用图 3-19 中 1—2—3—4—1 和 4—3—B—A—4 所围的面积表示。显然,当 Q 值一定时,温度 T 越高,热量㶲越大,热量㷂越小。而与环境温度相同的系统所放出的热量,则不具有热量㶲。

　　若系统以恒温 T 供热,则相应的热量㶲和热量㷂分别为

$$E_{x,Q} = \left(1 - \frac{T_0}{T}\right) Q = Q - T_0 \Delta S \tag{3-38}$$

$$A_{n,Q} = \frac{T_0}{T} Q = T_0 \Delta S \tag{3-39}$$

式中,ΔS 为可逆过程中的熵变。由此可见,如果过程可逆,可以利用的能量实际上是工质进出热力系的㶲值之差。

3.5.3　㶲效率

　　㶲是过程量,热量㶲与热量传递的方向相同,系统在放出热量的同时也放出㶲,反之亦然。㶲的充分利用只有在过程可逆的情况下才能做到。如果过程是不可逆的,则必然造成㶲的损失。如图 3-20 所示,热量传递的不可逆过程中,热量的总量并未减少,但是熵增加了,㶲减少了,热量的质量降低了(即贬值)。㶲的减少称为㶲损,用 I 表示,则有

$$I = \left(\frac{Q}{T_2} - \frac{Q}{T_1} \right) T_0 = T_0 \Delta S_g \qquad (3-40)$$

式中，ΔS_g 为不可逆过程中的熵产。即不可逆过程所造成的㶲损是过程中的熵产与环境温度的乘积，㶲损也可以作为过程不可逆程度的度量。一般情况下，对于给定的系统或设备，投入或耗费的㶲 E_{xi} 与被有效利用或收益的㶲 E_{xg} 之差，即为该系统或设备的㶲损，即

$$I = E_{xi} - E_{xg} \qquad (3-41)$$

而被有效利用的㶲或收益㶲 E_{xg} 与投入的㶲或耗费㶲 E_{xi} 之比，称为该系统或设备的㶲效率 η_{ex}，即

$$\eta_{ex} = \frac{E_{xg}}{E_{xi}} \qquad (3-42)$$

㶲效率实际上是获得的有效能量与所供给的最大功的能量之比。由于热能利用和动力机械装置中发生的做功、传热、燃烧、化学反应等过程都是不可逆的，都会产生各种原因的㶲损，所以㶲效率必小于 1。

一般而言，热功转换装置（如图 2-15 所示）对外输出的轴功为收益㶲，而进出口的㶲差为㶲代价（耗费㶲），参照能量平衡方程，系统进出口的㶲差 $E_{x1} - E_{x2}$ 与实际过程所做功和㶲损 I 之间的关系称为㶲平衡方程，即

$$E_{x1} - E_{x2} = W + I \qquad (3-43)$$

若热力过程是可逆过程，则 $I=0$，可得最大有用功。因为㶲损也可度量过程的不可逆性，所以可以利用㶲平衡方程和㶲损对过程进行㶲分析。

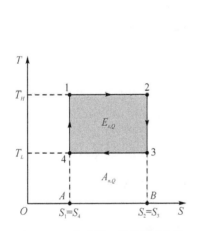

图 3-19 卡诺循环的热量㶲和㶲

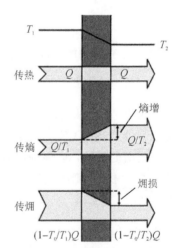

图 3-20 热量传递过程中熵和㶲的变化

任何可逆过程都不会发生㶲向㶲的转变，所以可逆过程不存在㶲损失。由于实际过程总有某种不可逆因素，能量中的一部分㶲将不可避免地退化为㶲，而且一旦退化为㶲就再也无法转变为㶲。由于能量是守恒的，所以㶲的损失即是㶲的增加。因而㶲损失是真正意义上的损失，减少㶲损失（有限度地）是合理用能及节能的指导方向。

孤立系中任何不可逆循环或不可逆过程，必然有机械能的损失和体系做功能力的降低，或者说必然有㶲损失和㶲增加。也即孤立系的熵增和能量贬值是联系在一起的，能量贬值原理是热力学第二定律的一个直接推论。

思考题

3-1　举例说明自发过程及特点。

3-2　如何理解不可逆过程的熵变大于该过程的热温商？

3-3　无摩擦和其他任何不可逆因素的热机循环热效率能否达到 100%？

3-4　以摩擦生热为例说明功—热转换的不可逆性。

3-5　可逆热机和非可逆热机从高温热源吸取同样的热量对外做功,比较二者向低温热源的放热量。

3-6　说明如何根据卡诺循环提高热机循环热效率。

3-7　如何理解温度越高,热能的品位就越高？

3-8　设想一个满足热力学第一定律但违背热力学第二定律的过程。

3-9　应用热力学第一定律和热力学第二定律说明热和功的联系与区别。

3-10　绘制卡诺循环的 $T-s$ 图并求解系统对外所做的净功。

3-11　说明如何应用热力学第二定律指导节能减排。

3-12　举例说明一个能质提高的过程必定与另一个能质下降的过程同时发生。

3-13　举例并比较可无限转换的能量和可有限转换的能量。

3-14　举例说明熵增原理。

3-15　说明㶲和㶲效率的物理含义。

练习题

3-1　某人声称发明了一台在 $T_1 = 1\,500\ \text{K}$ 的高温热源和 $T_2 = 300\ \text{K}$ 的低温热源之间工作的热机,该热机每次循环从高温热源吸热 1 750 kJ,向冷源放热 550 kJ。试判断该热机循环在理论上是否可行。

3-2　两个卡诺热机在 $T_H = 1\,060\ \text{K}$ 的高温热源和 $T_L = 560\ \text{K}$ 的低温热源间串联运行,第一个卡诺热机排出的热量进入第二个热机。如果第一个热机的效率比第二个热机的效率高 20%,求第一个热机和第二个热机之间的温度。

3-3　根据如图 3-21 所示的 $T-s$ 图,求:(1) 各过程所吸收(或放出)的热量;(2) 整个循环的热效率。

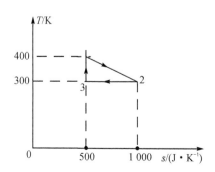

图 3-21　练习题 3-3 图

3-4　在等压(200 kP)条件下,将2 kg空气加热至500 ℃,设初始体积为0.8 m³,计算该过程的熵变。

3-5　已知某系统的热力学能和状态方程分别为$U=bVT^4$,$pV=\dfrac{1}{3}U$,其中b为常数,且$T=0$ K时熵为零。试求熵的表达式。

3-6　将质量为0.36 kg的钢件加热至1 060 K均温后迅速放入水中进行淬火。设水的质量为9 kg,温度为295 K,钢件和水的比热容分别为420 J/(kg·K)和4 187 J/(kg·K),盛水容器为绝热。求:(1)淬火结束(钢件和水达到热平衡)时的温度;(2)钢件、水,以及它们组成的孤立系统的熵变。

3-7　绝热容器被隔板分为两个相等的部分(如图3-22所示),一半充满空气,另一半为完全真空。隔板打开后,空气迅速充满整个容器。计算该孤立系统熵的变化。

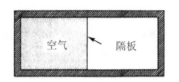

图3-22　练习题3-7图

3-8　两均匀物体A和B的质量相等,比热容相同且为常数,初温分别为T_A、T_B。用这两个物体分别作为热源和冷源,使可逆热机在其间工作,直至两物体的温度相等(达到平衡)为止。证明:本题所给条件下两物体的平衡温度$T_m=\sqrt{T_A T_B}$。

第4章 热力学基本关系

宏观物质的热性质具有普遍性,表征宏观物质系统热力学性质的定量关系称为热力学关系。热力学系统的热力过程和热力循环分析需要确定工质的热力参数,其中不可测量参数(或不易测量参数)需要由可测参数(或易测参数)根据一定的热力学关系进行确定。本章重点讨论均匀闭系常用热力学状态函数之间的基本关系。

4.1 热力学基本方程

4.1.1 热力学势

在保守力学体系中,如在重力场中被举起的质量,其功可以势能的形式储存,而后再释放出来。在某些情况下热力学体系也是一样,可以通过可逆过程对体系做功把能量储存于热力学体系中,最后再以功的形式将能量取出。储存于体系之中而后再以功的形式释放出来的那部分能量就称为自由能。在热力学体系中,存在多少种约束条件的不同组合就有多少种不同形式的自由能。内能、焓、亥姆霍兹自由能、吉布斯自由能是最常见的自由能。这些自由能类似于重力场中的势能,所以称为热力学势,也称为势函数。

对于封闭体系只做体积功,不做非体积功的可逆过程,热力学第一定律($dU = \delta Q_R - p\,dV$)与第二定律($\delta Q_R = T\,dS$)联立可得

$$dU = T\,dS - p\,dV \tag{4-1}$$

这是热力学第一定律与热力学第二定律的联合表达式,是适用于组成不变且不做非体积功的封闭体系的热力学基本公式。尽管在导出该式时,曾引用可逆条件的 $\delta Q_R = T\,dS$,但该公式中各量均为状态函数,与过程是否可逆无关。但只有在可逆过程中,$T\,dS$ 才代表体系所吸的热。

根据 $H = U + pV$,微分后结合式(4-1)可得

$$dH = T\,dS + V\,dp \tag{4-2}$$

为了判别热力学系统状态在不同条件下的变化方向,亦可将式(2-10)与式(3-22)结合,则有

$$dU + p\,dV - T\,dS \leqslant 0 \tag{4-3}$$

式(4-3)也是热力学第一定律和热力学第二定律的联合表达式,在不同的条件下可演化为不同的形式,以便获得特定条件下系统状态变化方向的判据。

由式(4-3)可得,在定熵定容的条件下系统状态变化方向的判据为

$$dU \leqslant 0 \tag{4-4a}$$

或

$$\Delta U \leqslant 0 \tag{4-4b}$$

即系统的定熵定容过程向着热力学能减小的方向进行,平衡时热力学能取得最小值。

由式(4-3)可得,在定熵定压的条件下系统状态变化方向的判据为

$$dU + p\,dV = d(U + pV) = dH \leqslant 0 \tag{4-5a}$$

或

$$\Delta H \leqslant 0 \tag{4-5b}$$

即系统的定熵定压过程向着焓减小的方向进行,平衡时焓取得最小值。

由式(4-3)可得,在定温定容的条件下系统状态变化方向的判据为

$$d(U - TS) \leqslant 0 \tag{4-6a}$$

令 $F = U - TS$,则有

$$dF \leqslant 0 \tag{4-6b}$$

或

$$\Delta F \leqslant 0 \tag{4-6c}$$

式中,F 称为亥姆霍兹自由能。F 也是状态函数。式(4-6)给出了定温定容条件下状态变化的方向和限度。此判据说明,这种系统的状态变化只有在其亥姆霍兹自由能减少的情况下才有可能发生,或者说系统的状态总是自发地趋向亥姆霍兹自由能减少的方向,平衡状态时的亥姆霍兹自由能为最小值。应该注意,这里并不是说在等温等压条件下 $dF > 0$ 或 $\Delta F > 0$ 的变化是不可能的,而只是说不会自动发生。

由式(4-3)可得,在定温定压的条件下系统状态变化方向的判据为

$$d(U + pV - TS) \leqslant 0 \tag{4-7a}$$

或

$$d(H - TS) \leqslant 0 \tag{4-7b}$$

令 $G = H - TS$,则有

$$dG \leqslant 0 \tag{4-7c}$$

或

$$\Delta G \leqslant 0 \tag{4-7d}$$

式中,G 称为吉布斯自由能,$G = H - TS = F + pV$。G 也是状态函数。式(4-7)给出了定温定压条件下状态变化的方向和限度。此判据说明,这种系统的状态变化只有在其吉布斯自由能减少的情况下才有可能发生,或者说系统的状态总是自发地趋向吉布斯自由能减少的方向,平衡状态时的吉布斯自由能为最小值,意即定温定压条件下系统不可能自动发生 $dG > 0$ 或 $\Delta G > 0$ 的变化。

综上分析,在定温定容或定温定压的条件下,只需要根据相应自由能的变化就可判断过程的方向,并不需要知道实际过程的热温商,这比熵判据的应用更为方便。

分别对 $F = U - TS$ 和 $G = H - TS$ 全微分可得

$$dF = -S\,dT - p\,dV \tag{4-8}$$

$$dG = -S\,dT + V\,dp \tag{4-9}$$

由式(4-8)和式(4-9)可见,自由能函数 F、G 是可测参数 (T, V) 或 (T, p) 为独立变量的特征函数,与热力学能和焓一样,都是具有广延性质的状态参数,具有加和性。与焓函数一样,自由能函数的提出也是为了方便热力学计算分析。

根据式(4-8)和式(4-9),若 $dT = 0$,则有

$$dF = -p\,dV \tag{4-10}$$

$$dG = V\,dp \tag{4-11}$$

即亥姆霍兹函数的减少等于可逆定温过程对外所做的膨胀功,而吉布斯函数的减少等于可逆

定温过程中对外所做的技术功。

将亥姆霍兹自由能 $F=U-TS$ 改写为

$$U=F+TS \tag{4-12}$$

则表示系统的热力学能包含两部分：一部分是可以对外做功的自由能；另一部分（TS）是不能向外输出的能量，称为系统的束缚能。

将吉布斯自由能 $G=H-TS$ 改写为

$$H=G+TS \tag{4-13}$$

则表示吉布斯自由能是等温等压过程中热力学系统可以对外做功的那一部分焓，所以吉布斯自由能又称为吉布斯自由焓，简称自由焓。

以上所述的状态函数 U、H、F、G 都具有能量量纲，所有这些具有能量量纲的状态函数统称为热力学势。其中，热力学能适合描述宏观系统的总能量，焓适合描述系统蕴含的热能，自由能适合描述系统蕴含的机械能。

4.1.2　特性函数

以上得到的关于热力学势 U、H、F、G 的四个方程，即式（4-1）、式（4-2）、式（4-8）和式（4-9），称为热力学基本方程，实际上是以下四个函数关系的全微分式

$$U=U(S,V) \tag{4-14a}$$
$$H=H(S,p) \tag{4-14b}$$
$$F=F(T,V) \tag{4-14c}$$
$$G=G(T,p) \tag{4-14d}$$

这四个函数又称为特征函数，即只需一个状态函数就可以确定系统的其他参数。

若考虑非体积功 W_f，则上述热力学基本方程可写成

$$dU=TdS-pdV-\delta W_f \tag{4-15a}$$
$$dH=TdS+Vdp-\delta W_f \tag{4-15b}$$
$$dF=-SdT-pdV-\delta W_f \tag{4-15c}$$
$$dG=-SdT+Vdp-\delta W_f \tag{4-15d}$$

在以上分析中先后出现了八个主要的状态函数：T、p、V、U、H、S、F、G。其中 T 和 p 是强度性质，其他为容量性质。八个函数中 T、p、V、U、S 是基本函数，都具有明确的物理意义，而 H、F 和 G 是导出函数，是由基本函数经过数学组合定义而成，故本身没有物理意义。

在常质量系统中，系统的内能、焓、熵、自由能可分别是总质量 m 乘以相应的比强度量，即 $dU=mdu$、$dH=mdh$、$dS=mds$、$dF=mdf$ 和 $dG=mdg$。用比强度量表示的特征函数分别为 $u=u(s,v)$、$h=h(s,p)$、$f=f(T,v)$ 和 $g=g(T,p)$。用比强度表示的热力学基本方程为

$$du=Tds-pdv \tag{4-16a}$$
$$dh=Tds+vdp \tag{4-16b}$$
$$df=-sdT-pdv \tag{4-16c}$$
$$dg=-sdT+vdp \tag{4-16d}$$

4.1.3　麦克斯韦关系式

按全微分性质，若 $z=f(x,y)$，则有

$$dz = \left(\frac{\partial z}{\partial x}\right)_y dx + \left(\frac{\partial z}{\partial y}\right)_x dy = M dx + N dy \tag{4-17}$$

因此,由热力学基本方程式可直接得出

$$T = \left(\frac{\partial u}{\partial s}\right)_v = \left(\frac{\partial h}{\partial s}\right)_p \tag{4-18}$$

$$p = -\left(\frac{\partial u}{\partial v}\right)_s = -\left(\frac{\partial f}{\partial v}\right)_T \tag{4-19}$$

$$v = \left(\frac{\partial h}{\partial T}\right)_s = \left(\frac{\partial g}{\partial p}\right)_T \tag{4-20}$$

$$s = -\left(\frac{\partial f}{\partial T}\right)_v = -\left(\frac{\partial g}{\partial T}\right)_p \tag{4-21}$$

由此可见,特征函数 $u = u(s,v)$、$h = h(s,p)$、$f = f(T,v)$ 和 $g = g(T,p)$ 的一个很重要的性质,就是其偏导数各给出一个状态函数。正因如此,只需知道上述一个状态函数就可确定所有的状态函数:如已知 $f = f(T,v)$,则由式(4-21)可得 $s(T,v)$;由式(4-19)可得 $p(T,v)$,即状态方程;由 $f = u - Ts$、$h = u + pv$ 以及 $g = h - Ts = f + pv$ 可分别求得 $u(T,v)$、$h(T,v)$ 以及 $g(T,v)$。

以上说明,对于组成不变、只做体积功的封闭系统,状态函数仅需两个状态变量就可确定,即存在函数关系,并且这种函数具有全微分的性质。按全微分性质,将式(4-17)中的 M 对 y 微分,N 对 x 微分,得

$$\left(\frac{\partial M}{\partial y}\right)_x = \frac{\partial^2 z}{\partial y \partial x} \tag{4-22}$$

$$\left(\frac{\partial N}{\partial x}\right)_y = \frac{\partial^2 z}{\partial x \partial y} \tag{4-23}$$

即

$$\left(\frac{\partial M}{\partial y}\right)_x = \left(\frac{\partial N}{\partial x}\right)_y \tag{4-24}$$

对 $u = u(s,v)$ 进行全微分,利用上述全微分性质,可得

$$du = \left(\frac{\partial u}{\partial s}\right)_v ds + \left(\frac{\partial u}{\partial v}\right)_s dv = T ds - p dv \tag{4-25}$$

式中,T 和 p 也分别是 s 和 v 的函数,将 T 和 p 分别对 s 和 v 偏微分,有

$$\left(\frac{\partial T}{\partial v}\right)_s = \frac{\partial^2 u}{\partial s \partial v} \tag{4-26}$$

$$-\left(\frac{\partial p}{\partial s}\right)_v = \frac{\partial^2 u}{\partial s \partial v} \tag{4-27}$$

所以有

$$\left(\frac{\partial T}{\partial v}\right)_s = -\left(\frac{\partial p}{\partial s}\right)_v \tag{4-28}$$

对 $h = h(s,p)$、$f = f(T,v)$ 和 $g = g(T,p)$ 进行同样处理,可得

$$\left(\frac{\partial T}{\partial p}\right)_s = \left(\frac{\partial v}{\partial s}\right)_p \tag{4-29}$$

$$\left(\frac{\partial s}{\partial v}\right)_T = \left(\frac{\partial p}{\partial T}\right)_v \tag{4-30}$$

$$\left(\frac{\partial s}{\partial p}\right)_T = -\left(\frac{\partial v}{\partial T}\right)_p \qquad (4-31)$$

这 4 个方程称为麦克斯韦关系式,是推导熵、热力学能、焓及比热容的热力学一般关系式的基础。利用麦克斯韦关系式,可以用容易从实验测定的偏微商代替那些不易直接测定的偏微商。例如,式(4-31)中,变化率 $\left(\frac{\partial s}{\partial p}\right)_T$ 难以测定,而代表系统热膨胀情况的变化率 $\left(\frac{\partial v}{\partial T}\right)_p$ 可直接测定。

例题 4 - 1　以(p,v)为独立变量,证明

$$\left(\frac{\partial u}{\partial p}\right)_v = -T\left(\frac{\partial v}{\partial T}\right)_s$$

$$\left(\frac{\partial u}{\partial v}\right)_T = T\left(\frac{\partial p}{\partial T}\right)_v - p$$

解：根据式(4-16a),即

$$du = Tds - pdv$$

其中 $s = s(p,v)$,则有

$$ds = \left(\frac{\partial s}{\partial p}\right)_v dp + \left(\frac{\partial s}{\partial v}\right)_p dv \qquad (4-32)$$

将式(4-32)代入式(4-16a),整理可得

$$du = T\left(\frac{\partial s}{\partial p}\right)_v dp + \left[T\left(\frac{\partial s}{\partial v}\right)_p - p\right]dv \qquad (4-33)$$

又根据 $u = u(p,v)$,有

$$du = \left(\frac{\partial u}{\partial p}\right)_v dp + \left(\frac{\partial u}{\partial v}\right)_p dv \qquad (4-34)$$

比较式(4-33)和式(4-34),可得

$$\left(\frac{\partial u}{\partial p}\right)_v = T\left(\frac{\partial s}{\partial p}\right)_v \qquad (4-35)$$

$$\left(\frac{\partial u}{\partial v}\right)_p = T\left(\frac{\partial s}{\partial v}\right)_p - p \qquad (4-36)$$

根据麦克斯韦关系

$$\left(\frac{\partial s}{\partial p}\right)_v = -\left(\frac{\partial v}{\partial T}\right)_s$$

$$\left(\frac{\partial s}{\partial v}\right)_p = \left(\frac{\partial p}{\partial T}\right)_v$$

分别代入式(4-35)、式(4-36),可得

$$\left(\frac{\partial u}{\partial p}\right)_v = -T\left(\frac{\partial v}{\partial T}\right)_s$$

$$\left(\frac{\partial u}{\partial v}\right)_T = T\left(\frac{\partial p}{\partial T}\right)_v - p$$

4.1.4　热系数

工质的热力性质可以采用状态方程来描述,也可以通过基本状态参数 p、v、T 之间的偏导数 $\left(\frac{\partial v}{\partial T}\right)_p$、$\left(\frac{\partial v}{\partial p}\right)_T$ 和 $\left(\frac{\partial p}{\partial T}\right)_v$ 来表征,这些偏导数也具有明确的物理意义。

1. 体膨胀系数

物质在定压下比体积随温度的变化率与比体积的比值

$$\alpha_V = \frac{1}{v}\left(\frac{\partial v}{\partial T}\right)_p \qquad (4-37)$$

称为体膨胀系数,单位为 K^{-1}。

2. 等温压缩率

物质在定温下比体积随压力的变化率与比体积的比值

$$\beta = -\frac{1}{v}\left(\frac{\partial v}{\partial p}\right)_T \qquad (4-38)$$

称为等温压缩率,单位为 Pa^{-1}。

3. 等容压力温度系数

物质在定比体积下压力随温度的变化率与压力的比值

$$\alpha_p = \frac{1}{p}\left(\frac{\partial p}{\partial T}\right)_v \qquad (4-39)$$

称为等容压力温度系数或压力的温度系数,单位为 K^{-1}。

上述三个系数称为热系数,既可以由实验测定,也可以由状态方程求得。这三个系数之间的关系可由循环关系导出,用 p、v、T 替换式(1-4c)中的 x、y、z,可得

$$\left(\frac{\partial p}{\partial v}\right)_T\left(\frac{\partial v}{\partial T}\right)_p\left(\frac{\partial T}{\partial p}\right)_v = -1$$

或

$$\left(\frac{\partial v}{\partial T}\right)_p = -\left(\frac{\partial p}{\partial T}\right)_v\left(\frac{\partial v}{\partial p}\right)_T$$

以及

$$\frac{1}{v}\left(\frac{\partial v}{\partial T}\right)_p = -p\,\frac{1}{p}\left(\frac{\partial p}{\partial T}\right)_v\,\frac{1}{v}\left(\frac{\partial v}{\partial p}\right)_T$$

即

$$\alpha_V = p\alpha_p\beta \qquad (4-40)$$

根据理想气体的状态方程,容易求得理想气体的热系数,即

$$\alpha_V = \alpha_p = \frac{1}{T}, \quad \beta = \frac{1}{p}$$

例题 4-2 已知某物质的等温压缩系数 $\beta =$ 常数,若温度不变,当压力从 p_1 增至 p_2,而比体积从 v_1 减小到 v_2 时,求压力变化与比体积变化之间应满足的关系。

解: 当温度不变时,根据式(4-38),有

$$\beta \mathrm{d}p = -\frac{\mathrm{d}v}{v}$$

取积分可得

$$\beta \int_{p_1}^{p_2} \mathrm{d}p = -\int_{v_1}^{v_2} \frac{\mathrm{d}v}{v}$$

即

$$p_2 - p_1 = \frac{1}{\beta}\left(\ln\frac{v_1}{v_2}\right)$$

应当注意,上式仅适用于 $\beta=$ 常数的情况。

4.2　基本热力学函数的确定

在前面引进的热力学函数中,最基本的是状态方程、内能和熵,其他热力学函数均可由这三个基本函数导出。应用热力学基本定律解决各类问题的实质是将热力学基本方程或不等式用于分析,但在具体问题分析时,只有对这些方程或不等式中的相关物理量赋予特定的形式才能得出结论。

4.2.1　内能函数

如果选 T、v 为状态参量,状态方程为 $u=u(T,v)$,则内能的全微分为

$$\mathrm{d}u = \left(\frac{\partial u}{\partial T}\right)_v \mathrm{d}T + \left(\frac{\partial u}{\partial v}\right)_T \mathrm{d}v \qquad (4-41\mathrm{a})$$

及

$$\mathrm{d}u = T\mathrm{d}s - p\mathrm{d}v \qquad (4-41\mathrm{b})$$

其中 $s=s(T,v)$,则有

$$\mathrm{d}s = \left(\frac{\partial s}{\partial T}\right)_v \mathrm{d}T + \left(\frac{\partial s}{\partial v}\right)_T \mathrm{d}v \qquad (4-42)$$

将式(4-42)代入式(4-41b),整理可得

$$\mathrm{d}u = T\left(\frac{\partial s}{\partial T}\right)_v \mathrm{d}T + \left[T\left(\frac{\partial s}{\partial v}\right)_T - p\right] \mathrm{d}v$$

与式(4-41a)比较可得

$$\left(\frac{\partial u}{\partial v}\right)_T = T\left(\frac{\partial s}{\partial v}\right)_T - p \qquad (4-43)$$

根据麦克斯韦关系式(4-30),则有

$$\left(\frac{\partial u}{\partial v}\right)_T = T\left(\frac{\partial p}{\partial T}\right)_v - p \qquad (4-44)$$

将式(4-44)代入式(4-41a),得

$$\mathrm{d}u = \left(\frac{\partial u}{\partial T}\right)_v \mathrm{d}T + \left[T\left(\frac{\partial p}{\partial T}\right)_v - p\right] \mathrm{d}v \qquad (4-45\mathrm{a})$$

因为 $c_v = \left(\dfrac{\partial u}{\partial T}\right)_v$,则有

$$\mathrm{d}u = c_v \mathrm{d}T + \left[T\left(\frac{\partial p}{\partial T}\right)_v - p\right] \mathrm{d}v \qquad (4-45\mathrm{b})$$

积分得

$$\Delta u = \int\left\{c_v \mathrm{d}T + \left[T\left(\frac{\partial p}{\partial T}\right)_v - p\right] \mathrm{d}v\right\} \qquad (4-46)$$

4.2.2 熵函数

根据式(4-42)给出的熵 $s=s(T,v)$ 的全微分,即

$$\mathrm{d}s = \left(\frac{\partial s}{\partial T}\right)_v \mathrm{d}T + \left(\frac{\partial s}{\partial v}\right)_T \mathrm{d}v$$

因为

$$\left(\frac{\partial s}{\partial T}\right)_v = \frac{\left(\frac{\partial s}{\partial u}\right)_v}{\left(\frac{\partial T}{\partial u}\right)_v} = \frac{\left(\frac{\partial u}{\partial T}\right)_v}{\left(\frac{\partial u}{\partial s}\right)_v} = \frac{c_v}{T} \qquad (4-47)$$

结合式(4-30)可得

$$\mathrm{d}s = \frac{c_v}{T}\mathrm{d}T + \left(\frac{\partial p}{\partial T}\right)_v \mathrm{d}v \qquad (4-48)$$

式(4-48)称为第一 ds 方程。积分得

$$\Delta s = \int \left[\frac{c_v}{T}\mathrm{d}T + \left(\frac{\partial p}{\partial T}\right)_v \mathrm{d}v\right]$$

即如果知道状态方程及比定容热容,就可求得过程的熵变。

若以 T、p 为状态参量,则有

$$\mathrm{d}s = \left(\frac{\partial s}{\partial T}\right)_p \mathrm{d}T + \left(\frac{\partial s}{\partial p}\right)_T \mathrm{d}p$$

其中

$$\left(\frac{\partial s}{\partial T}\right)_p = \left(\frac{\partial s}{\partial h}\right)_p \left(\frac{\partial h}{\partial T}\right)_p = \frac{\left(\frac{\partial h}{\partial T}\right)_p}{\left(\frac{\partial h}{\partial s}\right)_p} = \frac{c_p}{T}$$

结合式(4-29),可得第二 ds 方程为

$$\mathrm{d}s = \frac{c_p}{T}\mathrm{d}T - \left(\frac{\partial v}{\partial T}\right)_p \mathrm{d}p \qquad (4-49)$$

若以 p、v 为状态参量,可求得第三 ds 方程,即

$$\mathrm{d}s = \frac{c_v}{T}\left(\frac{\partial T}{\partial p}\right)_v \mathrm{d}p + \frac{c_p}{T}\left(\frac{\partial T}{\partial v}\right)_p \mathrm{d}v \qquad (4-50)$$

同样可对第二 ds 方程和第三 ds 方程求积分。

例题 4-3 某气体的状态方程为 $p(v-a)=RT$(其中 a 为常数),若 c_v 为常数,求 Δs。

解:将状态方程改写为

$$p = \frac{RT}{v-a}$$

求偏导为

$$\left(\frac{\partial p}{\partial T}\right)_v = \frac{R}{v-a}$$

代入式(4-48),则有

$$\mathrm{d}s = \frac{c_v}{T}\mathrm{d}T + \frac{R}{v-a}\mathrm{d}v$$

积分可得

$$\Delta s = c_v \ln \frac{T_2}{T_1} + R \ln \frac{v_2 - a}{v_1 - a}$$

4.2.3 焓函数

若以 T、p 为状态参量,将第二 $\mathrm{d}s$ 方程代入式(4-16b),可求得 $\mathrm{d}h$ 为

$$\mathrm{d}h = c_p \mathrm{d}T + \left[v - T\left(\frac{\partial v}{\partial T}\right)_p \right] \mathrm{d}p \tag{4-51}$$

对式(4-51)积分得

$$\Delta h = \int \left\{ c_p \mathrm{d}T + \left[v - T\left(\frac{\partial v}{\partial T}\right)_p \right] \mathrm{d}p \right\}$$

以上分析表明,如果已知物质的比热容和状态方程,即可得其内能、熵和焓等函数。以此为基础,结合状态函数的微分性质,可导出相关热力学参数。例如,对于第 2 章所述的绝热节流过程,$\mathrm{d}h = 0$,根据式(4-51)有

$$c_p \mathrm{d}T + \left[v - T\left(\frac{\partial v}{\partial T}\right)_p \right] \mathrm{d}p = 0$$

或写成

$$\left. \frac{\mathrm{d}T}{\mathrm{d}p} \right|_{\mathrm{d}h=0} = \frac{1}{c_p} \left[T\left(\frac{\partial v}{\partial T}\right)_p - v \right]$$

结合式(2-49),有

$$\mu_{JT} = \left(\frac{\partial T}{\partial p}\right)_H = \frac{1}{c_p} \left[T\left(\frac{\partial v}{\partial T}\right)_p - v \right] \tag{4-52}$$

据此不难证明,对于理想气体,$\mu_{JT} = 0$。实际气体 $\mu_{JT} \neq 0$,可以制热也可以制冷,取决于气体的性质和它所处的温度和压强。为应用方便,可根据状态函数的循环关系

$$\left(\frac{\partial v}{\partial T}\right)_p \left(\frac{\partial T}{\partial p}\right)_v \left(\frac{\partial p}{\partial v}\right)_T = -1$$

将式(4-52)转变为如下形式

$$\mu_{JT} = -\frac{1}{c_p} \left[T\left(\frac{\partial p}{\partial T}\right)_v \left(\frac{\partial v}{\partial p}\right)_T + v \right]$$

$$\mu_{JT} = \frac{v\left(\frac{\partial p}{\partial v}\right)_T + T\left(\frac{\partial p}{\partial T}\right)_v}{c_p \left(\frac{\partial p}{\partial v}\right)_T}$$

4.2.4 比热函数

对第一 $\mathrm{d}s$ 方程(式 4-48)应用全微分关系,可得

$$\left(\frac{\partial c_v}{\partial v}\right)_T = T\left(\frac{\partial^2 p}{\partial T^2}\right)_v \tag{4-53a}$$

对第二 $\mathrm{d}s$ 方程(式 4-49)应用全微分关系,可得

$$\left(\frac{\partial c_p}{\partial p}\right)_T = -T\left(\frac{\partial^2 v}{\partial T^2}\right)_p \tag{4-53b}$$

式(4-53a)和式(4-53b)分别建立了定温条件下 c_p 随压力 p 和 c_v 随比体积 v 的变化与

状态方程的关系。若气体的状态方程已知,则可求得比热函数。例如,在定温条件下对式(4-53)积分,可得

$$c_p - c_{p_0} = -T \int_{p_0}^{p} \left(\frac{\partial^2 v}{\partial T^2} \right)_p \mathrm{d}p \tag{4-54}$$

式中,c_{p_0} 是压力为 p_0 下的比定压热容。若已知气体的状态方程,则只要测得该气体在某一足够低压力时的比定压热容 c_{p_0},就可以计算出气体在一定压力下的 c_p,如此可减少试验工作量。若有较精确的气体比热容数据 $c_p = f(T, p)$,通过式(4-53)也可求得该气体的状态方程。

由于比定容热容的测量比较困难,所以通常由 c_p 的实验数据推算 c_v,因此需要建立 $c_p - c_v$ 的一般关系。由第一 ds 方程和第二 ds 方程可得

$$\frac{c_v}{T}\mathrm{d}T - \left(\frac{\partial p}{\partial T} \right)_v \mathrm{d}v = \frac{c_p}{T}\mathrm{d}T - \left(\frac{\partial v}{\partial T} \right)_p \mathrm{d}p \tag{4-55}$$

或写成

$$\mathrm{d}T = \frac{T\left(\frac{\partial p}{\partial T} \right)_v}{c_p - c_v}\mathrm{d}v + \frac{T\left(\frac{\partial v}{\partial T} \right)_p}{c_p - c_v}\mathrm{d}p \tag{4-56}$$

取 $T = T(v, p)$,则有

$$\mathrm{d}T = \left(\frac{\partial T}{\partial v} \right)_p \mathrm{d}v + \left(\frac{\partial T}{\partial p} \right)_v \mathrm{d}p \tag{4-57}$$

比较式(4-56)和式(4-57),可得

$$\left(\frac{\partial T}{\partial v} \right)_p = \frac{T\left(\frac{\partial p}{\partial T} \right)_v}{c_p - c_v}$$

$$\left(\frac{\partial T}{\partial p} \right)_v = \frac{T\left(\frac{\partial v}{\partial T} \right)_p}{c_p - c_v}$$

因此有

$$c_p - c_v = T \left(\frac{\partial v}{\partial T} \right)_p \left(\frac{\partial p}{\partial T} \right)_v$$

根据循环关系,用 p、T、v 替换式(1-4c)中的 x、y、z,可得

$$\left(\frac{\partial p}{\partial T} \right)_v \left(\frac{\partial T}{\partial v} \right)_p \left(\frac{\partial v}{\partial p} \right)_T = -1$$

可得

$$\left(\frac{\partial p}{\partial T} \right)_v = -\left(\frac{\partial v}{\partial T} \right)_p \left(\frac{\partial p}{\partial v} \right)_T$$

因此有

$$c_p - c_v = -T \left(\frac{\partial v}{\partial T} \right)_p^2 \left(\frac{\partial p}{\partial v} \right)_T = \frac{Tv\alpha^2}{\beta}$$

即

$$c_p - c_v = \frac{Tv\alpha^2}{\beta} \tag{4-58}$$

因为 T、v、α^2 和 β 均为正值,所以 $c_p - c_v > 0$,即任何物质的比定压热容恒大于比定容热容。液体和固体的体膨胀系数与比体积都很小,在一般温度下 c_p 与 c_v 的差值也很小,工程应

用中可近似认为 $c_p \approx c_v$，但对气体必须区分 c_p 与 c_v 的差异。例如，将理想气体状态方程与式(4-58)结合可得 $c_p - c_v = R_g$，即迈耶公式，由此可见气体 c_p 与 c_v 的差值较大。

比定压热容与比定容热容之比称为比热比，用 κ 表示，即

$$\kappa = \frac{c_p}{c_v} = \frac{\left(\frac{\partial s}{\partial T}\right)_p}{\left(\frac{\partial s}{\partial T}\right)_v}$$

根据循环关系，则有

$$\kappa = \frac{c_p}{c_v} = \frac{-\left(\frac{\partial p}{\partial T}\right)_s \left(\frac{\partial s}{\partial p}\right)_T}{-\left(\frac{\partial v}{\partial T}\right)_s \left(\frac{\partial s}{\partial v}\right)_T} = \frac{\left(\frac{\partial v}{\partial p}\right)_T}{\left(\frac{\partial v}{\partial p}\right)_s}$$

或者

$$\left(\frac{\partial v}{\partial p}\right)_T = \kappa \left(\frac{\partial v}{\partial p}\right)_s \qquad (4-59)$$

式(4-59)为用 p、v、T 表示的比热比的一般关系式。

例题 4-4　求证：$\left(\dfrac{\partial T}{\partial p}\right)_s = \dfrac{\alpha T v}{c_p}$。

解：根据循环关系

$$\left(\frac{\partial T}{\partial p}\right)_s \left(\frac{\partial p}{\partial s}\right)_T \left(\frac{\partial s}{\partial T}\right)_p = -1$$

有

$$\left(\frac{\partial T}{\partial p}\right)_s = -\frac{\left(\frac{\partial s}{\partial p}\right)_T}{\left(\frac{\partial s}{\partial T}\right)_p}$$

根据麦克斯韦关系

$$\left(\frac{\partial s}{\partial p}\right)_T = -\left(\frac{\partial v}{\partial T}\right)_p = -\alpha v$$

又

$$\left(\frac{\partial s}{\partial T}\right)_p = \frac{c_p}{T}$$

则可得

$$\left(\frac{\partial T}{\partial p}\right)_s = \frac{\alpha T v}{c_p}$$

4.3　纯物质系统的相平衡

纯物质系统(或单组分系统)通常遇到液-气、液-固、固-气两相平衡问题，本节主要介绍纯物质系统两相平衡时的热力学关系，其相变过程将在下节介绍。

4.3.1　相　率

在指定的温度和压力下，若多相体系的各相中每一组元的浓度均不随时间而变，则体系达

到相平衡。实际上相平衡是一种动态平衡,从系统内部来看,分子和原子仍在相界处不停地转换,只不过各相之间的转换速度相同。相图是研究多组分(或单组分)多相体系相平衡的重要工具。

相律是表示在平衡条件下,系统的自由度数、组元数和平衡相数之间的关系式。自由度数是指在不改变系统平衡相的数目的条件下,可以独立改变的不影响系统状态的因素(如温度、压力、平衡相成分)的数目。自由度数的最小值为零,称为无变量系统;自由度数等于 1 的系统称为单变量系统;自由度数等于 2 的系统称为双变量系统;等等。

相律的表达式为

$$F = C - P + n$$

式中,F 为系统的自由度数,C 为组元数,P 为平衡相数,n 为能够影响系统平衡状态的外界因素数目。一般情况下只考虑温度和压力对系统平衡状态的影响,则相律可以表示为

$$F = C - P + 2 \tag{4-60}$$

对于凝聚态的系统,压力的影响极小,一般忽略不计,这时相律可写成

$$F = C - P + 1 \tag{4-61}$$

由相律可知,系统的自由度数,在相数一定时,随着独立组分数的增加而增加;在独立组分数一定时,随着相数的增加而减少。

利用相律可以解释相变过程中的很多现象。如单组元物质两相平衡时(如液、气共存)$P = 2$,$C = 1$,代入式(4-60)得 $F = 1 - 2 + 2 = 1$,这说明纯物质系统液—气转变时的温度和压力彼此不是独立的,二者之间存在一定的关系。当单组元物质出现三相平衡时,则 $F = 1 - 3 + 2 = 0$,因此这个过程在恒温下进行。

4.3.2 克拉贝龙方程

根据相率,纯物质系统两相平衡时的温度和压力具有一定的函数关系。虽然相变时温度和压力保持不变,但熵、热力学能、焓、体积等要发生变化。通过这些变化量,依据热力学基本关系,可确定纯物质系统两相平衡时压力和温度的关系。

由式(4-16b),在定压条件下有

$$dh = T ds$$

两相平衡时则有

$$h_\beta - h_\alpha = T(s_\beta - s_\alpha) \tag{4-62a}$$

或

$$s_\beta - s_\alpha = \frac{h_\beta - h_\alpha}{T} \tag{4-62b}$$

式中,角标 α 和 β 分别表示相变过程中的两相。

两相平衡共存时,其温度和压力彼此不独立,压力仅是温度的函数。由麦克斯韦关系式

$$\left(\frac{\partial s}{\partial v}\right)_T = \left(\frac{\partial p}{\partial T}\right)_v$$

定温条件下

$$\left(\frac{\partial s}{\partial v}\right)_T = \frac{s_\beta - s_\alpha}{v_\beta - v_\alpha}$$

两相平衡时,$\left(\frac{\partial p}{\partial T}\right)_v$ 可写成 $\left(\frac{dp}{dT}\right)_e$,下标 e 表示相平衡,则有

$$s_\beta - s_\alpha = \left(\frac{\mathrm{d}p}{\mathrm{d}T}\right)_e (v_\beta - v_\alpha)$$

结合式(4-62b)可得

$$\left(\frac{\mathrm{d}p}{\mathrm{d}T}\right)_e = \frac{h_\beta - h_\alpha}{T(v_\beta - v_\alpha)} \tag{4-63}$$

式(4-63)反映了纯物质系统两相平衡时压力随温度的变化率,称为克拉贝龙方程。克拉贝龙方程表明,若要保持纯物质系统的两相平衡,温度与压力这两个变量不能同时独立地改变,必须按这一方程的限制变化。

可以看到,上述推导过程中没有引进任何人为假设,因此式(4-63)可适用于任何纯物质体系的各类两相平衡,如气—液、气—固、液—固或固—固晶型转变等。应该注意,计算时 h_β、h_α 与 v_β、v_α 所用物质量的单位要一致(如同时用 1 mol 或 1 kg 表示)。

如果两相中有一相是气相,则因气体的摩尔体积远大于液体和固体的摩尔体积,故可忽略液相或固相的摩尔体积变化。若 α 相为液相(或固相),β 相为气相,则有 $v_\beta - v_\alpha \approx v_\beta$,式(4-63)可写成

$$\left(\frac{\mathrm{d}p}{\mathrm{d}T}\right)_e = \frac{h_\beta - h_\alpha}{T v_\beta}$$

再把气相看作理想气体,则 $v_\beta = RT/p$,代入上式,整理可得

$$\left(\frac{\mathrm{d}p}{\mathrm{d}T}\right)_e = \frac{h_\beta - h_\alpha}{RT^2/p}$$

或写成

$$\left(\frac{\mathrm{d}p}{p}\right)_e = \frac{h_\beta - h_\alpha}{R}\left(\frac{\mathrm{d}T}{T^2}\right)_s = \frac{\gamma}{R}\left(\frac{\mathrm{d}T}{T^2}\right)_s \tag{4-64}$$

式(4-64)也称为克拉贝龙-克劳修斯方程,其中 $\gamma = h_\beta - h_\alpha$ 为相变潜热。当温度变化范围不大时,可将 γ 视为与温度无关的常数,对式(4-64)取定积分,可得

$$\ln\left(\frac{p_2}{p_1}\right)_e = \frac{\gamma}{R}\left(\frac{1}{T_1} - \frac{1}{T_2}\right) \tag{4-65}$$

由此可见,只要知道 γ,就可以从已知温度 T_1 时的饱和蒸气压 p_1 计算另一温度 T_2 时的饱和蒸气压 p_2,或者从已知压力下的沸点求得另一压力下的沸点。当然,若已知两个温度下的蒸汽压,也可用其来估算 γ。

思考题

4-1 何谓特征函数?讨论特征函数的偏导数的意义。

4-2 热力学一般关系式在研究工质的热力性质方面有何意义?

4-3 麦克斯韦关系有何意义?

4-4 熵函数具有哪些特点?

4-5 如何定义热系数?

4-6 说明比热容函数的实际意义。

4-7 为什么说纯物质系统液—气转变时的温度和压力彼此不是独立的?

练习题

4-1　试导出以 p、v 为独立变量的 ds 方程。

4-2　假设 $S > 0$，证明以下平衡判据：

① 在 S、V 不变的条件下，平衡态的 U 最小；

② 在 H、p 不变的条件下，平衡态的 S 最大。

4-3　证明理想气体的体积膨胀系数 $\alpha_V = \dfrac{1}{T}$。

4-4　若气体的状态方程为 $p(v-b) = RT$（其中 b 为常数），c_p 为常数，试求 dh。

4-5　已知某种气体的 $pv = f(T)$，$u = u(T)$，求状态方程。

4-6　求证理想气体在节流过程中有

$$\left(\frac{\partial T}{\partial p} \right)_h = 0$$

4-7　对于简单可压缩系统，证明：

$$\left(\frac{\partial s}{\partial v} \right)_u = \frac{p}{T}$$

4-8　已知某材料的状态方程为

$$\sigma = kT \left(\varepsilon - \frac{1}{\varepsilon^2} \right)$$

式中，σ 为应力，ε 为应变，k 为常数。设该材料的熵函数为 $s = s(T, \varepsilon)$，求 ds。

4-9　设 $u = u(T, s)$，证明：

$$\left(\frac{\partial u}{\partial s} \right)_T = -p^2 \left[\frac{\partial}{\partial p} \left(\frac{T}{p} \right) \right]_v$$

4-10　根据状态函数循环关系和 du 方程，证明：

$$\left(\frac{\partial s}{\partial v} \right)_u = \frac{p}{T}$$

第 5 章　工质的热力性质与过程

热能和机械能的相互转换是通过工质热力状态的变化实现的。为了安全有效地进行热能和机械能的转换,研究工质的热力性质及能量转换的规律,是热力分析的重要内容。本章重点讨论常用工质的各种热力性质和热力过程。

5.1　理想气体的热力性质与过程

理想气体是一种经过科学抽象的假想气体,在自然界中并不存在。但是,在工程上的许多情况下,气体工质的性质接近于理想气体。因此,研究理想气体的性质具有重要的工程实用价值。

5.1.1　理想气体的热力性质

理想气体假设其分子不占有体积,分子间无作用力,具有单纯的简单可压缩性。当气体远离液态时,即在压强较低和温度较高时,气体分子本身所具有的体积和分子间的相互作用力都小到可以忽略不计,可以作为理想气体来处理。在热力学计算和分析中,常常把空气、燃气、烟气等气体都近似地看作理想气体。理想气体的状态方程具有最简单的一种表达形式,按理想气体性质来计算气体工质的热力性质,在通常的应用中,其误差在工程允许范围之内,有足够的精确度。

由于理想气体的分子间无作用力,所以不存在内位能,其热力学能只包括取决于温度的内动能,与比体积和压力无关,即理想气体的热力学能只是温度的单值函数。这一结论可通过热力学基本关系导出。令 $u = u(T, v)$,将式(4-16a)写为

$$\mathrm{d}s = \frac{1}{T}\mathrm{d}u + \frac{p}{T}\mathrm{d}v$$

有

$$\left[\frac{\partial(1/T)}{\partial v}\right]_u = \left[\frac{\partial(p/T)}{\partial u}\right]_v$$

或

$$\left(\frac{\partial T}{\partial v}\right)_u = -T^2\left[\frac{\partial(p/T)}{\partial u}\right]_v$$

对于理想气体则有

$$\left[\frac{\partial(p/T)}{\partial u}\right]_v = \frac{\left[\dfrac{\partial(p/T)}{\partial T}\right]_v}{\left(\dfrac{\partial u}{\partial T}\right)_v} = 0$$

其中,$\left(\dfrac{\partial u}{\partial T}\right)_v = c_v \neq 0$。因此有

$$\left(\frac{\partial T}{\partial v}\right)_u = 0$$

应用循环关系,有

$$\left(\frac{\partial T}{\partial v}\right)_u \left(\frac{\partial v}{\partial u}\right)_T \left(\frac{\partial u}{\partial T}\right)_v = -1$$

则

$$\left(\frac{\partial u}{\partial v}\right)_T = -\left(\frac{\partial T}{\partial v}\right)_u \left(\frac{\partial u}{\partial T}\right)_v = 0$$

同理可证

$$\left(\frac{\partial u}{\partial p}\right)_T = 0$$

即理想气体沿任何定温线的热力学能均与比体积、压力变化无关,也即理想气体的热力学能只是温度的单值函数

$$u = f_u(T)$$

这一结论只适用于理想气体。对于实际气体,$\left(\frac{\partial u}{\partial v}\right)_T \neq 0$。

理想气体的焓为

$$h = u + pv = u + R_g T$$

显然,理想气体的焓也只是温度的函数,即

$$h = f_h(T)$$

因此,理想气体的比定容热容和比定压热容可分别表示为

$$c_v = \left(\frac{\partial u}{\partial T}\right)_v = \frac{\mathrm{d}u}{\mathrm{d}T} \tag{5-1a}$$

$$c_p = \left(\frac{\partial h}{\partial T}\right)_p = \frac{\mathrm{d}h}{\mathrm{d}T} \tag{5-1b}$$

由此可见理想气体的比热容也只是温度的函数。

根据式(5-1)有

$$\mathrm{d}u = c_v \mathrm{d}T \tag{5-2a}$$

$$\mathrm{d}h = c_p \mathrm{d}T \tag{5-2b}$$

由此可见,理想气体的比定容热容和比定压热容完全与热力过程无关,也无所谓可逆或不可逆,而是个状态参数或物性参数。

将理想气体的焓 $h = u + R_g T$ 对 T 求导,可得

$$\frac{\mathrm{d}h}{\mathrm{d}T} = \frac{\mathrm{d}u}{\mathrm{d}T} + R_g \tag{5-3}$$

因此有

$$c_p - c_v = R_g \tag{5-4}$$

式(5-4)称为迈耶公式。

理想气体的比热比 κ 常称为绝热指数,即

$$\kappa = \frac{c_p}{c_v} = \frac{c_v + R_g}{c_v} = 1 + \frac{R_g}{c_v} \tag{5-5}$$

由此可得

$$c_p = \frac{\kappa}{\kappa - 1} R_g \tag{5-6a}$$

$$c_v = \frac{1}{\kappa - 1} R_g \tag{5-6b}$$

实验证明,气体的比热容是温度、压力的函数,即

$$c = f(T, p)$$

理想气体的分子间不存在相互作用力,所以理想气体的比热容仅是温度的函数,而与压力无关。此时,理想气体的比热容和温度的关系可用下述一般式表示

$$c = f(T) = a + bt + dt^2 + et^3 + \cdots$$

式中 a、b、d、e 等是与气体性质有关的常数,需根据实验确定。在给出比热容的数据时,必须同时指明所对应的温度。为计算方便,工程中经常采用平均比热容,即某一温度间隔内比热容的平均值。

5.1.2　理想气体的热力过程

热力循环分析时,通常把整个循环分解为几个典型的热力过程,并逐一地分析各个热力过程中能量转换的规律。能量转换装置中工质状态变化的过程常被简化为定容过程、定压过程、定温过程、绝热过程及其他多变过程。

1. 定容过程(d$v = 0$)

系统的比体积保持不变时,系统状态发生变化所经历的过程称为定容过程,其过程方程为

$$v = 常量 \tag{5-7}$$

根据理想气体状态方程,可得定容过程中系统的压力和温度成正比,即

$$\frac{p}{T} = 常量 \tag{5-8}$$

在定容过程中,理想气体的压力与热力学温度成正比。定容过程在 $p-v$ 图上是一条垂直线(如图 5-1 所示)。定容过程中,容积不变,系统所做的体积变化功为零。按能量方程式可以得到理想气体系统的能量转换关系

$$q_v = \Delta u = c_v (T_2 - T_1) \tag{5-9}$$

即系统接受的热量全部用于增加系统的热力学能。

根据热力学第一定律,有

$$\delta q_R = du + p\, dv = c_v\, dT \tag{5-10}$$

因此有

$$\Delta s = \int_{T_1}^{T_2} \frac{c_v}{T} dT = c_v \ln \frac{T_2}{T_1} \tag{5-11}$$

定容过程 $T-s$ 图见图 5-2。

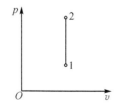
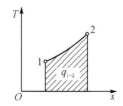

图 5-1　定容过程 $p-v$ 图　　　　图 5-2　定容过程 $T-s$ 图

2. 定压过程(dp＝0)

压力不变时,系统状态发生变化所经历的过程称为定压过程,其过程方程为

$$p = 常量 \tag{5-12}$$

根据理想气体状态方程,可得定压过程中系统的比体积和温度成正比,即

$$\frac{v}{T} = 常量 \tag{5-13}$$

在定压过程中,理想气体的比容与绝对温度成正比。定压过程在 p-v 图上是一条水平线(如图 5-3 所示)。

定压过程中,系统所做的体积变化功为 p-v 图上水平线 1—2 下的面积,即

$$w_p = \int_1^2 p\,\mathrm{d}v = p(v_2 - v_1) = R_{\mathrm{g}}(T_2 - T_1) \tag{5-14}$$

系统吸收或放出的热量等于系统焓的变化,即

$$q_p = \Delta h = c_p(T_2 - T_1) \tag{5-15}$$

对等压不做非体积功的体系,有

$$\delta q_R = \mathrm{d}h = c_p\,\mathrm{d}T \tag{5-16}$$

因此有

$$\Delta s = \int_{T_1}^{T_2} \frac{c_p}{T}\mathrm{d}T = c_p \ln\frac{T_2}{T_1} \tag{5-17}$$

定压过程在 T-s 图上是一条指数曲线(如图 5-4 所示)。由于 $c_p > c_v$,所以定压过程线较恒容过程线平坦些。

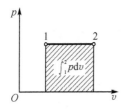

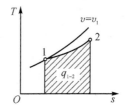

图 5-3　定压过程 p-v 图　　　　图 5-4　定压过程 T-s 图

例题 5-1　证明理想气体在 T-s 图上任何两条定压线在相同温度下有相同的斜率。

解:由第二 ds 方程,理想气体在 T-s 图上的等压线斜率为

$$\left(\frac{\partial T}{\partial s}\right)_p = \frac{T}{c_p}$$

若温度一定,则

$$\frac{T}{c_p} = 常数$$

即

$$\left(\frac{\partial T}{\partial s}\right)_p = 常数$$

所以理想气体 T-s 图上,任何两条定压线在相同温度下都有相同的斜率。

3. 定温过程(dT=0)

温度不变时,系统状态变化所经历的过程称为定温过程。由于过程中系统的温度不变(T=常量),则有

$$pv = 常量 \tag{5-18}$$

定温过程 1—2 在 $p-v$ 图上为一条双曲线(如图 5-5 所示)。定温过程中,系统所做的体积变化功为

$$w_1 = \int_1^2 p\,\mathrm{d}v = \int_1^2 R_g T\,\frac{\mathrm{d}v}{v} = R_g T\ln\frac{v_2}{v_1} = R_g T\ln\frac{p_1}{p_2} \tag{5-19}$$

理想气体的热力学能及焓仅是温度的函数,故在定温过程中系统的热力学能及焓均保持不变,即定温过程中系统吸收的热量等于系统所做的功。

定温过程在 $T-s$ 图上为一条水平线(如图 5-6 所示)。对于理想气体,根据 $\mathrm{d}u = \delta q - p\,\mathrm{d}v$,得 $\delta q = p\,\mathrm{d}v$,则

$$\Delta s = \int \frac{\delta q}{T} = \int_{v_1}^{v_2} \frac{p}{T}\,\mathrm{d}v = \int_{v_1}^{v_2} \frac{R}{v}\,\mathrm{d}v = R_g \ln \frac{v_2}{v_1} \tag{5-20}$$

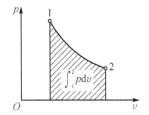
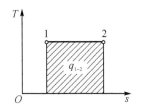

图 5-5　定温过程 $p-v$ 图　　　　图 5-6　定温过程 $T-s$ 图

4. 绝热过程

系统和外界间不发生热量交换时,系统状态变化所经历的过程称为绝热过程。在绝热过程中,体系与环境间无热的交换($\delta q = 0$),但可以有功的交换($\delta w = -\mathrm{d}u$),即绝热过程中系统对外所做的体积变化功是通过系统热力学能的降低得来的。

根据热力学基本关系,理想气体在绝热可逆过程中有

$$c_v \mathrm{d}T = -p\,\mathrm{d}v$$
$$c_p \mathrm{d}T = v\,\mathrm{d}p$$

两式相除整理可得

$$\frac{\mathrm{d}p}{p} = -\frac{\kappa\,\mathrm{d}v}{v}$$

上式为理想气体绝热可逆过程的微分方程。若 $\kappa = \dfrac{c_p}{c_v}$ 为常数,则得理想气体绝热可逆过程方程

$$pv^\kappa = 常数 \tag{5-21}$$

或

$$p_1 v_1^\kappa = p_2 v_2^\kappa$$

式中,$\kappa = c_p / c_v$ 称为绝热指数。

由绝热可逆过程方程和理想气体状态方程,可以得到绝热过程气体初态、终态参数的如下关系

$$\frac{p_1}{p_2} = \left(\frac{v_2}{v_1}\right)^{\kappa}$$

$$\frac{T_1}{T_2} = \left(\frac{v_2}{v_1}\right)^{\kappa-1}$$

$$\frac{T_1}{T_2} = \left(\frac{p_1}{p_2}\right)^{\frac{\kappa-1}{\kappa}}$$

在 $p - v$ 图上,绝热过程线是一条比定温线陡的高次双曲线(如图 5 - 7 所示)。根据热力学第一定律,绝热过程中系统与外界交换的功量为

$$w_{\kappa} = -\Delta u \tag{5-22}$$

对于理想气体则有

$$w_{\kappa} = -\Delta u = c_v(T_1 - T_2) \tag{5-23}$$

由 $\kappa = c_p/c_v$ 和 $c_p - c_v = R_g$ 可得 $c_v = \dfrac{R_g}{\kappa - 1}$,于是可得

$$w_{\kappa} = \frac{R_g}{\kappa - 1}(T_1 - T_2) = \frac{1}{\kappa - 1}(p_1 v_1 - p_2 v_2) \tag{5-24}$$

因 $q_R = 0$,故 $\Delta s = 0$,所以可逆绝热过程也称为定熵过程,在 $T - s$ 图上为一条垂直线(如图 5-8 所示)。

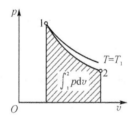 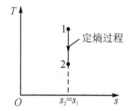

图 5 - 7　绝热过程 $p - v$ 图　　　　　图 5 - 8　绝热过程 $T - s$ 图

5. 多变过程

对于多变过程,$pv^n =$ 常数,或 $p = p_1 v_1^n \times \dfrac{1}{v^n}$,同时仿照式(5 - 21)及其初态、终态参数的关系,结合理想气体状态方程,则系统所做的体积变化功为

$$w_n = \int_1^2 p \, dv = \int_1^2 p_1 v_1^n \frac{dv}{v^n} = \frac{p_1 v_1^n}{n - 1}\left(\frac{1}{v_1^{n-1}} - \frac{1}{v_2^{n-1}}\right)$$

$$= \frac{p_1 v_1}{n - 1}\left[1 - \left(\frac{v_1}{v_2}\right)^{n-1}\right] = \frac{R_g T_1}{n - 1}\left[1 - \left(\frac{p_2}{p_1}\right)^{\frac{n-1}{n}}\right]$$

$$= \frac{R_g}{n - 1}(T_1 - T_2) = \frac{1}{n - 1}(p_1 v_1 - p_2 v_2) \tag{5-25}$$

多变过程中系统吸收的热量可按能量方程式求出,即

$$q_n = \Delta u + w_n = c_v(T_2 - T_1) + \frac{R_g}{n - 1}(T_1 - T_2)$$

$$= \left(c_v - \frac{R_g}{n - 1}\right)(T_2 - T_1) \tag{5-26}$$

令 $c_n = c_v - \dfrac{R_g}{n-1}$，称为多变过程比热容，于是得

$$q_n = c_n(T_2 - T_1) \tag{5-27}$$

为了形象描述多变过程中状态变化及能量转换的特点，可根据多变过程方程在 $p - v$ 图和 $T - s$ 图上绘制出各种过程曲线，如图 5-9 和图 5-10 所示。这样，当已知过程的多变指数的数值时，就可以定性地在 $p - v$ 图和 $T - s$ 图上画出过程曲线。例如，某一个膨胀过程的多变指数在 $\kappa > n > 1$ 的范围内，该过程的过程曲线应介于定温过程（$n=1$）曲线及绝热过程（$n=\kappa$）曲线之间，且在两条曲线交点的右下方区域内。因此，根据图上该过程曲线的位置特点便可定性地分析过程的性质。

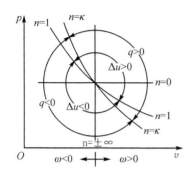

图 5-9　多变过程 $p - v$ 图

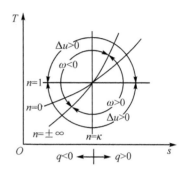

图 5-10　多变过程 $T - s$ 图

对于任意变温过程，设体系由状态 $1(p_1, T_1, v_1)$ 可逆变化到状态 $2(p_2, T_2, v_2)$。由热力学第一定律得

$$\delta q_R = \mathrm{d}u + p\,\mathrm{d}v \tag{5-28}$$

对于理想气体

$$\mathrm{d}u = c_v\,\mathrm{d}T \tag{5-29}$$

故

$$\mathrm{d}s = \frac{\delta q_R}{T} = \frac{\mathrm{d}u + p\,\mathrm{d}v}{T} = \frac{c_v}{T}\,\mathrm{d}T + \frac{p}{T}\,\mathrm{d}v \tag{5-30}$$

将体系的 c_v 及状态函数代入上式并积分即可得到体系的熵变，若 c_v 取定值，则有

$$\Delta s = c_v \ln \frac{T_2}{T_1} + R_g \ln \frac{v_2}{v_1} \tag{5-31}$$

也可按下法求解：

根据焓的定义 $h = u + pv$，有

$$\mathrm{d}h = \mathrm{d}u + p\,\mathrm{d}v + v\,\mathrm{d}p \tag{5-32}$$

且

$$\delta q_R = \mathrm{d}h - v\,\mathrm{d}p \tag{5-33}$$

对理想气体，有

$$\mathrm{d}h = c_p\,\mathrm{d}T \tag{5-34}$$

所以

$$\mathrm{d}s = \frac{\delta q_R}{T} = \frac{\mathrm{d}h - v\,\mathrm{d}p}{T} = \frac{c_p}{T}\,\mathrm{d}T - \frac{v}{T}\,\mathrm{d}p \tag{5-35}$$

若 c_p 取定值,则有

$$\Delta s = c_p \ln \frac{T_2}{T_1} - R_g \ln \frac{p_2}{p_1} \tag{5-36}$$

如前所述,理想气体的比热力学能和比焓仅仅是温度的函数。因此,对于理想气体的平衡态,其温度一旦确定,比热力学能和比焓就有确定值(如图 5-11 所示)。单位质量理想气体任一过程的比热力学能和比焓的变化可分别对式(5-29)和式(5-34)进行积分求取

$$\Delta u = \int_{T_1}^{T_2} c_v \mathrm{d}T$$

$$\Delta h = \int_{T_1}^{T_2} c_p \mathrm{d}T$$

若 c_v、c_p 取定值,则有

$$\Delta u = c_v (T_2 - T_1) = c_v \Delta T$$

$$\Delta h = c_p (T_2 - T_1) = c_p \Delta T$$

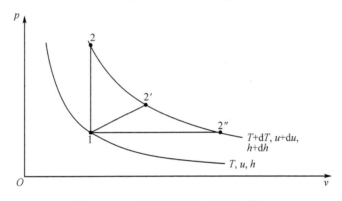

图 5-11 理想气体的热力学能及焓变

例题 5-2 设理想气体循环由两个等温过程、两个等容过程构成,如图 5-12 所示。求证:$p_1 p_3 = p_2 p_4$。

证明:由于 $p_1 \rightarrow p_2$ 是等温过程,因此有

$$p_1 V_1 = p_2 V_2$$

同理有

$$p_3 V_3 = p_4 V_4$$

将上述两式左右两侧分别相乘,且有 $V_1 V_3 = V_2 V_4$,则得

$$p_1 p_3 = p_2 p_4$$

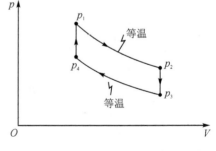

图 5-12 例题 5-2 图

5.2 实际气体的热力性质

在压力较高或温度较低时,实际气体与理想气体的偏差较大。研究实际气体的热力过程和热力循环需要确定其热力学参数之间的关系,最主要的是建立实际气体的状态方程,以便利用热力学关系进行过程分析和循环分析。

5.2.1　物质的聚集态与相变

许多工质在一定的条件下会发生聚集态的变化,也称为相的变化,简称相变。在发生聚集态变化时,工质发生气、液、固三相之间的相互变换。这种聚集态的变换是实际气体有别于理想气体的一个重要特征。

1. 物质的聚集态

物质的聚集态是物质粒子集合的状态,是物质存在的形式。在通常条件下,物质有三种不同的聚集态:固态、液态和气态,即通常所说的物质三态。固态和液态统称为凝聚态,它们在一定的条件下可以平衡共存,也可以相互转变。例如,在一个标准大气压下和 0 ℃时,冰、水混合物可以共存,当温度和压强变化时,该混合物可以完全变成水,或完全结成冰。除上述物质三态外,目前,人们将等离子体称为物质的第四态,把存在于地球内部的超高压、高温状态的物质称为物质的第五态。此外,还有超导态和超流态等。

凡具有一定体积和形态的物体都被称为"固体",它是物质存在的基本状态之一。组成固体的分子彼此之间的距离很小,分子之间的作用力很大,绝大多数分子只能在平衡位置附近做无规则振动,所以固体能保持一定的体积和形状。在受到不太大的外力作用时,其体积和形状改变很小。撤去外力的作用后能恢复原状的物体称为弹性体,不能完全恢复的称为塑性体。构成固体的粒子可以是原子、离子或分子,这些粒子都有固定的平衡位置。根据粒子排列方式的不同,固体又可分为两类,即晶体和非晶体。

液体的分子结构介于固体与气体之间,液体有一定的体积,却没有一定的形状,其形状取决于容器的形状。在外力作用下,液体被压缩性小,不易改变体积,但流动性较大。由于受重力的作用,液面呈水平面,即与重力方向相垂直的表面。从微观结构来看,液体分子之间的距离要比气体分子之间的距离小得多,所以液体分子是受彼此之间的分子力约束的,在一般情况下不容易逃逸。液体分子一般只在平衡位置附近做无规则振动,在振动过程中各分子的能量会发生变化。当某些分子的能量大到一定程度时,将做相对的移动以改变它的平衡位置,所以液体具有流动性。液体在任何温度下都能蒸发,在加热到沸点时会迅速变为气体。若将液体冷却,则会在凝固点凝结为固体(晶体)或逐渐失去流动性。有关固体及固—液转变的热力学特征将在第 9 章介绍。

气体是物质三种聚集状态之一。气体分子间的距离很大,相互作用力很小,彼此之间不能约束,所以气体分子的运动速度较快,因此它的体积和形状都随着容器而改变。气体分子都在做无规则的热运动,在发生碰撞(或碰撞器壁)之前做匀速直线运动,只有在彼此发生碰撞时,才改变运动的方向和运动速度的大小。由于和器壁发生碰撞会产生压强,因此温度越高、分子运动越剧烈,压强就越大。又因为气体分子间的距离远远大于分子本身的体积,所以气体的密度较低,且很容易被压缩。任何气体都可以用降低温度或在临界温度以下压缩体积的方法使它变为液体。所以,对一定量的气体而言,它既没有一定的体积,也没有一定的形状,它总是充满盛它的容器。根据阿伏伽德罗定律,各种气体在相同的温度和压强下,在相同的体积里所包含的分子数都相同。

随着温度的上升,物质的存在状态一般会呈现出"固态→液态→气态"的转化过程。对于气态物质,温度升至几千度时,由于分子热运动加剧,分子间的相互碰撞就会使分子产生电离,这样物质就变成了由自由运动并相互作用的正离子和电子组成的混合物(蜡烛的火焰就处于这种状态)。物质的这种存在状态称为物质的第四态,即等离子体。因为电离过程中正离子和电子总是成对出现的,所以等离子体中正离子和电子的总数大致相等,总体来看物质呈准电中性。因此,也可以将等离子体定义为正离子和电子的密度大致相等的电离气体。

2. 纯物质的相变

物质的固态、液态和气态也分别称为固相、液相和气相。物质既能以单相形式存在,也能以两相或三相形式平衡共存。在一定条件下,物质的相可以发生转化,从一种相转变为另一种相,这称为相变。在相变过程中,一种相的物质逐渐减少而另一种相的物质逐渐增加。温度在相变中有非常重要的作用,物质在某个温度下以一种特定的相存在,当温度改变时相不再稳定,就会发生相变。这里仅对纯物质(或单元系)的相变进行分析。

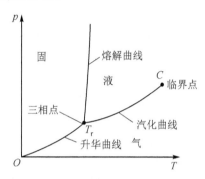

纯物质的状态或相取决于物质所处的温度和压强,可用状态图表示(如图 5-13 所示)。状态图呈现了物质的气体、液体和固体的压力与温度的关系。$p-T$ 图中的三条曲线是固、液、气三相中任意两相的相平衡曲线。其中汽化曲线为气、液两相的相平衡曲线,熔解曲线为固、液两相的相平衡曲线,升华曲线为气、固两相的相平衡曲线。三条曲线的交点 T_r 是三相点,汽化曲线终止于临界点 C。三条曲线将 $p-T$ 图分为固、液、气三个区域,故 $p-T$ 图也称为相图。通过相图可以确定在给定温度和压强下物

图 5-13 物质的三相图

质的物态,也容易说明物态的变化。物质的状态从一个区域跨越平衡线到另一个区域的过程就是相变,分别对应汽化(或凝结)过程、熔解(或凝固)和升华过程。

纯物质的固、液、气三相的相互转变过程中,体积会发生变化,并且伴随有相变潜热发生,由此使得不同物质 $p-T$ 图上的三条相平衡曲线的形状有所不同。克拉贝龙方程给出了两相平衡曲线的斜率。例如:液体汽化时汽化热 h_G-h_L 为正,v_G-v_L 也为正,根据式(4-64)可知汽化曲线的斜率恒大于零;同样可知升华曲线的斜率也是正值;而固体液化时液化热 h_G-h_L 为正,但 v_L-v_S 既可能为正也可能为负,其斜率也随之变化,如图 5-14 所示。

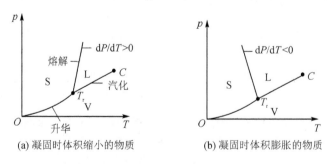

(a) 凝固时体积缩小的物质　　　　　(b) 凝固时体积膨胀的物质

图 5-14 纯物质 $p-T$ 图

实际气体热力过程应用中主要涉及的工质聚集态变化是气液相变问题。物质从液相转变为气相的过程称为汽化,由气相转变为液相的过程称为凝结。液体的汽化有两种不同的方式:蒸发和沸腾。蒸发是发生在液体表面的汽化过程,在任何温度下这种汽化过程都在进行。沸腾是在一定压强和温度下,整个液体内部发生的剧烈汽化过程。沸腾时的温度称为沸点。沸

点与液面上的压强有关,压强越大沸点越高。沸点还与液体本身的性质有关,相同压强下不同液体的沸点不同,一定压强下一定液体的沸点是一定的。液体汽化过程需要从外界吸收热量,称为汽化热。气体凝结过程中要放出热量,称为凝结热。

汽化和凝结是两个互逆的相变方向,在不同的条件下,这两个方向相变的平衡性有所不同。在开口容器中,液体液面蒸发出的蒸气分子不断向远处扩散,会大量地离开容器,液体的蒸发一般不会与凝结达到平衡。在闭口容器中,随着蒸发过程的进行,容器内蒸气的密度不断增大,返回液体的分子数也不断增多,当单位时间内蒸发的分子数等于单位时间内凝结的分子数时,蒸发和凝结达到了动态平衡,从宏观上看,蒸发就停止了。这种与液体保持动态平衡的蒸气叫做饱和蒸气,所对应的压强称为饱和蒸气压。在一定的温度下,同一物质的饱和蒸气压是一定的,不同物质的饱和蒸气压不同。如果对密封容器内的液体进行加热,由于液面上方除空气外还有饱和蒸气,因此外界压强总大于饱和蒸气压,所以液体不能沸腾,同时液体温度也不会保持恒定,而是不断升高。

图 5-13 中,汽化曲线 C-T_r 上的每一个点就对应一个饱和状态,其温度和压力即表示相应的饱和温度 T_s 及饱和压力 p_s。饱和温度 T_s 和饱和压力 p_s 之间存在单值性关系

$$p_s = f(T_s) \tag{5-37}$$

式(5-37)为汽化曲线的一般关系,常称为饱和蒸气压方程。该曲线上的每一点可与图 5-16 所示 p-v 图上的饱和状态区域相对应。而整个 C-T_r 线段则与整个气液两相转变的饱和区域相对应。T_r 点为实现气相和液相转变的最低点,同时该点是出现固相物质直接转变为气相物质的升华现象的起始点。在 T_r 点所对应的温度和压力下,气相、液相和固相三相共存而处于平衡状态,该点称为三相点。三相点的状态在 p-v 图上的饱和区域内也呈现为一条水平直线。每种物质的三相点都有确定的温度及压力数值,这也是实际气体性质的重要参数。

表 5-1 为部分典型物质的三相点参数。

表 5-1　典型物质的三相点参数

物　质	三相点温度/K	三相点压力/kPa
氩（Ar）	83.78	68.75
氢（H_2）	13.84	7.039
氮（N_2）	63.15	12.53
氧（O_2）	54.35	0.152
一氧化碳（CO）	68.14	15.35
二氧化碳（CO_2）	216.55	518.0
水（H_2O）	273.16	0.6112

对于气液相变,既可以通过在定压下改变温度而发生,也可以通过温度和压力同时改变,或在定温下改变压强(如图 5-15 所示)而发生。本章后续内容将分别对真实气体的定温压缩过程以及水蒸气的定压发生过程进行分析。

5.2.2　实际气体的定温压缩

实际气体状态变化的特点,可以利用对实际气体进行定温压缩时状态变化的情况来加以说明。不同温度下,实际气体的定温压缩过程曲线如图 5-16 所示。当温度比较高、对实际气

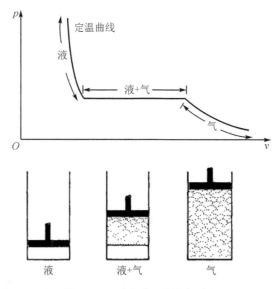

图 5 - 15　定温气-液转变过程

体进行定温压缩时,其状态变化和理想气体的情况比较接近,如图上曲线 ab 所示,基本上接近
于等边双曲线。当定温压缩过程的温度降低时,实际气体的状态变化逐渐与理想气体的差别
越来越大,如图上曲线 ef 所示,已完全不同于等边双曲线了。当定温压缩过程的温度更低
时,压缩过程中实际气体将发生相变,如图上曲线 mn 所示。在点 1 的状态下,开始有气体发
生相变,生成液体。随着压缩过程的进展,当气体的容积进一步缩小时,不断有气体凝结成液
体,但温度和压力均保持不变,即气体和液体本身的状态未变,直到点 2 时气体全部变成液体。
在点 1 和点 2 间的状态为气相物质和液相物质共存而处于平衡的状态,称为饱和状态。处于
饱和状态的气体和液体分别称为饱和蒸气及饱和液体,它们的压力和温度分别称为饱和压力
和饱和温度。实验表明,对应于一定的饱和温度,有一定的饱和压力、一定的饱和蒸气的比体
积和饱和液体的比体积。

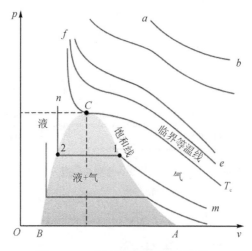

图 5 - 16　实际气体定温压缩过程

当作出更多的定温压缩曲线时,可以看到:对应于较低的温度,饱和压力较低,饱和蒸气的

比体积较大,饱和液体的比体积较小。反之,对应于较高的温度,饱和压力较高,饱和蒸气的比体积减小,饱和液体的比体积增大。在更高温度下,饱和蒸气和饱和液体的比体积相同,如图 5 - 16 中 C 点所示。这时,饱和蒸气和饱和液体的状态完全相同,实际上两种物相间没有明显的区别,这一状态称为临界点。临界点的温度、压力、比体积称为临界温度、临界压力、临界比体积,分别用 T_c、p_c 及 v_c 表示。

实际气体性质特点可归纳为:一点、两线、三区、五态。一点:临界点;两线:饱和液体线、饱和蒸气线;三区:未饱和液体区、饱和湿蒸气区、过热蒸气区;五态:未饱和液体、饱和液体、饱和湿蒸气、饱和蒸气、过热蒸气。

临界点(状态)是气液共存的状态,而且气、液的状态参数值相同,如具有相同的比容、密度等。临界参数是实际气体的重要参数,对于每一种气体,临界参数是唯一确定的。一般认为:当实际气体的温度高于临界温度时,实际气体只存在气体状态。当实际气体的压力高于临界压力时,若温度高于临界温度则实际气体为气体状态,若温度低于临界温度则实际气体为液体状态;若由较高的温度逐渐降至临界温度以下而发生从气态到液态的转变,则不会出现气液共存的状态。

饱和状态下开始液化的各饱和蒸气点所连接的线(如图 5 - 16 中的 AC 线)称为饱和蒸气线或上界线。液化结束的各饱和液体点所连接的线(如图 5 - 16 中的 BC 线)称为饱和液体线或下界线。于是,ACB 线以及临界温度线的临界点 C 以上部分,把图面所表示的实际气体的状态划分为三个区域:曲线 ACB 所包围的区域为气液两相共存的饱和状态区;饱和液体线 BC 和临界温度线的临界点 C 以上线段的左边区域为液相状态区;饱和蒸气线 AC 和临界温度线的临界点 C 以上线段的右边区域为气相状态区。

5.2.3　实际气体的状态方程式

1. 实际气体与理想气体性质的差异

前述表明,当实际气体的温度高于临界温度很多,或虽低于临界温度但压力很低时,气体所处的状态离液体状态较远,实际气体的性质较接近于理想气体的性质。但当气体所处的状态离液态不远时,实际气体就和理想气体有很大偏差。为了正确反映实际气体的性质,很多研究者做了大量工作,提出了许多经验的或半经验的气体状态方程。工程上已根据各种实际气体的实验数据并利用某种状态方程,制成各种计算用的图和表。按照图和表给出的各种实际气体在不同状态下的各状态参数,可以方便地对实际气体的状态变化进行分析和计算。

理想气体无论如何压缩,均不会有相变过程,而实际气体必然存在相变过程。利用压缩因子评价实际气体与理想气体性质的差异。压缩因子 z 是相同的压力和温度下实际气体与理想气体的比容比值,反映了理想气体偏离实际气体的程度。

$$z = \frac{pv}{R_g T} = \frac{v}{v_{ideal}} \tag{5-38}$$

$z = 1$ 即为理想气体;$z < 1$ 及 $z > 1$ 为实际气体。$z > 1$ 时说明可压缩性小,实际气体难以压缩。$z < 1$ 时说明实际气体可压缩性大,易于压缩。

分子间的吸引力有助于气体的压缩;分子本身具有体积,使分子自由活动的空间减小,不利于压缩。图 5 - 17 为典型实际气体压缩因子的比较。

通过对多种流体的实验数据进行分析可知,在接近各自的临界点时,所有流体都呈现出相

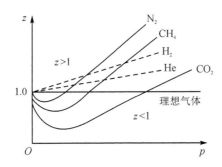

图 5 - 17 典型实际气体压缩因子的比较

似的性质。因此,通常将物质实际参数和临界参数进行对比,将其定义为对比态参数。这些对比态参数包括对比温度 T_r、对比压力 p_r 和对比比体积 v_r,分别定义为

$$T_r = \frac{T}{T_c}, \quad p_r = \frac{p}{p_c}, \quad v_r = \frac{v}{v_c}$$

进一步分析表明,当两种气体的对比温度 T_r 和对比压力 p_r 都相等时,它们的压缩因子也几乎相等。这个根据经验得出的规律称为对比态原理,其数学表达式为

$$f(p_r, T_r, v_r) = 0 \tag{5-39}$$

式(5-39)是用对比态参数表示的状态方程,称为对比态方程。对比态方程中没有与物质种类相关的常数,因而具有通用性。但是,对比态原理只是大致正确,而不是十分精确的。不过,在缺少关于某种流体的详细数据资料的情况下,可以利用对比态原理,借助于已知的参考流体的热力性质来估算此流体的热力性质。

2. 范德瓦尔方程

在实际气体的状态方程中,范德瓦尔方程是一个具有重要意义的方程,它为各种实际气体状态方程确立了一个重要的基础。

范德瓦尔方程是针对理想气体的假设和实际气体之间的差别,在考虑实际气体分子本身的体积以及分子之间引力影响的基础上,对理想气体状态方程进行修正而得到的,具体形式为

$$\left(p + \frac{a}{\bar{v}^2}\right)(\bar{v} - b) = RT \tag{5-40a}$$

或

$$\left(p + \frac{a}{v^2}\right)(v - b) = R_g T \tag{5-40b}$$

式中,$a/\bar{v}^2$ 或 a/v^2 是考虑实际气体分子之间存在一定的引力而引入的压力的修正;b 是考虑实际气体分子占有一定的体积,其分子运动的空间减小而引入的修正。

将范德瓦尔方程(5-40b)展开,也可表示为

$$pv^3 - (bp + R_g T)v^2 + av - ab = 0 \tag{5-41}$$

式中,a、b 称为范德瓦尔常数,由临界点(如图 5-18 所示)的数学特征,即

$$\left(\frac{\partial p}{\partial v}\right)_T = 0, \quad \left(\frac{\partial^2 p}{\partial v^2}\right)_T = 0$$

可以求得

$$a = \frac{27}{64} \frac{R_g^2 T_c^2}{p_c}, \quad b = \frac{R_g T_c}{8 p_c}, \quad \frac{R_g T_c}{p_c v_c} = \frac{8}{3} \tag{5-42}$$

式中,p_c、T_c、v_c 为临界点参数。

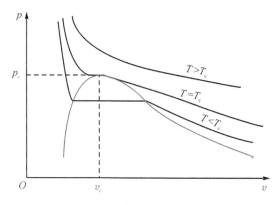

图 5 - 18　临界点定温线特征

在某温度下的等温过程,方程(5 - 41)的解有三种情况:在临界温度以上,一个实根,两个虚根;在临界温度以下,三个不同的实根;在临界温度时,三个相等的实根,即相当于实际气体的临界点。

按范德瓦尔方程所作的定温线与实验所得的实际气体的定温线大体相符,如图 5 - 19 所示。其中比体积 v 有三重根的 C 点相当于实际气体的临界点,而温度低于 T_c 的定温线的弯曲部分相当位于饱和区。如图 5 - 20 所示,在发生相变的定温线上取对应的饱和压力点 1、2、3,则 1 点相当于气体开始液化的饱和蒸气状态,2 点相当于气体全部液化的饱和液体状态。至于范德瓦尔方程定温线上 $M-1$、$2-N$ 段与水平线相偏离的情况,则对应于实际气体发生相变时出现的不稳定的延迟现象。这两个状态是亚稳态,在一定条件下可以存在。但是,范德瓦尔方程定温线上 $M-3-N$ 段所描述的气体状态是不存在的,因为它对应的是压力升高、体积变大的不稳定状态。

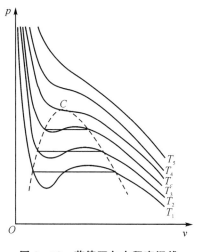

图 5 - 19　范德瓦尔方程定温线

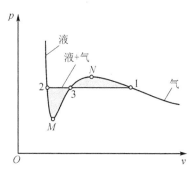

图 5 - 20　饱和区定温线

范德瓦尔方程在反映实际气体的性质方面具有很大的价值。但该方程没有考虑到接近液体时分子的结合和分解的现象及系数 a、b 随温度和压力变化的关系,因而当用于计算接近液态的实际气体的性质时,尚有相当大的误差。但在计算离液态比较远的状态时,却可以取得比理想气体状态方程准确得多的结果。

将对比态原理应用于范德瓦尔方程,可得范德瓦尔对比态方程

$$\left(p_r + \frac{3}{v_r^2}\right)(3v_r - 1) = 8T_r \tag{5-43}$$

由此可见,范德瓦尔对比态方程与物质常数无关,这个特点使得它的适用范围比原方程式(5-40)更广,即使不知道 a、b、R_g 等常数也能使用。这样一来,几乎所有工质都可以使用这一方程了。这就是状态方程的无量纲化带来的好处。

范德瓦尔状态方程可以较好地定性描述实际气体的基本特性,但是在定量上还不够准确,不宜作为定量计算的基础。后人在此基础上经过不断改进和发展,提出了许多种派生的状态方程,可参考有关书籍。

例题 5-3 已知范德瓦尔气体的 c_v 为常数,求 Δu 和 Δs。

解:对式(5-40b)求偏导可得

$$\left(\frac{\partial p}{\partial T}\right)_v = \frac{R_g}{v-b}$$

代入式(4-45b)则有

$$du = c_v dT + \left(\frac{R_g T}{v-b} - p\right)dv$$

或

$$du = c_v dT + \frac{a}{v^2}dv$$

积分可得

$$\Delta u = c_v(T_2 - T_1) - a\left(\frac{1}{v_2} - \frac{1}{v_1}\right)$$

代入式(4-48)则有

$$ds = \frac{c_v}{T}dT + \frac{R}{v-b}dv$$

积分可得

$$\Delta s = c_v \ln\frac{T_2}{T_1} + R\ln\frac{v_2 - b}{v_1 - b}$$

5.3 水蒸气的热力性质和过程

水蒸气是应用最早的动力循环工质。水蒸气具有良好的热力性质,价格低廉,比热容大,传热性能好。水蒸气热力过程也要通过基本热力过程(如定容过程、定压过程、定温过程、绝热过程等)进行简化计算和分析。

5.3.1 水蒸气的定压发生过程

工业上所用的水蒸气是在定压加热设备中产生的。为了研究水蒸气的定压发生过程,在缸体的活塞上放置重物来保持一定的压力,在缸体的底部对水进行加热,如图 5-21 所示。

水蒸气的定压发生过程(如图 5-22 所示)依次经历三个阶段、五种状态,即水的预热过程(过程 $a-b$)、水的汽化过程(过程 $b-d$)和水蒸气的过热过程(过程 $d-e$),以及未饱

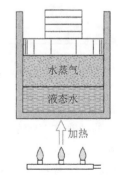

图 5-21 水的定压加热示意图

和水状态 a、饱和水状态 b、湿饱和水蒸气(湿蒸汽)状态 m、干饱和水蒸气(干蒸汽)状态 d 和过热水蒸气状态 e。

图 5-23 是水蒸气的定压发生过程 p-v 图与 T-s 图。

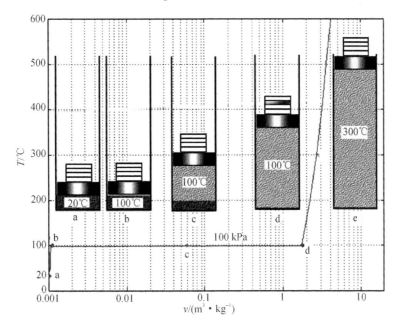

图 5-22　水蒸气的定压发生过程

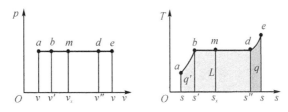

图 5-23　水蒸气的定压发生过程 p-v 图与 T-s 图

1. 水的预热过程(a-b)

由未饱和水转变为饱和水的过程,称为水的预热过程。过程中水温升高,比体积略有增加,当水温升高到压力所对应的饱和温度时,水全部变成饱和水。定压预热过程的压力越高,对应的饱和温度也越高,水的液体热就越大。

2. 水的汽化过程(b-d)

由饱和水转变为干饱和水蒸气的过程,称为水的汽化过程。汽化过程中温度和压力都保持不变,在 p-v 图及 T-s 图上呈现为一条水平线,但汽液混合物的容积(即混合物的折合比体积)增加很快。

在水的定压汽化过程中,1 kg 饱和水汽化为干饱和水蒸气所需的热量称为汽化潜热。汽化潜热在 T-s 图上相当于 b—d 过程线下的面积。汽化过程的压力越高,汽化潜热的数值越小。在临界压力下,汽化潜热为零。

3. 水蒸气的过热过程($d-e$)

由干饱和水蒸气转变为过热水蒸气的过程，称为水蒸气的过热过程。此过程中，水蒸气的温度升高，比体积增大。过热水蒸气的温度与同压力下的饱和温度之差称为水蒸气的过热度。水蒸气的定压过热过程中所需的热量称为过热热量，相当于 $T-s$ 图上 $d—e$ 过程线下的面积。

改变压力可得不同压力下的水的定压过程，如图 5-24 所示。

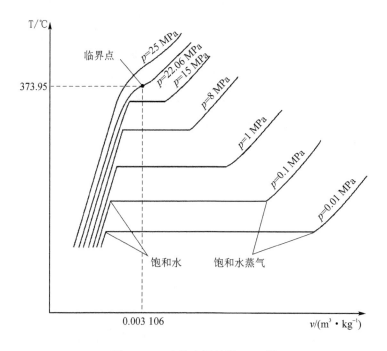

图 5-24　水的定压过程 $T-v$ 图

5.3.2　水蒸气的热力性质图

1. $p-v$ 图和 $T-s$ 图

将不同压力下水蒸气的形成过程（如图 5-25 所示）表示在 $p-v$ 图和 $T-s$ 图上，并将不同压力下对应的饱和水点和干饱和蒸汽点连接起来，就得到了图 5-25 所示的水蒸气 $p-v$ 图与 $T-s$ 图。图中的 C 点为临界点，该状态下饱和水状态与干饱和蒸汽状态重合，是水、汽不分的状态。

图中 BC 线为饱和水线，也称为下界线，是由不同压力下的饱和水状态连成的曲线。CA 线为干饱和水蒸气线，也称为上界线，是由不同压力下的干饱和水蒸气状态所连成的曲线。上界线和下界线在临界点 C 相交，反映了水汽化的始末。上界线和下界线把 $p-v$ 图与 $T-s$ 图分成了三个区，即液态区（下界线左侧）、湿蒸汽区（饱和曲线内）、气态区（上界线右侧）。压力和温度高于临界值的状态称为超临界状态。水蒸气的临界参数为

$$T_{cr}=373.95 \ \text{℃}, \quad p_{cr}=22.06 \ \text{MPa}, \quad v_{cr}=0.003 \ 106 \ \text{m}^3/\text{kg}$$

在饱和水线和干饱和水蒸气线所包围的区域内（如图 5-26 所示），是饱和水和饱和水蒸气共存的湿蒸汽区（饱和区）。饱和蒸汽的温度与压力具有一定的函数关系，压力越高，饱和温度也

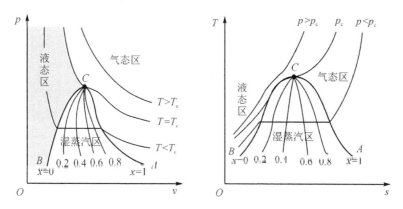

图 5 - 25 水蒸气的 $p - v$ 图及 $T - s$ 图

越高。湿蒸汽中所含饱和蒸汽的质量百分比称为干度,可表示为

$$x = \frac{m_s}{m_s + m_w} \tag{5-44}$$

式中,m_s、m_w 分别表示湿蒸汽中饱和蒸汽和饱和水的质量。显然,对于湿蒸汽,其干度区间为 $0 \leqslant x \leqslant 1$,$x = 0$ 表示状态为饱和水,$x = 1$ 表示状态为饱和蒸汽。

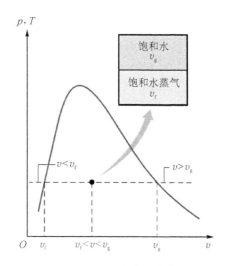

图 5 - 26 湿蒸汽状态点

若干度为 x 的湿蒸汽体积为 V,饱和水和饱和蒸汽的体积分别为 V_w 和 V_s,质量为 $m = m_w + m_s$,则平均比体积 v_x 可以表示为

$$v_x = \frac{V}{m} = \frac{V_w}{m} + \frac{V_s}{m} \tag{5-45}$$

式中,$V_w = m_w v_f$,$V_s = m_s v_g$,v_f 和 v_g 分别为饱和水和饱和蒸汽的比体积。因此有

$$v_x = \left(\frac{m_w}{m}\right) v_f + \left(\frac{m_s}{m}\right) v_g \tag{5-46}$$

由干度定义可知,$x = m_s / m$,则 $m_w / m = 1 - x$,代入式(5 - 46)可得

$$v_x = (1 - x) v_f + x v_g = v_f + x(v_g - v_f) = v_f + x v_{fg} \tag{5-47}$$

式(5 - 47)表明干度为 x 的湿蒸汽的平均比体积是饱和水和饱和蒸汽比体积按 x 的加权平均

值,几何关系如图 5 - 27 所示。

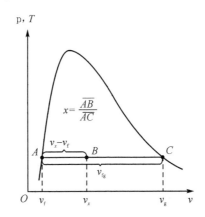

图 5 - 27　湿蒸汽平均比体积的定量关系

例题 5 - 4　已知 200 ℃饱和水和饱和蒸汽的比体积分别为 $v_f = 0.001\ 156\ \mathrm{m}^2/\mathrm{kg}$ 和 $v_g = 0.127\ 36\ \mathrm{m}^3/\mathrm{kg}$。求干度为 70%的 200 ℃湿蒸汽的平均比体积。

解:根据式(5 - 47)得

$$v = (1-x)v_f + xv_g = 0.3 \times 0.001\ 156\ \mathrm{m}^3/\mathrm{kg} + 0.7 \times 0.127\ 36\ \mathrm{m}^3/\mathrm{kg}$$

$$= 0.089\ 5\ \mathrm{m}^3/\mathrm{kg}$$

干度为 x 的湿蒸汽的比内能、比焓、比熵也有类似的关系,即

$$u_x = u_f + xu_{fg} \tag{5 - 48a}$$

$$h_x = h_f + xh_{fg} \tag{5 - 48b}$$

$$s_x = s_f + xs_{fg} \tag{5 - 48c}$$

在水蒸气的 $p - v$ 图上还有定温线簇、定干度线簇、定熵线簇,$T - s$ 图上还有定压线簇、定干度线簇、定容线簇。由于水的压缩性很小,在 $p - v$ 图上,定温线处于下界线左边的线段是很陡的(几乎是垂直的)。

2. $h - s$ 图

由于水蒸气的工程计算中常常遇到绝热过程和焓差的计算,所以应用最广泛的水蒸气热力性质线图是 $h - s$ 图(焓熵图)。如图 5 - 28 所示,$h - s$ 图以比焓 h 为纵坐标,比熵 s 为横坐标,在图中可看到临界点、定干度线、定压线、定温线及定容线。

① 定干度线是饱和区内特有的曲线,是包括 $x = 0$ 的下界线及 $x = 1$ 的上界线在内的一组干度等于常数的曲线。

② 定压线簇在 $h - s$ 图上呈发散分布,其斜率可以表示为 $\left(\dfrac{\partial h}{\partial s}\right)_p = T$,故在饱和区,定压线与定温线为同一簇斜率不同的直线;在过热区,随着温度的增高,定压线趋于陡峭。

③ 定温线在饱和区内与定压线重合;在过热区定温线与定压线自上界线处分开,随后逐渐趋于平坦。

④ 定容线在 $h - s$ 图上的走向与定压线相同,但比定压线稍陡。

可见,利用 $h - s$ 图可获得 h、s、x、p、T、v 等参数的数值。

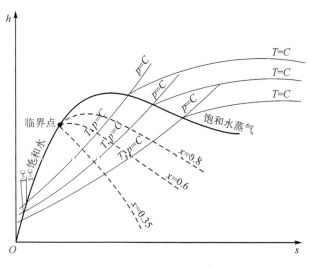

图 5-28　水蒸气的 h-s 图

5.3.3　水蒸气的热力过程

分析水蒸气热力过程的目的主要是确定该过程中的能量转换关系,包括对过程中工质所做的功、工质吸收的热量,以及工质的热力学能和焓的变化等的分析和计算。

1. 定容过程

定容过程中,工质的比体积不变,于是可得

$$w_{12} = \int_1^2 p \, \mathrm{d}v = 0 \tag{5-49}$$

$$q_{12} = \Delta u_{12} = (h_2 - h_1) - v_1(p_2 - p_1) \tag{5-50}$$

2. 定压过程

定压过程中,工质的压力保持不变,于是可得

$$w_{12} = p_1(v_2 - v_1) \tag{5-51}$$

$$q_{12} = h_2 - h_1 \tag{5-52}$$

3. 定温过程

定温过程中,工质的温度保持不变,于是可得

$$q_{12} = T_1(s_2 - s_1) \tag{5-53}$$

$$w_{12} = q_{12} - \Delta u_{12} \tag{5-54}$$

4. 定熵过程

定熵过程中,工质的熵不变(见图 5-29),于是可得

$$q_{12} = \int T \, \mathrm{d}s = 0 \tag{5-55}$$

$$w_{12} = \Delta u_{12} \tag{5-56}$$

利用 h-s 图也可以方便地求解不可逆过程的热力学参数变化。如图 5-30 所示,绝热不

可逆压缩过程 1—2 的焓变和熵变可直接从图中读取。

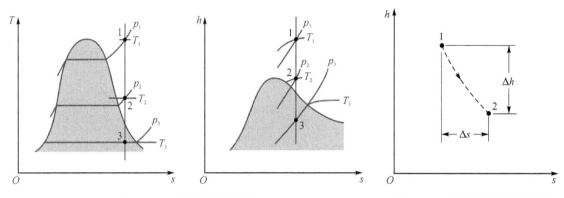

图 5 - 29　定熵过程状态图　　　　　　　　图 5 - 30　绝热不可逆压缩过程

　　如前所述,水蒸气的 p、v、T 关系复杂,其热力过程分析不能像处理理想气体那样采用解析式,需要借助相关图表进行计算。为了提高计算的精度,可以使用计算机软件进行水蒸气的热力过程分析。

5.4　湿空气的性质及热力过程

5.4.1　湿空气的性质

1. 湿空气的基本概念

　　空气中或多或少都含有一些水蒸气,故称其为湿空气。完全不含水蒸气的空气称为干空气。湿空气是干空气和水蒸气的混合物。

　　在常温常压下,湿空气中水蒸气的分压力很低,可以近似地看作理想气体,因而湿空气可以看作理想气体混合物。按理想气体混合物的性质,湿空气的压力 p 应为干空气的分压力 p_a 与水蒸气的分压力 p_v 之和,即

$$p = p_a + p_v \tag{5 - 57}$$

　　一般情况下,湿空气中水蒸气的分压力总是低于空气温度所对应的饱和压力,即湿空气中的水蒸气处于过热蒸汽的状态。这种由过热水蒸气和干空气组成的湿空气称为未饱和湿空气。

　　未饱和湿空气中水蒸气的状态如图 5 - 31 上点 A 所示。如保持湿空气的温度不变,使湿空气中水蒸气的含量增加,则湿空气中水蒸气的分压力 p_v 也随之增大。当 p_v 增大至当时空气温度所对应的饱和压力 p_s 时,水蒸气达到饱和状态,如图 5 - 31 中点 B 所示。此时湿空气中水蒸气的含量达到对应温度下的最大值。这种由饱和水蒸气和干空气所组成的湿空气称为饱和湿空气。

　　如果湿空气受冷而温度降低,则湿空气中的水蒸气在其分压力 p_v 保持不变的条件下温度不断降低,其状态变化过程如图 5 - 31 中 A—C 所示。当湿空气的温度降低到水蒸气的分压力 p_v 所对应的饱和温度时,水蒸气达到饱和状态,如图 5 - 31 中 C 点所示。从 C 点开始,如果湿空气再受冷,就会在湿空气中出现露滴。因此,把湿空气中水蒸气的分压力 p_v 所对应

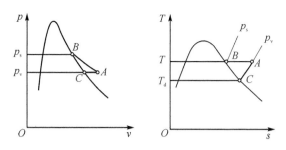

图 5—31　湿空气中水蒸气状态示意图

的饱和温度称为湿空气的露点温度(T_d),或简称露点。

2. 绝对湿度、相对湿度和含湿量

湿空气中水蒸气的含量是影响湿空气状态的一个重要参数,通常以绝对湿度、相对湿度和含湿量等参数从不同的方面来说明。

(1) 绝对湿度

每立方米湿空气中含有的水蒸气的质量称为湿空气的绝对湿度(ρ_v),其数值等于湿空气温度及水蒸气分压力所确定的状态下水蒸气的密度。绝对湿度可按理想气体状态方程近似计算,即

$$\rho_v = \frac{m_v}{V} = \frac{p_v}{R_{g,v}T} \tag{5-58}$$

式中,$R_{g,v}$ 为水蒸气的气体常数。绝对湿度只能说明湿空气中实际含水蒸气的多少,而不能说明湿空气吸收水蒸气能力的大小。

(2) 相对湿度

在一定的温度下,饱和湿空气中所含水蒸气的量达到最大值,故其绝对湿度值最大。因此,可取未饱和湿空气的绝对湿度和饱和湿空气的绝对湿度的比值,以表示湿空气中水蒸气含量的饱和程度,称为相对湿度,用 φ 表示,即

$$\varphi = \frac{p_v}{p_s} \tag{5-59}$$

相对湿度反映了湿空气进一步吸收水蒸气的能力。相对湿度越小,其吸收水蒸气的能力越大,而相对湿度为 100% 的饱和湿空气,其吸收水蒸气的能力为零。

相对湿度常用毛发湿度计或干湿球温度计测定。

(3) 含湿量

在湿空气的湿度调节或物料的干燥及加湿处理过程中,湿空气中干空气的质量是不变的,因而经常以相对于单位质量干空气的湿空气所含水蒸气的质量来表示湿空气中水蒸气的含量,称为含湿量,用 d 表示,单位为 kg/kg(干空气)。因此,含湿量的定义可表示为

$$d = \frac{m_v}{m_s} = \frac{\rho_v}{\rho_s}$$

$$d = 1\,000\,\frac{m_v}{m_s} = 1\,000\,\frac{\rho_v}{\rho_s} \tag{5-60}$$

根据理想气体状态方程、干空气和水蒸气的密度和压力的关系,及相对湿度的定义,可以

求得

$$d = 0.622 \frac{p_v}{p - p_v} = 0.622 \frac{\varphi p_s}{p - \varphi p_s}$$

$$d = 622 \frac{\varphi p_s}{p - \varphi p_s} \qquad (5-61)$$

式(5-61)说明:当湿空气的压力一定时,湿空气的含湿量取决于湿空气的相对湿度。当相对湿度为100%,即水蒸气的分压力等于饱和压力时,含湿量达到最大值。如果提高湿空气的温度,则对应的水蒸气的饱和压力即增高,因而湿空气的最大含湿量也随之增大。

3. 湿空气的焓

湿空气的比焓的计算以1 kg干空气为基准,定义为湿空气的总焓/干空气质量。湿空气的比焓表示为

$$h = h_a + d h_v \qquad (5-62)$$

式中,h_a为干空气的比焓(kJ/kg);h_v为水蒸气的比焓(kJ/kg);d为湿空气的含湿量(kg/kg)。

若取0 ℃时干空气的比焓为零,其比定压热容为$c_{p,a} = 1.005$ kJ/(kg·K),水蒸气的比焓取0 ℃时饱和水比焓为零,0 ℃的饱和水变为0 ℃的饱和蒸气所吸收的汽化焓(潜热)为L,平均比定压热容为$c_{p,v}$,则温度为T(℃)时的干空气和水蒸气的比焓分别为

$$h_a = c_{p,a} T$$

$$h_v = L + c_{p,v} T$$

代入式(5-62)可得

$$h = c_{p,a} T + d(L + c_{p,v} T)$$

对饱和水和饱和水蒸气,可分别取$L = 2\ 501$ kJ/kg,$c_{p,a} = 1.005$ kJ/(kg·K),$c_{p,v} = 1.863$ kJ/(kg·K),则湿空气的比焓近似为

$$h = 1.005T + d(2\ 501 + 1.863T) \qquad (5-63a)$$

或

$$h = (1.005 + 1.863d)T + 2\ 501d \qquad (5-63b)$$

式(5-63b)中$(1.005 + 1.863d)T$是随温度而变的热量,称为"显热";而$2\ 501d$是0 ℃时含湿量为d的水的汽化热,称为"潜热",此项仅随含湿量变化。意即湿空气的焓将随温度和含湿量的升高而增大。

例题5-5 若湿空气在25 ℃的相对湿度$\varphi = 75\%$,压力$p = 100$ kPa,饱和压力$p_s = 3.169\ 8$ kPa,求湿空气的比焓。

解: 水蒸气的分压为

$$p_v = \varphi p_s = (0.75 \times 3.169\ 8)\ \text{kPa} = 2.38\ \text{kPa}$$

含湿量为

$$d = 0.622 \frac{p_v}{p - p_v} = 0.622 \times \left(\frac{2.38}{100 - 2.38} \right)\ \text{kg/kg} = 0.015\ 2\ \text{kg/kg}$$

根据式(5-63b),湿空气的比焓为

$$h = [(1.005 + 1.863 \times 0.015\ 2) \times 25 + 2\ 501 \times 0.015\ 2]\ \text{kJ/kg} = 67.65\ \text{kJ/kg}$$

5.4.2　湿空气的热力过程

1. 湿温图

湿空气热力学状态参数及热力过程计算也可以根据像 $h-s$ 图一样的线图进行分析。对于湿空气来说,其主要的状态参数是焓和湿度,所以此类线图通常有焓湿图或温湿图。这里主要介绍温湿图的应用。温湿图以湿空气的干球温度为横坐标,以湿空气比湿度为纵坐标,在图中绘以各种等值线簇,如图 5-32 所示。

① 定比湿度 d(或定水蒸气分压力 p_v)线簇。定 d 线是一系列的水平线,横坐标轴为 $d=0$ 的定 d 线,向上逐渐增加。

② 定干球温度线(定温线)簇。定温线就是一系列的垂线,自左至右逐渐增加。

③ 定焓线簇。定焓线与干球温度轴的夹角在 $135°\sim160°$ 之间。沿定焓线自左至右,温度越高,比湿度越小。定焓线近似为定湿球温度线。

④ 定相对湿度线簇。由于 $\varphi=0$ 时 $d=0$,因而横坐标轴为 $\varphi=0$ 的定 φ 线随 φ 增大,定 φ 线为斜率越来越大的凹曲线,向左上方移动。当 $\varphi=1$ 时,达到最高的位置即湿度图的边界,是一斜率最大的凹曲线。该曲线上的状态都是饱和湿空气状态,该曲线右下方都处于未饱和湿空气状态。

⑤定容线簇。定容线比定焓线要陡得多,且随比体积 v 的增大斜率绝对值增大。由于随干球温度和比湿度的增大,比体积增大,所以定容线向右上方,比体积 v 增大。

利用温湿图可以查取湿空气任意一点状态下的参数,进而对其热力过程进行分析。

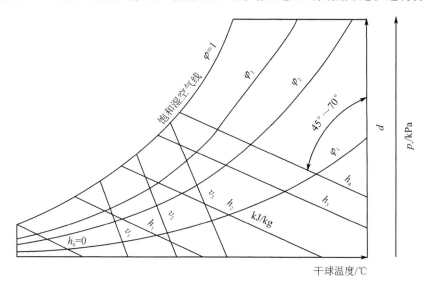

图 5-32　温湿图的结构与典型线簇

2. 湿空气热力过程分析

进行湿空气的热力过程分析是为了调节湿空气的状态。工程中经常涉及的湿空气热力过程是湿空气的加热、冷却、加湿、去湿的混合过程(如图 5-33 所示)。

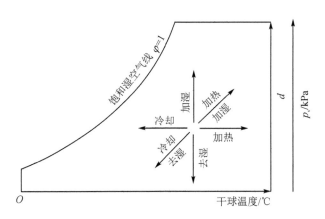

图 5 - 33　湿空气调节过程

(1) 加热吸湿过程

　　工程中经常采用人工干燥处理过程(或烘干),即利用未饱和湿空气来吸收被干燥物体的水分。为了提高湿空气的吸湿能力,通常先要对湿空气进行加热。湿空气的加热一般在定压条件下完成,加热过程的特征是湿空气温度升高、含湿量保持不变、相对湿度减少,因而湿空气的吸湿能力增强。加热后的湿空气进入干燥室,吸收被干燥物的水分,湿空气的含湿量和相对湿度均增加。

(2) 冷却去湿过程

　　在空气调节中,室内空气的相对湿度应维持在一定范围内,若湿度太大,通常需要对湿空气进行去湿。图 5 - 34 中 1—x—2 为冷却去湿过程,去湿时先对湿空气进行冷却,冷却过程中湿空气保持含湿量不变,温度降低,相对湿度逐渐增加。当湿空气与饱和湿空气曲线相交时,相对湿度等于 1,再继续冷却则湿空气析出水分,湿空气沿饱和湿空气曲线向比湿度减小的方向变化,从而达到去湿的目的。

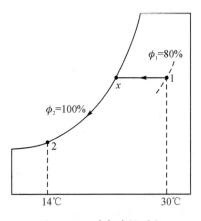

图 5 - 34　冷却去湿过程

(3) 绝热加湿

　　在绝热的条件下,向空气加入水分以增加其含湿量,称为绝热加湿。因为是绝热的,水分蒸发所吸收的潜热完全来自空气自身。加湿后,空气温度将降低,所以这种过程又称为蒸发冷却。

(4) 湿空气的混合过程

将两股或多股状态不同的湿空气混合,以得到温度和湿度符合一定要求的空气,是空气调节装置中经常采用的方法。如果混合过程中气流与外界无热量交换,则称为绝热混合。气流绝热混合所得到的湿空气的状态,取决于混合前湿空气各气流的流量及状态。

思考题

5-1　在理想气体的 p v 图和 $T-s$ 图上,如何判断 q、Δu、Δh 和 w 的正负?

5-2　应用相关软件绘制理想气体在 $T-s$ 图中的等压线和等容线。

5-3　证明理想气体的定温过程恒有 $q=w=w_t$。

5-4　说明压缩因子 z 的物理意义。

5-5　水的定压加热过程经历哪几个状态?

5-6　说明水的三相点和临界点的物理意义。

5-7　解释湿空气的饱和与结露现象。

练习题

5-1　理想气体组成的封闭系统吸热后,哪个状态参数必定增大?

5-2　说明可通过设计何种过程来计算理想气体向真空绝热膨胀的熵变。

5-3　证明理想气体的热力学能是温度的单值函数,即 $h=f_h(T)$。

5-4　证明理想气体在 $T-s$ 图上的任意两条定压线之间的水平距离相等。

5-5　已知范德瓦尔气体状态方程为

$$\left(p+\frac{a}{v^2}\right)(v-b)=R_g T$$

设 $u=u(T,v)$,求:(1)du;(2)定温过程的焓变 Δh。

5-6　体积为 1 m³ 的密闭容器中盛有 4 kg 的水,将其加热至 150 ℃。求:(1)压力;(2)蒸汽的质量;(3)蒸汽的体积。

5-7　设湿蒸汽的干度为 85%,分别求 160 ℃ 和 221 ℃时水的比体积。

5-8　证明 $h-s$ 图上等温线的斜率为 $\left(\dfrac{\partial h}{\partial s}\right)_T=T-\dfrac{1}{\alpha}$。

5-9　过热水蒸气进入汽轮机时 $p_1=5$ MPa,$T_1=400$ ℃,排除汽轮机时 $p_2=0.005$ MPa,蒸汽流量为 100 t/h。假设蒸汽在汽轮机内的膨胀是可逆绝热过程,求乏汽干度及汽轮机的功率。

5-10　已知湿空气温度为 20 ℃,相对湿度 $\varphi=55\%$,压力 $p=100$ kPa,饱和压力 $p_s=2.337$ kPa,求湿空气的比焓。

5-11　已知温度为 30 ℃、压力为 100 kPa 的室外空气的露点温度为 20 ℃。计算空气的相对湿度,干空气的分压力和含湿量。

第6章 动力循环与制冷循环

各种能量转换装置都是利用工质连续不断的循环而实现能量转换的。本章重点介绍动力循环与制冷循环的基本原理及其循环效率的计算方法，分析影响循环效率的各种因素，指出提高循环效率的途径。

6.1 概　述

动力循环与制冷循环是热力学的两类重要工程应用。动力循环以将热转变为功为目的，需要从高温热源吸热，在对外输出功的同时向低温热源放热，称为正向循环。制冷循环（或热泵循环）以消耗机械能或热能为代价，将热量从低温热源转移到高温热源，称为逆向循环。

根据热力学第二定律，动力循环或制冷循环至少需要两个不同温度的热源供工质从中吸热或对其放热。循环过程中，通过工质与热源交换热量，并向外界做功或从外界吸收功。在交换热量以及做功或吸收功的过程中，工质的热力状态必然发生变化。要实现能量的转换或转移的连续进行，需要有实现能量转换以及工质循环等的装置。这些装置的作用是保证工质在每次循环中的某个过程吸热，在另外的过程完成做功、放热并回到初始状态，如此反复地循环。循环目的不同，需要的循环装置也不同。将热能转变为机械功输出的循环装置称为热能动力机（热机），可作为动力源驱动其他机械，属于动力机或原动机；通过消耗机械功或热能制造低温环境的循环装置称为制冷机（或热泵）。按照循环工质的类型进行划分，动力循环主要有以水蒸气为工质的蒸汽动力循环（如蒸汽机、汽轮机）和以混合气体（也称为燃气）为工质的燃气动力循环（如内燃机、燃气轮机）。制冷循环亦有空气压缩制冷和蒸气压缩制冷之分。

热能和机械能的转换总是与工质的膨胀和压缩联系在一起的，由此导致实际循环过程中存在运动摩擦等不可逆的因素。为了方便分析，需要对实际循环装置进行合理的抽象和简化，采用典型、可逆的过程来代替实际过程，使之成为一个与实际循环基本特征相符合的理想可逆循环。理想循环是比较不同的实际循环的基准，在理想循环的基础上再进一步考虑实际循环中各种不可逆因素的影响。

任何热力循环都不可避免地伴随着各种能量损失，而这些损失最终是以废热的形式向环境排放，其与向环境排放的废气都会对环境产生影响。为了尽可能保护人类生存的环境，必须尽力控制热力循环应用带来的污染。为此需要不断改进热能动力设备的性能，开发应用清洁能源，实现低污染排放。应用热力学方法对热力循环过程中能量转化、传递和损失情况进行分析，揭示能量消耗的大小与原因，有助于改进热力循环过程，提高能量利用率。

动力循环与制冷循环具有共同的热力学基础和原理。例如，在能量转换过程中，工质都要经历一系列的吸热、压缩、膨胀等。因此，本章重点介绍典型的动力循环与制冷循环，通过对典型循环装置的组成、工作原理及性能的讨论，明确不同热力循环之间的共性与联系，以为其他热力循环分析与应用提供基础。

6.2　动力循环

将热能转换为机械能的循环称为动力循环。要实现热能和机械能之间的连续转换,必须依靠动力循环设备(热机)通过工质的热力循环来实现。根据工质的不同,动力循环主要分为蒸汽动力循环和燃气动力循环。

6.2.1　蒸汽动力循环

以水蒸气为工质的蒸汽动力装置工作循环称为蒸汽动力循环,近代工业最早使用的动力机就是蒸汽动力循环装置。蒸汽动力循环装置有汽轮机和蒸汽机,其中汽轮机是现代最主要的蒸汽动力装置。汽轮机是能将蒸汽热能转化为机械功的外燃回转式机械,叶轮是水蒸气能量转换为机械功输出的关键部件。汽轮机和燃气轮机统称为热力涡轮机,虽然它们因工质的不同而具有不同的特征,但其基本工作原理相同。

1. 蒸汽动力装置基本循环——朗肯循环

根据热力学第二定律,在一定温度范围内卡诺循环的效率最高。但是蒸汽卡诺循环在实际中难以实现,因此蒸汽动力装置不采用卡诺循环,而是以朗肯循环为基础。

(1) 朗肯循环及其热效率

朗肯循环是在实际蒸汽动力循环的基础上进行简化处理得出的最简单、最基本的理想蒸汽动力循环,是研究其他复杂蒸汽动力循环的基础。朗肯循环装置主要由锅炉(含过热器)、汽轮机、冷凝器及给水泵等设备组成,工质为水蒸气,其组成及工作流程如图 6-1 所示。

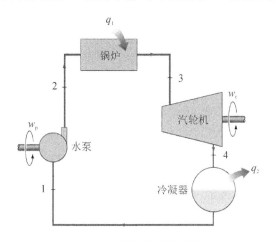

图 6-1　朗肯循环装置及工作流程

过程 2→3:未饱和水在锅炉内定压加热至干饱和蒸汽,然后经过热器定压加热后变为过热蒸汽 3。此过程中水的总吸热量为 $q_1 = h_3 - h_2$。

过程 3→4:来自锅炉及过热器的过热水蒸气 3 在汽轮机中可逆绝热膨胀对外输出机械功 $w_t = h_3 - h_4$,然后变为湿饱和蒸汽(乏汽)。

过程 4→1:乏汽在冷凝器内定压、定温冷却凝结放热 $q_2 = h_4 - h_1$,然后变为饱和水 1,冷凝放热量由冷却水带走。

过程 $1→2$:给水泵消耗机械功 $w_p=h_2-h_1$,将饱和水可逆绝热压缩至未饱和水 2。

朗肯循环由四个理想化的可逆过程组成,其 $p-v$ 图和 $T-s$ 图如图 6-2 所示。这里根据 $T-s$ 图进行分析。

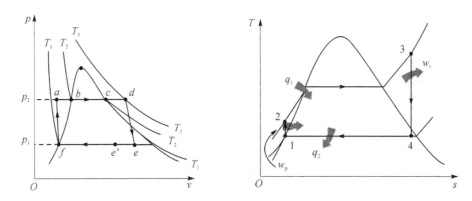

图 6-2   朗肯循环 $p-v$ 图和 $T-s$ 图

根据稳定流动能量方程可计算出朗肯循环的吸热量、放热量,以及对外输出的功量,由此可得出整个循环的热效率。

工质在锅炉内吸收的热量为:$q_1=h_3-h_2$;

工质在冷凝器中的放热量为:$q_2=h_4-h_1$;

工质通过汽轮机对外所做的功为:$w_t=h_3-h_4$;

水在水泵中所消耗的功量为:$w_p=h_2-h_1$。

整个循环的热效率可表示为

$$\eta_t=1-\frac{q_2}{q_1}=\frac{w_t-w_p}{q_1}=1-\frac{h_4-h_1}{h_3-h_2} \tag{6-1}$$

式中,h_3 是新蒸汽的焓,h_4 是乏汽的焓,$h_1(=h_4)$ 和 h_2 分别是凝结水和未饱和水的焓,可利用水和水蒸气的热力性质图表或计算机软件系统确定。

由于水的压缩性很小,水的比体积又比水蒸气的比体积小得多,因而水泵消耗的功与汽轮机所做的功相比甚小,一般情况下可忽略不计,即 $h_2-h_1\approx0$,则式(6-1)可进一步简化为

$$\eta_t=\frac{h_3-h_4}{h_3-h_1}$$

朗肯循环是最基本的动力循环,其结构简单,但是效率较低。现代蒸汽动力装置所采用的循环都是在朗肯循环的基础上改进得到的。

例题 6-1   设一朗肯循环的蒸汽初温为 450 ℃,压力为 3 MPa,排气压力为 5 kPa。不计水泵功耗,求此朗肯循环的循环净功和热效率。

解:朗肯循环的 $T-s$ 图见图 6-2。为了计算循环净功和热效率,需要根据已知条件,通过专业书籍或计算机软件查询水及水蒸气热力性质图表来确定各状态点的参数,结果如下。

1 点:与 4 点对应的饱和水的比焓 $h_1=137.7$ kJ/kg;

2 点:不计水泵功耗,$h_2\approx h_1$;

3 点:$p_3=3$ MPa,$T_3=450$ ℃,$h_3=3\,345$ kJ/kg;

4 点:$p_4=5$ kPa,与 3 点等熵,$h_4=2\,158$ kJ/kg。

循环净功为

$$w_{net} = w_t = h_3 - h_4 = (3\ 345 - 2\ 158)\ \text{kJ/kg} = 1\ 187\ \text{kJ/kg}$$

吸热量为

$$q_1 = h_3 - h_1 = (3\ 345 - 137.7)\ \text{kJ/kg} = 3\ 207.3\ \text{kJ/kg}$$

热效率为

$$\eta_t = \frac{w_{net}}{q_1} = \frac{1\ 187}{3\ 207.3} = 37\%$$

（2）蒸汽参数对热效率的影响

朗肯循环的热效率与新蒸汽的初压、初温及排汽压力（背压）有关。提高工质的平均吸热温度或降低平均放热温度可提高朗肯循环的热效率，但前者受现有的耐高温高强度合金的限制，后者则受环境温度的限制。

如图 6-3 所示，在相同的初压和背压条件下，提高新蒸汽温度可使朗肯循环的热效率提高。在相同的初温和背压条件下，提高新蒸汽压力也可使朗肯循环的热效率提高。但初压的提高使汽轮机排气的干度降低，排气干度过低（一般不应低于 0.88）会危及汽轮机的运行安全。

若锅炉压力提高到水的临界压力（22.064 MPa），汽化潜热为 0，水在该压力下加热到临界温度（373.99 ℃）时即全部汽化成蒸汽，水在超临界压力下变成蒸汽的情形不再存在气液两相区。超临界压力蒸汽动力装置的简单循环如图 6-4 所示，与亚临界朗肯循环相比，其热效率有显著提高。但由于蒸汽参数高，故要求锅炉材料高温强度等级高，而成本也随之提高。

在相同的初温和初压条件下，降低背压也可使朗肯循环的热效率提高，但受环境温度限制。

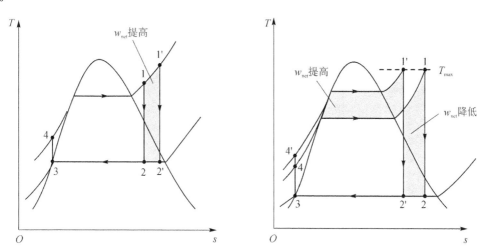

图 6-3　初温和初压对朗肯循环热效率的影响

2. 提高朗肯循环热效率的基本途径

为了进一步提高热效率，在采用上述措施的同时，还需要采取一系列措施对朗肯循环方式进行改进，如采取所谓"回热""再热"等措施来提高循环的平均吸热温度，以及采取"热电联产"措施来提高热能的有效利用率。

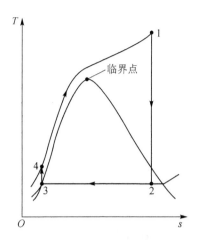

图 6-4　超临界压力蒸汽动力循环

(1) 回热循环

从汽轮机中间抽出部分已做过功但压力尚不太低的少量蒸汽,将其用来加热进入锅炉前的低温给水,这种方法称为给水回热。有给水回热的蒸汽循环称为蒸汽回热循环,其在现代蒸汽动力循环中被普遍采用,可以有效地提高循环热效率,如图 6-5 所示。

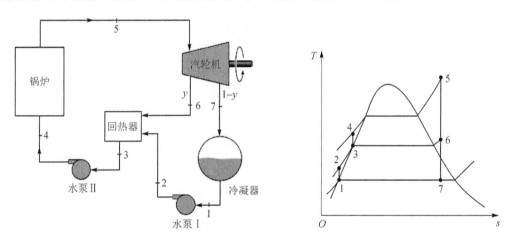

图 6-5　抽汽回热循环工作原理及 $T-s$ 图

抽汽回热压力的选择是必须考虑的问题,它取决于进入锅炉前给水温度的高低,过高或过低都达不到提高循环热效率的目的。理论和实践表明,对于一次抽汽回热(也称一级回热),给水回热温度以选定新汽饱和温度与乏汽饱和温度的中间平均值为好,并以此确定抽汽压力。

不同压力下抽汽次数(回热级数)越多,给水回热温度和热效率越高,但设备投资费用将相应增加。因此,小型火力发电厂回热级数一般为 1~3 级,中大型火力发电厂一般为 4~8 级。

(2) 再热循环

为了提高蒸汽的初压又不令乏气的干度过低,常采用蒸汽中间再过热的方法。再热的目的主要是增加蒸汽的干度,以便在初温度的限制下采用更高的初压力,从而提高循环热效率,如图 6-6 所示。新蒸汽 1 在高压汽轮机中膨胀至状态 2 后导入再热器再次加热至状态 3,然后进入低压汽轮机中继续膨胀至状态 4。再热循环可以看作由 1—4′—5—6—1 的基本循环(朗肯循环)和 2—3—4—4′—2 的附加循环所组成。再热循环使汽轮机的排汽干度得到了提高。

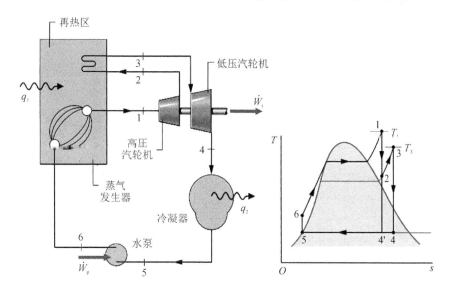

图 6-6 再热循环工作原理

中间再热最佳压力需要根据给定的条件,经过全面的经济技术分析来确定,一般在蒸汽初压力的 20%～30% 之间。通常,一次再热可使热效率提高 2%～3.5%。由于实现再热循环的实际设备和管路都比较复杂,投资费用也很大,因此这种方法一般只在大型火力发电厂使用,且蒸汽压力需要在 13 MPa 以上。现代大型机组很少采用二次再热,再热次数增多不仅会增加设备费用,而且会给运行带来不便。

(3) 热电联产循环

蒸汽动力装置即使采用了高参数蒸汽和回热、再热等措施,热效率仍很少超过 40%,大部分热量会被排放到外界环境。热电联产循环的目的是在发电的同时,把排放的热量提供给热用户,从而大大提高能源利用效率。这种既发电又供热的电厂习惯上称为热电厂。

热电联产的最大特点就是对不同品质的能量进行梯级利用,温度比较高的、具有较大可用能的热能被用来发电,而温度比较低的低品位热能则被用来供热冷。这样做不仅提高了能源的利用效率,而且减少了碳化物和有害气体的排放,具有良好的经济效益和社会效益。

在热电联供循环中(如图 6-7 所示),工质所吸收的热量除用于做功外,还用于向热用户供热。因此,评价热电联供循环的热经济性指标除热效率 η_t 外,还有热能利用系数 K,其定义为

$$K = \frac{\text{已被利用的能量(电能 + 供热量)}}{\text{工质从热源得到的能量}} \tag{6-2}$$

当热量可以在现场或近距离使用时,热电联产是最有效的;但当热量必须传输较长距离时,则需要使用高度隔热的管道,这会导致成本的提高,并使总效率降低。

6.2.2 燃气动力循环

燃气动力循环包括内燃机循环和燃气轮机循环。对燃气动力循环进行热力分析时,假定工作流体为理想气体,将排气过程和燃烧过程用向低温热源的放热过程和自高温热源的吸热过程取代。由于实际热力装置的工作过程都是不可逆的,而且是十分复杂的,因此在对其进行能量转换分析时,需将实际循环简化为可逆的理论循环。

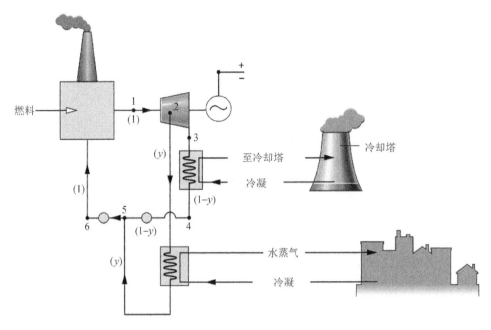

图 6-7 热电联供循环示意图

1. 内燃机循环

内燃机通常指活塞式内燃机。活塞式内燃机的燃料燃烧、工质膨胀、压缩等过程都是在同一个带有活塞的气缸内进行的(如图 6-8 所示)。燃气在气缸中膨胀,推动活塞做功(如图 6-9 所示),再通过曲柄连杆机构或其他机构将机械功输出。

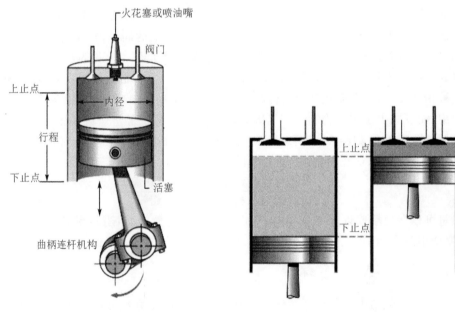

图 6-8 活塞式内燃机基本构造　　　　图 6-9 活塞的行程

活塞式内燃机按照使用的燃料可分为汽油机、柴油机和煤油机;按照燃料点火方式可分为

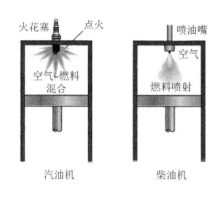

图 6 - 10　点燃与压燃示意图

点燃式内燃机和压燃式内燃机(如图 6 - 10 所示),汽油机和煤油机为点燃式内燃机,柴油机为压燃式内燃机;按照完成一个循环所需要的冲程又可分为四冲程内燃机和二冲程内燃机。二冲程内燃机的结构简单,重量轻,热效率低,循环功也小,多用于摩托车。这里仅介绍四冲程活塞式内燃机的工作原理。

现有内燃机的循环都是开式的,吸入空气后,经过空气与燃料混合、燃烧、燃气膨胀做功后,将废气排入大气,下一循环要另行吸入新鲜空气。燃烧、排气都是不可逆过程,在进行热力分析时需要将内燃机的实际工作循环抽象为理想气体的闭式循环。根据燃烧方式的不同,活塞式内燃机循环可归纳为三类理想循环:定容加热理想循环、定压加热理想循环和混合加热理想循环。

(1) 汽油机循环

汽油机的实际循环可以用示功图描述。如图 6 - 11 所示,其工作过程包括吸气、压缩、燃烧、膨胀、排气过程。如果忽略实际过程中的摩擦阻力、扰动等造成的损失,以及燃烧所需时间、热量散失等因素的影响,则可将实际示功图理想化为理论示功图。根据活塞式内燃机的理论示功图,就可确定相应的理想热力循环。

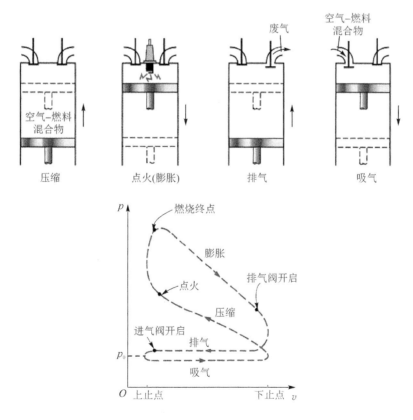

图 6 - 11　汽油机实际循环及示功图

点燃式内燃机吸入气缸内的是预先混合好的燃料与空气的混合气,混合气在压缩接近终了时被点燃,可以认为是在定容下完成全部燃烧过程。按各个过程的性质分别取相应的可逆过程。用可逆的绝热膨胀过程 3—4 及压缩过程 1—2 代替实际的膨胀及压缩过程,用可逆的定容加热过程 2—3 代替具有化学反应的燃烧过程,用可逆的定容降压的放热过程 4—1 代替定容排气过程。由于吸气过程与排气过程的功量因相互抵消而对整个循环没有影响,因此在对热力循环进行分析时可不考虑这两个过程。由此得到定容加热理想循环的 p–v 图和 T–s 图,如图 6–12 所示。

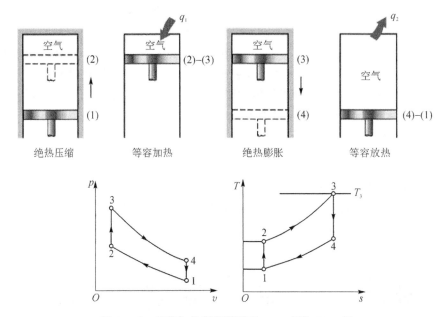

图 6–12 定容加热理想循环及 p–v 图和 T–s 图

定容加热理想循环又称为奥托循环。定容加热过程 2—3 的吸热量为

$$q_1 = c_v(T_3 - T_2)$$

定容放热过程 4—1 的放热量为

$$q_2 = c_v(T_4 - T_1)$$

其循环热效率为

$$\eta_t = 1 - \frac{q_2}{q_1} = 1 - \frac{T_4 - T_1}{T_3 - T_2} = 1 - \frac{T_1\left(\dfrac{T_4}{T_1} - 1\right)}{T_2\left(\dfrac{T_3}{T_2} - 1\right)} \tag{6-3}$$

由上式可见,只要确定了循环各转折点的温度,就可以确定燃气轮机循环热效率。

定容加热理想循环的 1—2 和 3—4 为定熵过程,根据理想气体等熵过程的状态参数关系可得

$$T_1 v_1^{\kappa-1} = T_2 v_2^{\kappa-1}$$
$$T_3 v_3^{\kappa-1} = T_4 v_4^{\kappa-1}$$

其中,$v_1 = v_4$,$v_2 = v_3$,因此有

$$\frac{T_1}{T_2} = \left(\frac{v_2}{v_1}\right)^{\kappa-1} = \left(\frac{v_3}{v_4}\right)^{\kappa-1} = \frac{T_4}{T_3}$$

即

$$\frac{T_4}{T_1} = \frac{T_3}{T_2}$$

代入式(6-3)可得定压加热的热效率

$$\eta_t = 1 - \frac{T_1}{T_2} = 1 - \left(\frac{v_2}{v_1}\right)^{\kappa-1} = 1 - \frac{1}{\left(\frac{v_1}{v_2}\right)^{\kappa-1}} = 1 - \frac{1}{\varepsilon^{\kappa-1}}$$

$$\eta_t = 1 - \frac{1}{\varepsilon^{\kappa-1}} \qquad (6-4)$$

式中,ε 称为压缩比,$\varepsilon = \dfrac{v_1}{v_2}$;$\kappa$ 为绝热指数。可见,随着压缩比的提高,定容加热循环的热效率增大(如图 6-13 所示)。

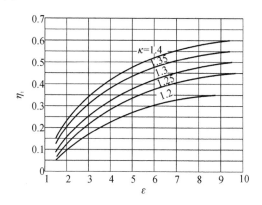

图 6-13　定容加热理想循环热效率

例题 6-2　定容加热理想循环的汽油机压缩比 $\varepsilon = 8$,初始状态的压力 $p_1 = 200$ kPa,温度 $T_1 = 293$ K,加热最高温度为 $T_3 = 1\,200$ K,计算此循环热效率和加热过程终了压力。

解:定容加热理想循环如图 6-12 所示,将工质视为理想气体,取 $\kappa = 1.4$,热效率为

$$\eta_t = 1 - \frac{1}{\varepsilon^{\kappa-1}} = 1 - \frac{1}{8^{1.4-1}} = 56.5\%$$

1—2 为定熵过程,有

$$T_2 = T_1 \left(\frac{v_1}{v_2}\right)^{\kappa-1} = T_1 \varepsilon^{\kappa-1} = (293 \times 8^{1.4-1})\text{K} = 673\text{ K}$$

$$p_2 = p_1 \left(\frac{v_1}{v_2}\right)^{\kappa} = T_1 \varepsilon^{\kappa} = (200 \times 8^{1.4})\text{kPa} = 3\,675.8\text{ kPa}$$

2—3 为定容过程,有

$$p_3 = p_2 \frac{T_3}{T_2} = \left(3\,675.8 \times \frac{1\,200}{673}\right)\text{kPa} = 6\,554.2\text{ kPa}$$

(2) 柴油机循环

1) 定压加热理想循环(笛塞尔循环)

有些增压柴油机及汽车用高速柴油机的燃烧过程,主要在活塞离开上止点后的一段行程中进行,可以认为是定压燃烧过程,如图 6-14 所示。

定压加热理想循环又称为笛塞尔循环。定压加热过程 2—3 的吸热量为

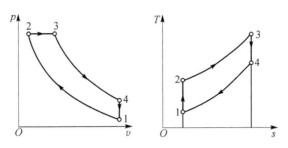

图 6 - 14   定压加热循环

$$q_1 = c_p (T_3 - T_2)$$

定容放热过程 4—1 的放热量为

$$q_2 = c_v (T_4 - T_1)$$

其循环热效率为

$$\eta_t = 1 - \frac{q_2}{q_1} = 1 - \frac{c_v (T_4 - T_1)}{c_p (T_3 - T_2)} = 1 - \frac{1}{\kappa} \frac{T_1}{T_2} \frac{\dfrac{T_4}{T_1} - 1}{\dfrac{T_3}{T_2} - 1} \qquad (6-5)$$

由于 2—3 为定压过程,所以

$$\frac{T_3}{T_2} = \frac{v_3}{v_2} = \rho$$

式中,$\rho = \dfrac{v_3}{v_2}$ 称为预胀比。

过程 1—2 和 3—4 均是定熵过程,则有

$$\frac{T_1}{T_2} = \left(\frac{v_2}{v_1} \right)^{\kappa-1}$$

$$\frac{T_4}{T_3} = \left(\frac{v_3}{v_4} \right)^{\kappa-1}$$

可变换为

$$\frac{T_4}{T_1} \frac{T_2}{T_3} = \left(\frac{v_3}{v_4} \frac{v_1}{v_2} \right)^{\kappa-1}$$

其中 $v_1 = v_4$,可得

$$\frac{T_4}{T_1} = \left(\frac{v_3}{v_2} \right)^{\kappa-1} \frac{T_3}{T_4} = \rho^\kappa$$

代入式(6-5)并考虑压缩比,可得定压加热的热效率

$$\eta_t = 1 - \frac{\rho^\kappa - 1}{\varepsilon^{\kappa-1} \kappa (\rho - 1)} \qquad (6-6)$$

上式表明提高压缩比及降低预胀比,可以提高定压加热循环的循环热效率(如图 6-15 所示)。

2) 混合加热循环(萨巴特循环)

混合加热循环由五个可逆过程所组成(如图 6-16 所示):绝热压缩过程 1—2;定容加热过程 2—3;定压加热过程 3—4;绝热膨胀过程 4—5;定容放热过程 5—1。

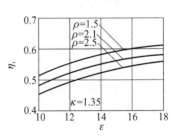

图 6 - 15   定压加热循环热效率

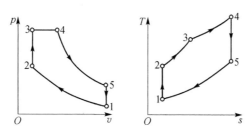

图 6-16　混合加热循环

混合加热循环又称为萨巴特循环。混合加热循环的加热过程可以分成两个部分：一是 2—3 定容加热过程，另一个是定压加热过程 3—4，吸热量为

$$q_1 = c_v(T_3 - T_2) + c_p(T_4 - T_3)$$

定容放热过程 4—1 的放热量为

$$q_2 = c_v(T_5 - T_1)$$

其循环热效率为

$$\eta_t = 1 - \frac{q_2}{q_1} = 1 - \frac{c_v(T_5 - T_1)}{c_v(T_3 - T_2) + c_p(T_4 - T_3)} = 1 - \frac{(T_5 - T_1)}{(T_3 - T_2) + \kappa(T_4 - T_3)}$$

$$(6-7)$$

由于 1—2 与 4—5 是定熵过程，则有

$$p_1 v_1^\kappa = p_2 v_2^\kappa$$
$$p_4 v_4^\kappa = p_5 v_5^\kappa$$

其中 $p_4 = p_3, v_1 = v_5, v_2 = v_3$，将上两式相除，得

$$\frac{p_5}{p_1} = \frac{p_4}{p_2} \left(\frac{v_4}{v_2}\right)^\kappa = \frac{p_3}{p_2} \left(\frac{v_4}{v_3}\right)^\kappa = \lambda \rho^\kappa$$

其中 $\lambda = \dfrac{p_3}{p_2}$，称为定容增压比。

由于 5-1 是定容过程，有

$$T_5 = T_1 \frac{p_5}{p_1} = T_1 \lambda \rho^\kappa$$

1—2 是定熵过程，有

$$T_2 = T_1 \left(\frac{v_1}{v_2}\right)^{\kappa-1} = T_1 \varepsilon^{\kappa-1}$$

2—3 是定容过程，有

$$T_3 = T_2 \frac{p_3}{p_2} = \lambda T_2 = \lambda T_1 \varepsilon^{\kappa-1}$$

3—4 是定压过程，有

$$T_4 = T_3 \frac{v_4}{v_3} = \rho T_3 = \rho \lambda T_1 \varepsilon^{\kappa-1}$$

将以上各温度代入式(6-7)，可得

$$\eta_t = 1 - \frac{\lambda \rho^\kappa - 1}{\varepsilon^{\kappa-1}(\lambda - 1) + \kappa \lambda(\rho - 1)}$$

$$(6-8)$$

这里 $\rho = \dfrac{v_4}{v_3}$。可见当 $\lambda = 1$ 时，为定压加热循环；当 $\rho = 1$ 时，为定容加热循环。因此，

定容加热和定压加热两个循环分别是混合加热循环的特例。

2. 燃气轮机循环

燃气轮机也是一种内燃动力装置,与前述往复式内燃机不同的是,它的压气、燃烧和膨胀做功不在同一气缸内进行,而在压气机、燃烧室和燃气轮机三个设备里分开进行。燃气轮机的结构与汽轮机类似,以气体燃烧产物为工质推动叶轮机械旋转做功,运转平稳,而且启动快,体积小,重量轻,功率大,管理方便,可以采用多种燃料。

目前,燃气轮机在能源利用和能量转换中占据着非常重要的位置。从发电、供热、能源勘采领域,到海、陆、空运载工具的推进领域,燃气轮机已得到非常广泛的应用。

图 6 - 17 为燃气轮机发电机组组成。

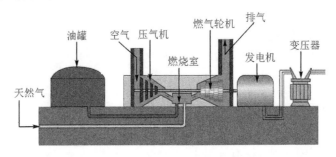

图 6 - 17　燃气轮机发电机组示意图

燃气轮机装置主要由叶轮式压气机、燃烧室和燃气轮机本体组成。空气首先进入压气机并被压缩,压力和温度升高,然后进入燃烧室,与供入的燃料(燃油)在定压下燃烧,形成高温燃气,高温燃气进入燃气轮机膨胀做功。燃气轮机所做功的一部分带动压气机工作,其余部分(净功)对外输出。做功过后的废气排入大气,从而完成一个开式循环(如图 6 - 18 所示)。

(1) 定压加热燃气轮机循环(布雷顿循环)

为了应用热力学原理分析燃气轮机装置的循环,必须将燃气轮装置实际工作的开式循环简化为闭式循环(如图 6 - 19 所示)。根据燃气轮机装置工作循环中各过程的性质,可将其抽象为由绝热压缩过程 1—2、定压加热过程 2—3、绝热膨胀过程 3—4 和定压放热过程 4—1 四个可逆过程组成的理想热力循环。该循环称为定压加热燃气轮机循环,也称为布雷顿循环,如图 6 - 20 所示。

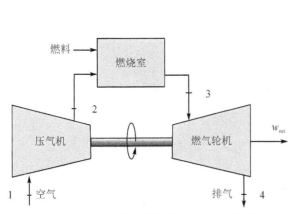

图 6 - 18　燃气轮机装置流程图(开式循环)

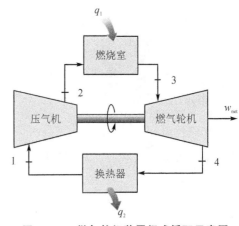

图 6 - 19　燃气轮机装置闭式循环示意图

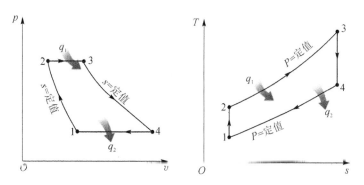

图 6 - 20　定压加热燃气轮机循环的 $p - v$ 图与 $T - s$ 图

布雷顿加循环的定压加热过程 2—3 的吸热量为

$$q_1 = c_p(T_3 - T_2) \tag{6 - 9a}$$

定压放热过程 4—1 的放热量为

$$q_2 = c_p(T_4 - T_1) \tag{6 - 9b}$$

其循环热效率为

$$\eta_t = 1 - \frac{q_2}{q_1} = 1 - \frac{c_p(T_4 - T_1)}{c_p(T_3 - T_2)} = 1 - \frac{T_1\left(\dfrac{T_4}{T_1} - 1\right)}{T_2\left(\dfrac{T_3}{T_2} - 1\right)} \tag{6 - 10}$$

与内燃机循环一样,只要确定了循环各转折点得的温度,就可以确定燃气轮机循环热效率。布雷顿循环中,过程 1—2 和 3—4 均是定熵过程,根据理想气体等熵过程的状态参数关系可得

$$\frac{T_1}{p_1^{(\kappa-1)/\kappa}} = \frac{T_2}{p_2^{(\kappa-1)/\kappa}}$$

$$\frac{T_3}{p_3^{(\kappa-1)/\kappa}} = \frac{T_4}{p_4^{(\kappa-1)/\kappa}}$$

式中,$p_1 = p_4$,$p_2 = p_3$,因此有

$$\frac{T_2}{T_1} = \left(\frac{p_2}{p_1}\right)^{\frac{\kappa-1}{\kappa}} = \pi^{\frac{\kappa-1}{\kappa}}$$

$$\frac{T_4}{T_3} = \left(\frac{p_4}{p_3}\right)^{\frac{\kappa-1}{\kappa}} = \left(\frac{p_1}{p_2}\right)^{\frac{\kappa-1}{\kappa}} = \frac{1}{\pi^{\frac{\kappa-1}{\kappa}}}$$

即

$$\frac{T_2}{T_1} = \frac{T_3}{T_4} = \pi^{\frac{\kappa-1}{\kappa}}$$

以及

$$\frac{T_4}{T_1} = \frac{T_3}{T_2}$$

式中,π 称为增压比(循环最高压力与最低压力之比),$\pi = \dfrac{p_2}{p_1} = \dfrac{p_3}{p_4}$。

将上述关系代入式(6 - 10),可得到定压加热燃气轮机循环热效率

$$\eta_t = 1 - \frac{1}{\pi^{(\kappa-1)/\kappa}} \qquad (6-11)$$

由式(6-11)可见,定压加热燃气轮机循环的热效率,随增压比 π 的提高而增大(如图6-21所示)。

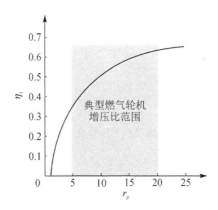

图6-21　布雷顿循环效率与增压比的关系

例题6-3　布雷顿循环装置的循环最高压力为0.6 MPa,最低压力为0.1 MPa,排气温度为500 K,绝热指数 $\kappa=1.4$,求此循环的热效率和最高温度。

解:布雷顿循环见图6-20。本题已知条件为 $p_1=0.1$ MPa, $p_2=0.6$ MPa, $T_4=500$ K, $\kappa=1.4$。该布雷顿循环的增压比为

$$\pi = \frac{p_2}{p_1} = \frac{0.6}{0.1} = 6$$

循环热效率为

$$\eta_t = 1 - \frac{1}{\pi^{\frac{\kappa-1}{\kappa}}} = 1 - \frac{1}{6^{\frac{1.4-1}{1.4}}} = 40\%$$

由于布雷顿循环的膨胀过程为定熵过程,且 $p_4=p_1$, $p_3=p_2$,所以最高温度为

$$T_3 = T_4 \left(\frac{p_3}{p_4}\right)^{\frac{\kappa-1}{\kappa}} = T_4 \left(\frac{p_2}{p_1}\right)^{\frac{\kappa-1}{\kappa}} = T_4 \pi^{\frac{\kappa-1}{\kappa}} = (500 \times 6^{\frac{1.4-1}{1.4}}) \text{ K} = 835 \text{ K}$$

(2) 燃气轮机装置实际循环

实际燃气轮机装置中,压气机的压气过程及燃气轮机的膨胀做功过程的不可逆损失较大。如把这两个过程看作不可逆绝热过程,而把其他过程仍看作可逆过程,则燃气轮机的实际循环如图6-22所示。图中过程1—2为不可逆绝热压缩过程;过程2—3为可逆的定压吸热过程;过程3—4为不可逆绝热膨胀过程;过程4—1为可逆的定压放热过程。

(3) 提高热效率的措施

在定压加热循环的基础上增加回热,是提高燃气轮装置热效率的有效措施之一。图6-23是增加回热器的燃气轮机装置流程示意图,燃气轮机排出的较高温气体通过回热器加热压缩空气。燃气轮机装置的理想回热循环由六个可逆过程组成(如图6-23(b)所示):1—2为压气机中的绝热压缩过程;2—5为回热

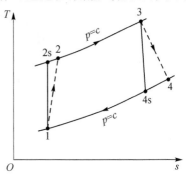

**图6-22　燃气轮机装置的
实际循环 T-s 图**

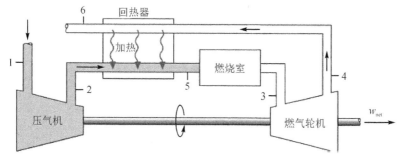

(a) 燃气轮机装置

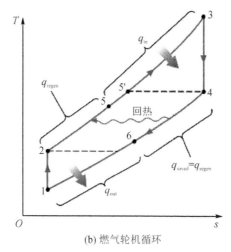

(b) 燃气轮机循环

图 6-23　燃气轮机装置及回热循环 T-s 图

器中的定压预热过程;5—3 为燃烧室中的定压加热过程;3—4 为燃气轮机中的绝热膨胀过程;4—6 为回热器中的定压放热过程;6—1 为大气中的定压放热过程。其中 $T_4 = T_{5'}$ 为极限回热温度,T_5 为实际回热温度。

采用回热措施时,空气进入燃烧室时的温度由 T_2 提高到 T_5,从而大大提高了燃烧室中空气定压加热过程的平均加热温度。同时,排入大气的废气温度也由 T_4 降低到 T_6,从而降低了废气在大气中定压放热过程的平均放热温度。与无回热循环相比,吸热量和放热量也减少了,而循环净功不变。因此,采用回热措施能提高燃气轮机装置循环的热效率,如图 6-24 所示。

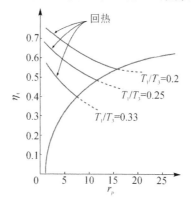

图 6-24　回热循环效率与增压比的关系

在采用回热措施的基础上,采用多级压缩中间冷却措施(如图 6-25(a)所示),以及多级膨胀中间再热措施(如图 6-25(b)所示),则可进一步提高回热循环的平均加热温度,并进一步降低平均放热温度,从而提高循环热效率(如图 6-25(c)所示)。

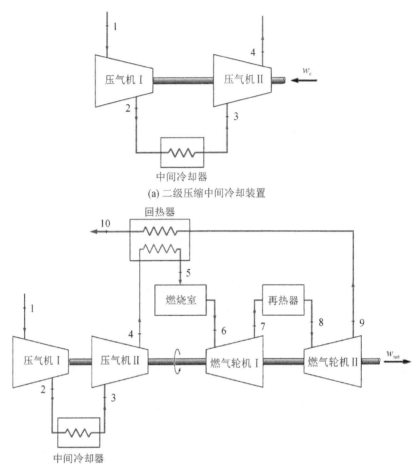

(a) 二级压缩中间冷却装置

(b) 二级压缩中间冷却/二级膨胀中间再热/回热装置

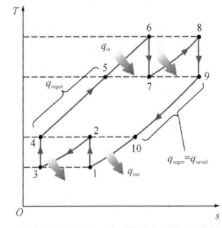

(c) 二级压缩中间冷却/二级膨胀中间再热/回热循环

图 6-25　二级压缩中间冷却/二级膨胀中间再热/回热循环原理

　　为进一步提高发电设备的效率,将汽轮机循环与燃气轮机循环相互结合起来,构成一种效率更高的新型循环,即燃气-蒸汽联合循环(如图 6-26 所示)。这种循环是将燃气轮机排出的高温气体(一般在 400～600 ℃)导入余热锅炉,加热给水而产生的高温高压水蒸气进入汽轮机做功。燃气-蒸汽联合循环方案的供电效率可达 50%～52%,远高于其他形式的发电设备。

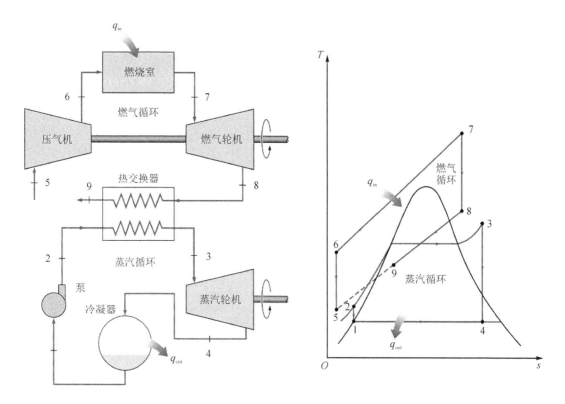

图 6-26　燃气-蒸汽联合循环示意图

3. 涡轮喷气式发动机循环

　　涡轮喷气发动机与燃气轮机装置的区别是增加了进气道与尾喷管(如图 6-27 所示)。当喷气发动机以一定飞行速度前进时,空气就以相等的速度进入发动机。高速空气流首先在发动机前端的扩压管中降低流速提高压力,然后进入压气机,在其中经绝热压缩进一步提高压力。压缩后的空气在燃烧室中和喷入的燃料一起进行定压燃烧。燃烧产生的高温燃气首先在燃气轮机中绝热膨胀产生轴功以带动压气机,然后进入尾部喷管,在其中绝热膨胀而获得高速。当高速气流从喷气发动机尾部喷出时,所产生的反作用力就推动发动机向着与气流相反的方向前进。

　　涡轮喷气式发动机循环与燃气轮机循环相同,是由两个定熵过程和两个定压过程组成的定压加热过程,如图 6-28 所示。其定熵(绝热)压缩过程由进气道 0—1 及压气机 1—2 两段组成;而定熵膨胀过程则由涡轮 3—4 及尾喷管 4—5 两段组成。在喷气式发动机热力循环中,0—1、1—2 过程分别代表气体在进气道和压气机内的等熵压缩过程;2—3 为在燃烧室内的定压加热过程;3—4、4—5 分别为气体在涡轮和尾喷管内的等熵膨胀过程;5—0 是向大气环境的定压放热过程。

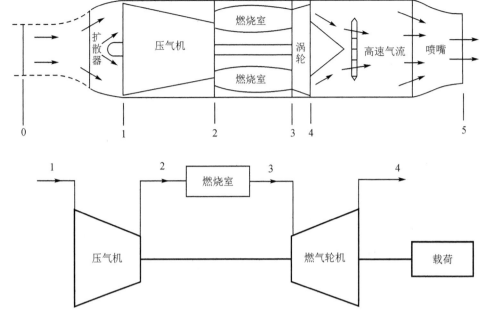

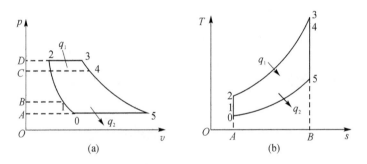

图 6 - 27　涡轮喷气发动机组成及循环示意图

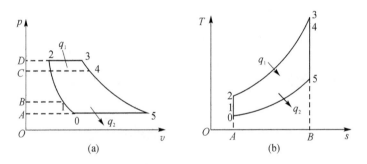

图 6 - 28　喷气式发动机循环

涡轮发动机中涡轮功近似等于压气机功。在 $p - v$ 图上,面积 1—2—D—B—1 代表压气机所消耗的轴功,面积 3—4—C—D—3 代表燃气轮机所输出的轴功。按喷气发动机的工作原理,两轴功的数值相等,故两面积相等。面积 0—2—3—5—0 为循环净功,即推动飞机前进的动力。显然,该循环与定压加热燃气轮机循环相同,故可引用前面有关的分析结论来说明喷气式发动机循环。

涡轮喷气发动机的循环热效率与燃气轮机相同,即

$$\eta_t = 1 - \frac{q_2}{q_1} = 1 - \frac{T_0}{T_2} = 1 - \frac{1}{\pi^{(\kappa-1)/\kappa}} \qquad (6 - 12)$$

式中,$\pi = \dfrac{p_2}{p_0} = \dfrac{p_1}{p_0} \cdot \dfrac{p_2}{p_1}$,称为进气道与压气机的总增压比,是进气道增压比 $\dfrac{p_1}{p_0}$ 与压气机增压比 $\dfrac{p_2}{p_1}$ 的乘积,即涡轮喷气发动机的热效率与发动机的来流气体温度 T_0 和气流压缩后的温度 T_2 之比有关。或者说,η_t 只取决于发动机的总增压比 π,π 越大,η_t 也越高。式(6 - 12)中的 T_0 的数值取决于飞行器的飞行高度和大气条件。和燃气轮机一样,涡轮喷气发动机的燃

烧温度 T_2 也由涡轮叶片的材料、工艺结构所决定。

6.3　制冷循环

制冷循环是实现从温度较低的物体吸出热量并将其释放给温度较高的环境,从而使物体的温度降低到环境温度以下并维持较低的温度。常见的制冷循环装置有空气压缩制冷装置、蒸气压缩制冷装置、蒸气喷射制冷装置和吸收式制冷装置。

6.3.1　制冷与逆向卡诺循环

制冷是消耗机械功(或其他能量)将热能从低温热源转移(传递)到高温热源的逆向循环(如图 6 - 29 所示)。如冰箱及空调等装置(见图 6 - 30),均是通过外界对系统输入循环净功来实现热能由低温物体向高温物体的转移的。制冷剂是实现制冷循环的媒介,需要有良好的热力性能、物理性能、化学性能。

根据热力学第二定律,为了实现逆向循环,必须提供机械能或热能作为代价或补偿。根据逆向循环所消耗的能量形式(即补偿过程),可将逆向循环分为两大类:一类是以机械能作为补偿的压缩式制冷循环,如分别以空气和蒸气作为工质的空气压缩制冷循环和蒸气压缩制冷循环;另一类是以热能作为补偿,如蒸气喷射式制冷循环和吸收式制冷循环。图 6 - 29 为两类制冷循环的比较,分别为高品位能或机械能驱动的制冷循环和低品位热能驱动的制冷循环。前者为逆向卡诺循环的制冷机;后者则是热源驱动的逆向可逆循环,也称为三热源循环制冷机,它工作在环境热源、低温制冷热源和高温热驱动热源之间。这里主要介绍逆向卡诺循环的制冷循环。

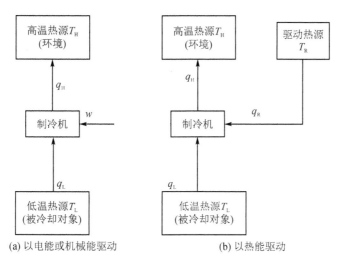

图 6 - 29　两类制冷循环能量转换关系示意图

如果说卡诺循环是理想的动力循环,那么逆向卡诺循环则是理想的制冷或热泵循环。逆向卡诺循环是在一定的冷库温度及环境温度下工作的最简单的制冷循环。在相同温度范围内,逆向卡诺循环是消耗功最小的循环,即热力学效率最高的制冷循环,因为它没有任何不可逆损失。

热量总是自发地从高温物体传向低温物体,制冷循环装置正是利用这个客观规律来实现

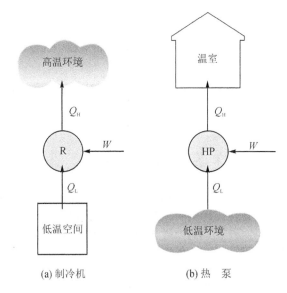

图 6-30　制冷机与热泵循环示意图

将热量从低温区转移到高温区的(如图 6-31 所示)。当高温热源和低温热源随着过程的进行保持温度不变时,逆向卡诺循环是由两个可逆的等温过程和两个等熵过程组成的逆向循环。绝热膨胀过程 4—1 利用焦耳-汤姆孙效应,使工质的温度降低至冷库温度 T_L;定温吸热过程 1—2,工质从低温物体吸热;绝热压缩过程 2—3,工质温度升高至环境温度 T_H;定温放热过程 3—4,工质向环境放热。循环中系统消耗净功 $|w_0|$,从冷库中的低温物体吸热 Q_L,而向温度较高的环境放热 $|Q_H|$。

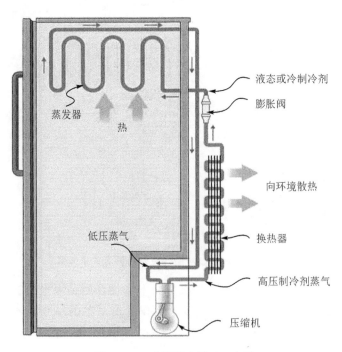

图 6-31　冰箱制冷循环示意图

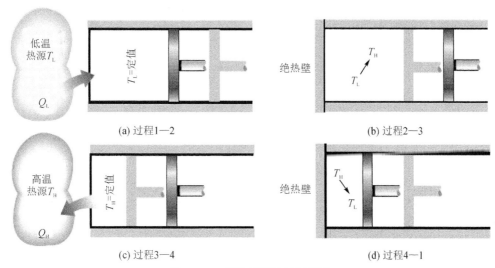

图 6 - 32 制冷循环过程示意图

逆向卡诺循环的 p - v 图和 T - s 图如图 6 - 33 所示,其能量关系如下。

定温吸热过程 1—2 中,工质从冷库中吸取的热量:$Q_L = T_L(s_2 - s_1)$

定温放热过程 3—4 中,工质向环境放出的热量:$|Q_H| = T_1(s_3 - s_4)$

循环中消耗的净功:$w_0 = |Q_H| - Q_L$

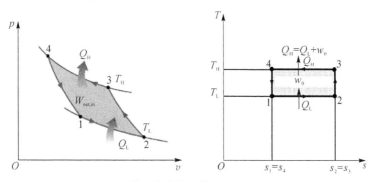

图 6 - 33 逆向卡诺循环的 p - v 图和 T - s 图

从低温物体吸收的热量与所消耗的净功之比 ε 称为制冷系数,或制冷装置的工作性能系数(COP),是描述制冷循环工作有效程度的评价指标,即

$$\varepsilon = \frac{Q_L}{|w_0|} = \frac{Q_L}{|Q_H| - Q_L} \tag{6-13}$$

逆向卡诺循环的制冷系数可表示为

$$\varepsilon = \frac{T_L}{T_H - T_L} = \frac{1}{T_H/T_L - 1} \tag{6-14}$$

根据式(6 - 14),逆向卡诺循环所消耗的净功可表示为

$$|w_0| = \frac{Q_L}{\varepsilon} = Q_L\left(\frac{T_H}{T_L} - 1\right) \tag{6-15}$$

可见,在一定的环境温度的条件下,冷库的温度 T_L 越低,逆向卡诺循环的制冷系数就越小,循环消耗的净功就越大。反之,冷库的温度 T_L 高一些,制冷系数就可以大一些,而循环消耗的净功就可小一些,如图 6 - 34 所示。上述结论对各种制冷循环具有重要的指导意义。因

此,在保证必需的冷冻条件的前提下,为了避免机械功的无谓消耗,制冷装置的冷库温度应该尽量接近环境温度。

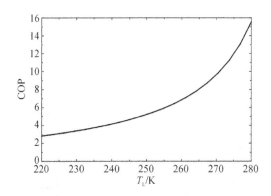

图 6-34　制冷系数与冷库温度的关系($T_H = 298$ K)

热泵的理想循环也是制冷循环,但将热泵用于供热时,常以供热系数作为其工作有效程度的评价指标。供热系数的定义式为

$$\zeta = \frac{|Q_H|}{|w_0|} = \frac{|Q_H|}{|Q_H| - Q_L} = 1 + \varepsilon \qquad (6-16)$$

实际制冷装置并不是按逆向卡诺循环工作的,而是根据制冷装置所使用工质的性质,按不同的制冷循环工作。

6.3.2　空气压缩制冷

1. 装置组成及工作原理

当空气被用作制冷装置的工质时,其吸热及放热过程为定压过程。外界消耗机械功驱动压气机工作,来自冷藏库内换热器的空气被吸入压气机进行绝热压缩。从压气机出来的空气进入冷却器,进行定压冷却,其温度降低到冷却介质的温度。然后,空气进入膨胀机,进行绝热膨胀而降压、降温。温度低于冷库温度的空气被引入冷库内的换热器中,从其周围物体吸热,其温度在定压下升高到冷库温度,最后又被压气机吸出重复上述循环,如图 6-35 所示。

空气压缩制冷装置的理想循环由四个可逆过程组成:绝热压缩过程 1—2、定压放热过程 2—3、绝热膨胀过程 3—4 和定压吸热过程 4—1。这是一个逆向循环,其中定压吸热终了的温度 T_1 接近冷库温度,而定压放热终了的温度 T_3 接近环境温度。

循环的制冷量为定压吸热过程 4—1 中工质吸取的热量

$$q_{14} = h_1 - h_4 \qquad (6-17)$$

定压放热过程 2—3 中,工质向高温热源放出的热量

$$q_{23} = h_2 - h_3 \qquad (6-18)$$

循环消耗的净功为

$$|w_0| = |q_{23}| - |q_{14}| = (h_2 - h_3) - (h_1 - h_4) = (h_2 - h_1) - (h_3 - h_4) \qquad (6-19)$$

由此可得空气压缩制冷循环制冷系数的表达式为

$$\varepsilon = \frac{q_2}{|w_0|} = \frac{h_1 - h_4}{(h_2 - h_1) - (h_3 - h_4)} \qquad (6-20a)$$

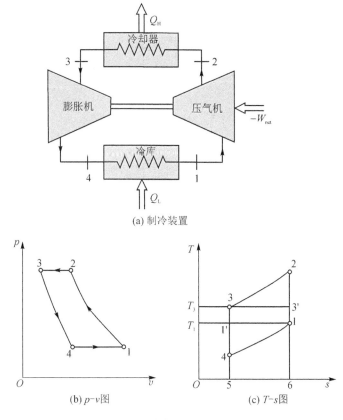

图 6 - 35　空气压缩式制冷循环

设空气的比热容为定值,则有

$$\varepsilon = \frac{T_1 - T_4}{(T_2 - T_1) - (T_3 - T_4)} \qquad (6 - 20b)$$

依照绝热过程 1—2 及 3—4 状态参数之间的关系,可以求得

$$\varepsilon = \frac{1}{\left(\dfrac{p_2}{p_1}\right)^{(\kappa-1)/\kappa} - 1} \qquad (6 - 20c)$$

式中,p_2/p_1 称为循环增缩比。可见,当压气机的增压比(p_2/p_1)降低时,空气压缩制冷循环的制冷系数增高。

2. 提高制冷系数措施

从空气压缩制冷的 $p - v$ 图和 $T - s$ 图可看到,循环中吸热过程 4—1 的平均吸热温度总是低于冷库温度 T_1,放热过程 2—3 的平均吸热温度总是高于环境温度,因而其制冷系数总是小于在相同冷库温度及环境温度下工作的逆向卡诺循环的制冷系数。

由于空气的比热容较小,故制冷量 q_2 较小。因此,当冷库温度及环境温度一定时,若需加大吸热过程中空气吸取的热量,就必须降低绝热膨胀终了的温度,即意味着增加 p_2/p_1 的比值。此时,循环的制冷系数就要有所降低。因而,空气压缩制冷循环的单位工质制冷量很难增大,总是比较小。为使装置的制冷量提高,只能加大空气的流量,如以叶轮式的压气机和膨胀机代替活塞式的机器。

如果需要获得较低的温度,则空气压缩制冷循环需有较大的增压比,这就会使压气机和膨胀机的负荷加重。可采用回热器(如图6-36所示),用空气在回热器中的预热过程代替一部分绝热压缩过程,从而降低增压比。在使用回热器的空气压缩制冷装置中,压气机的增压比小得多,因而大大减轻了压气机的负荷。正是由于这个优点,采用回热器的空气压缩制冷装置在深度冷冻及气体液化中获得实际应用。

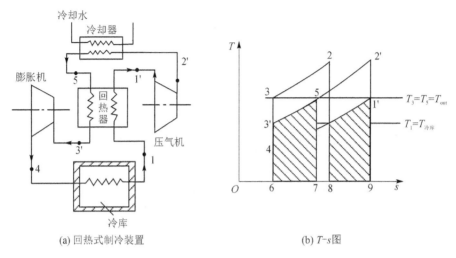

(a) 回热式制冷装置   (b) $T\text{-}s$ 图

图 6 - 36 空气回热压缩制冷循环

例题 6 - 4 空气压缩式制冷循环的循环增缩比为 10,空气进入压缩机时的压力 $p_1 = 100$ kPa、$T_1 = -10\ ℃$,膨胀机进口温度为 $T_3 = 30\ ℃$。计算循环的制冷系数以及最高温度和最低温度。

解:空气压缩式制冷循环如图6-35所示,将工质视为理想气体,取 $\kappa = 1.4$,制冷系数为

$$\varepsilon = \frac{1}{\left(\dfrac{p_2}{p_1}\right)^{\frac{\kappa-1}{\kappa}} - 1} = \frac{1}{10^{\frac{1.4-1}{1.4}} - 1} = 1.07$$

1—2 和 3—4 为定熵过程,且 $p_4 = p_1$、$p_3 = p_2$,所以有

$$T_2 = T_1 \left(\frac{p_2}{p_1}\right)^{\frac{\kappa-1}{\kappa}} = \left[(273 - 10) \times 10^{\frac{1.4-1}{1.4}}\right]\ \text{K} = 508\ \text{K} = 235\ ℃$$

$$T_4 = T_3 \left(\frac{p_4}{p_3}\right)^{\frac{\kappa-1}{\kappa}} = T_3 \left(\frac{p_1}{p_2}\right)^{\frac{\kappa-1}{\kappa}} = \left[(273 + 30) \times \left(\frac{1}{10}\right)^{\frac{1.4-1}{1.4}}\right]\ \text{K} = 157\ \text{K} = -116\ ℃$$

6.3.3 蒸气压缩制冷

蒸气压缩制冷循环是目前广泛使用的一种制冷循环。其优点是低沸点制冷剂易实现工质聚集态的变化而使其制冷量大;吸热和放热过程接近定温过程,更易于实现逆卡诺循环,而使其制冷系数较高。

1. 蒸气压缩制冷循环

在饱和状态下,湿饱和蒸气的定压加热过程和定压放热过程就是定温过程。因而,如果以湿饱和蒸气为工质,就容易实现定温吸热和定温放热,从而可以按逆向卡诺循环工作,以便在

一定的冷库温度及环境温度下获得最高的制冷系数。此外,以湿饱和蒸气为工质还有一个重要的优点,由于工质在冷库中吸热乃是靠工质汽化,而一般工质的汽化潜热都比较大,因此可以产生相当大的单位质量工质的制冷量。

但是,以湿饱和蒸气为工质按逆向卡诺循环工作时,需要进行湿饱和蒸气的绝热压缩过程。当湿饱和蒸气吸入压气机时,工质中的饱和液体会立刻从压气机气缸壁迅速吸热并汽化,使气缸内工质的压力突然增加,影响压气机吸气,使压气机的吸气量减少,进而使制冷装置的制冷量降低。同时,在压缩过程中未汽化的液体还可能出现液击现象,以致损坏压气机。此外,湿饱和蒸气在逆向卡诺循环的绝热膨胀过程中,因工质中液体的含量很大,故膨胀机的工作条件很差。

因此,实用的蒸气压缩制冷循环是以逆向卡诺循环为基础,而对压缩过程及膨胀过程进行适当改进而形成的。图 6 - 37 给出了蒸气压缩制冷装置示意图及相应的 T - s 图。

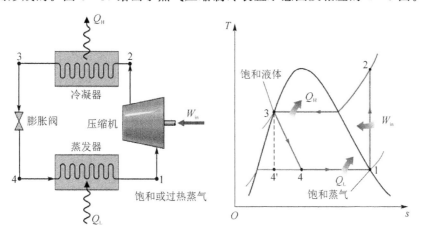

图 6 - 37　蒸气压缩制冷装置及循环

蒸气压缩制冷循环如下。

过程 1—2:来自蒸发器的低压低温的制冷剂干饱和蒸气 1,在压缩机中被可逆绝热压缩至高压高温的过热蒸气 2,压缩机消耗机械功 $w_0 = h_2 - h_1$。

过程 2—3:过热蒸气进入冷凝器,在定压冷却、冷凝放热 $q_H = h_2 - h_3$ 后转变为高压饱和液体,放出的热由冷却介质带走。

过程 3—4:饱和液体经节流阀绝热节流后变为低压、低温的湿饱和蒸气 3,但前后焓不变,即 $h_4 = h_3$。

过程 4—1:湿饱和蒸气在蒸发器中定压定温吸收来自需要制冷的物体或空间的热量(称为制冷量)$q_L = h_1 - h_4 = h_1 - h_3$ 后,变为低压低温的干饱和蒸气 1。

由此可得循环的制冷系数

$$\varepsilon = \frac{q_L}{w_0} = \frac{h_1 - h_3}{h_2 - h_1} \qquad (6 - 21)$$

蒸气压缩制冷循环的吸热过程为定温过程,放热过程也有相当一部分是定温过程,因而其制冷系数比较接近于逆向卡诺循环的制冷系数。同时,蒸气压缩制冷循环依靠工质的汽化吸热。由于工质的汽化潜热一般较大,因此蒸气压缩制冷装置往往有较大的制冷量。正因为这样,蒸气压缩制冷装置在实际中的应用极为广泛。

由于蒸气压缩制冷循环中压气机消耗的功较大,放热过程的平均放热温度较高,以及绝热节流所造成的损失不可逆等因素的影响,装置的制冷系数比逆向卡诺循环的制冷系数要小一些。

提高制冷系数的基本途径主要有:降低冷凝压力(工质在冷凝器冷凝放热时的压力)及冷凝温度;采取较高的蒸发温度(工质在蒸器中蒸发吸热时的温度);采取使制冷剂饱和液体过冷的措施。

计算制冷循环时经常利用压焓($p-h$)图。在该图上能方便地表示定压过程、定焓过程,且极易确定各点的焓值。图 $6-38$ 所示为 $p-h$ 图上的蒸气压缩制冷循环的循环曲线,其中1—2表示压缩机中的绝热压缩过程,2—3表示冷凝器中的定压冷却过程,3—4表示膨胀阀中的绝热节流过程,4—1表示蒸发器内的定压蒸发过程。

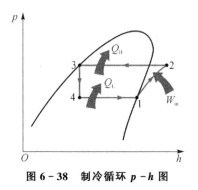

图 6-38　制冷循环 $p-h$ 图

2. 制冷剂

蒸气压缩式制冷循环的工质(制冷剂)一般为低沸点物质,制冷剂自身的性质会对制冷循环及其性能系数产生重要的影响。

(1) 制冷剂的性质要求

1) 工质的临界温度应较高,以保证其远高于循环的最高温度;

2) 对应工质工作温度下的饱和压力适中,以保证冷凝器内压力不太高,蒸发器内压力不太低;

3) 工质的凝固点比冷藏室温度低得多;

4) 蒸气比容较小,以减小制冷装置的体积;

5) 工质粘性小,化学性能稳定,不腐蚀金属,无毒无臭,不易燃易爆,尽可能少溶于润滑油等。

(2) 常用制冷剂

1) 水:其热力性能较为优越,但存在制冷蒸发段饱和压力低的缺点,这使得蒸发器内的真空度很难保持。目前只用于制冷温度不太低的空调制冷等领域。

2) 二氧化碳:其单位容积的制冷能力很大,但冷凝压力很高,且凝固点过高,现仅作为制造干冰的原料。

3) 氨:其各方面的热力性质均很令人满意,只是对人体具有刺激性,且对铜质设备有腐蚀作用,因而被广泛应用于工业生产。

4) 氟利昂:为饱和碳氢化合物的氟化和氯化衍生物中若干物质的统称,除汽化潜热较氨更小以外,其他物理性能均好于氨,被广泛用于各个方面。但是该类物质分子中的氯原子对臭氧层有破坏作用,所以部分物质被禁用或限制使用。

6.3.4　热泵循环

热泵是以消耗一部分能量(机械功或电等)为代价,通过热力循环将热能不断地从低温区输送到高温区的装置。热泵的作用是将低品位能量的温度提高到能够被利用的较高温度,以达到重新用于工业生产或人工取暖的目的。例如,冬季利用热泵对房间供暖(其工作原理如

图 6-39 所示),将蒸发器置于室外,工质从低温热源(外界环境)吸收热量,将冷凝器置于室内,工质将热量释放到高温热源(室内环境),从而实现供热。

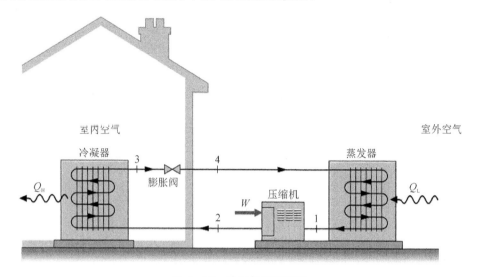

图 6-39 热泵循环示意图

热泵循环的热力学原理与制冷循环完全相同,只是两者的工作范围和使用目的不同。制冷装置是用于制冷,热泵是用于供热。

热泵循环的能量平衡方程为

$$Q_H = Q_L + W \tag{6-22}$$

式中,Q_H 为热泵的供热量,Q_L 为取自低温热源的热量,W 为完成循环所消耗的净功量。

热泵的供热量为自低温区吸取的热量与消耗的机械能之和,能够有效地利用低品位的热能。衡量热泵效率的性能指标为供热系数,即单位功量所得到的供热量,用 ξ_H 表示,即

$$\xi_H = \frac{Q_H}{W} \tag{6-23}$$

理想热泵(逆向 Carnot 循环)的供热系数为

$$\varepsilon_H = \frac{T_H}{T_H - T_L} \tag{6-24}$$

供热系数与制冷系数的关系为

$$\varepsilon_H = \frac{Q_L + W}{W} = \frac{Q_L}{W} + 1 = \varepsilon + 1 \tag{6-25}$$

式(6-25)表明,供热系数大于制冷系数,且 ε_H 永远大于 1,这说明热泵所消耗的功最后也转变成热而一同输送到高温热源。因此,在低品位能源的利用方面,热泵是一种合理的供热装置。

思考题

6-1 结合 $T-s$ 图说明如何提高朗肯循环的效率。

6-2 在相同的初温和初压条件下,分析降低背压对朗肯循环热效率的影响。

6-3 蒸气动力循环装置中,再热循环的主要作用是什么?

6-4　在循环初态、最高压力和最高温度相同的条件下,比较活塞式内燃机定容加热理想循环与定压加热理想循环的热效率。

6-5　试推导布雷顿循环的热效率。

6-6　分析空气压缩制冷循环过程。

6-7　实际压缩蒸气制冷循环与逆卡诺循环有何不同?

6-8　制冷工质应具有哪些性质?

6-9　说明空调的制冷和制热原理。

6-10　为何热泵的供热系数大于1?

练习题

6-1　朗肯循环如图6-2所示。已知蒸汽初温为400 ℃,压力为2 MPa,排气压力为10 kPa,$h_1 = h_f = 190$ kJ/kg,$h_3 = 3\ 250$ kJ/kg,$h_4 = 2\ 260$ kJ/kg,求循环的热效率。

6-2　再热循环如图6-6所示,$p_1 = 13.5$ MPa,$T_1 = 550$ ℃,$p_4 = 0.004$ MPa。当蒸汽在汽轮机中膨胀至3 MPa时,再热到$T_3 = T_1$形成一次再热循环。已知$h_1 = 3\ 460$ kJ/kg,$h_2 = 3\ 020$ kJ/kg,$h_3 = 3\ 570$ kJ/kg,$h_4 = 2\ 220$ kJ/kg,求该循环的净功和热效率。

6-3　定容加热活塞式内燃机的压缩比为10,初始状态的压力为200 kPa,温度为200 ℃。若输出功率为1 000 kJ/kg,计算此循环热效率并与卡诺循环进行比较。

6-4　定压加热活塞式内燃机的压缩比为18,初始状态的压力为200 kPa,温度为200 ℃。若输出功率为1 000 kJ/kg,计算此循环的热效率并与最高压力相同的定容加热活塞式内燃机的热效率进行比较。

6-5　布雷顿循环装置的最高温度为1 100 K,循环最低温度为290 K,循环最高压力为0.5 MPa,循环最低压力为0.1 MPa,绝热指数$\kappa = 1.4$。求此循环的热效率。

6-6　一台逆向卡诺制冷机的性能系数COP=4,求该制冷循环的高温热源与低温热源温度的比值。

6-7　一台基于卡诺循环运行的热机的效率为75%,低温热源温度为0 ℃,求工作在同样热源之间的逆卡诺循环制冷机的COP值。

6-8　某制冷装置冷库温度为-20 ℃,环境温度为26 ℃,制冷量为70 kW,计算该制冷循环的制冷系数与消耗的最小功率。

6-9　一简单气体压缩制冷循环,进入压缩机的空气状态为:压力100 kPa,温度-20 ℃,压缩比为10。膨胀机的入口温度为30 ℃。求该制冷循环的最低温度和性能系数。

第 7 章　流体流动过程

　　流体是热能转换与传输等过程中常用的工质,因而流体流动的规律是工程热学研究的内容之一,分析流体流动过程对于热能的工程应用具有重要意义。本章主要介绍流体流动的基本原理和分析方法。

7.1　流体及其流动的基本概念

7.1.1　流体及连续介质假设

　　气体和液体统称为流体。流体和固体的差别在宏观上表现为:固体可以承受压力、拉力和切力,在一定作用力范围内能够保持一定的体积和形状;流体只能承受压力,不能承受拉力和切力,不易保持一定的形状,且具有流动性,受到切力作用时会发生连续不断的变形。

　　在工程分析中,通常将流体看作由无限多个质点组成的密集而无间隙的连续介质。这就是在研究流体流动规律时对流体连续性的假设。基于此,流体的状态函数(如密度、流速、压强等)都可以表示为空间坐标的连续函数。这样就可以使用连续函数的解析方法来研究流体处于平衡状态和运动状态时有关物理量之间的关系。

　　流体分析中通常采用欧拉方法描述流场的物理量分布,状态函数为

$$f = f(x, y, z, t) \tag{7-1}$$

全微分可得

$$\mathrm{d}f = \left(\frac{\partial f}{\partial x}\right)_{y,z,t} \mathrm{d}x + \left(\frac{\partial f}{\partial y}\right)_{x,z,t} \mathrm{d}y + \left(\frac{\partial f}{\partial z}\right)_{x,y,t} \mathrm{d}z + \left(\frac{\partial f}{\partial t}\right)_{x,y,z} \mathrm{d}t \tag{7-2}$$

两端除以 $\mathrm{d}t$,可得

$$\frac{\mathrm{d}f}{\mathrm{d}t} = \frac{\mathrm{d}x}{\mathrm{d}t}\left(\frac{\partial f}{\partial x}\right)_{y,z,t} + \frac{\mathrm{d}y}{\mathrm{d}t}\left(\frac{\partial f}{\partial y}\right)_{x,z,t} + \frac{\mathrm{d}z}{\mathrm{d}t}\left(\frac{\partial f}{\partial z}\right)_{x,y,t} + \left(\frac{\partial f}{\partial t}\right)_{x,y,z} \tag{7-3}$$

令 $u_x = \dfrac{\mathrm{d}x}{\mathrm{d}t}, u_y = \dfrac{\mathrm{d}y}{\mathrm{d}t}, u_z = \dfrac{\mathrm{d}z}{\mathrm{d}t}$,可得

$$\frac{\mathrm{d}f}{\mathrm{d}t} = \left(\frac{\partial f}{\partial t}\right)_{x,y,z} + u_x\left(\frac{\partial f}{\partial x}\right)_{y,z,t} + u_y\left(\frac{\partial f}{\partial y}\right)_{x,z,t} + u_z\left(\frac{\partial f}{\partial z}\right)_{x,y,t} \tag{7-4}$$

式(7-4)称为随体导数或物质导数,其右端第一项是由流动的不稳定性引起的,其余项是由流场的不均性引起的。

7.1.2　流体的主要性质

1. 流体的密度

　　单位体积流体所具有的质量称为流体的密度,即

$$\rho = \frac{m}{V} \tag{7-5}$$

式中,ρ 为流体的密度,kg/m^3;m 为流体的质量,kg;V 为流体的体积,m^3。

若某种液体由 N 种不同的液体混合而成,其密度 ρ_m 可由下式计算

$$\frac{1}{\rho_m} = \frac{x_1}{\rho_1} + \frac{x_2}{\rho_2} + \frac{x_3}{\rho_3} + \cdots + \frac{x_n}{\rho_n} \qquad (7-6)$$

式中,x_n 为各组分的质量分数,ρ_n 为各组分的密度。

在温度不太低、压力不太高的情况下,纯气体的密度可按理想气体的状态方程计算

$$\rho = \frac{pM}{RT} \qquad (7-7)$$

式中,M 为气体摩尔质量;p 为气体的绝对压力;T 为气体的热力学温度;R 为气体常数。

气体混合物的密度 ρ_m 的计算式与纯气体的密度计算式类似,将 M 改为 M_m 即可。M_m 为平均摩尔质量,即

$$\rho_m = \frac{pM_m}{RT} \qquad (7-8)$$

式中,$M_m = M_1 Y_1 + M_2 Y_2 + M_3 Y_3 + \cdots + M_n Y_n$;$M_n$ 为各组分的分子量;Y_n 为各组分的摩尔分数。

2. 流动性

在任何微小剪切应力的持续作用下能够连续不断变形的物质称为流体。流体的这种连续不断变形的性质称为流动性。流体的这种性质与固体有明显差异:①当受到剪切力的持续作用时,固体只能产生有限变形,流体能产生无限大变形;②固体内的剪切应力由变形量决定,流体内的剪切应力由变形速率决定;③当剪切力停止作用时,固体形变能完全恢复(弹性变形)或部分恢复(塑性变形),流体停止继续变形,但是不作任何恢复。

3. 流体的压缩性和热胀性

(1) 液体的压缩性和膨胀性

在温度不变的条件下,液体压缩性用体积压缩系数 κ 表示,即

$$\kappa = -\frac{dV/V}{dp} \qquad (7-9)$$

式中,κ 为体积压缩系数,Pa^{-1};V 为液体原有体积,m^3;dV 为体积的变化量,m^3;dp 为压力增量,Pa。

式(7-9)右边的负号表示压力增加时体积缩小,如此则 κ 永远为正值。

液体的热胀性用体积膨胀系数 β 来表示,即

$$\beta = \frac{dV/V}{dT} \qquad (7-10)$$

式中,dT 为温度升高量,K;β 为体积膨胀系数,K^{-1}。

(2) 气体的压缩性和热胀性

温度和压力的改变,对气体的体积、密度有显著的影响。根据理想气体状态方程

$$pv = R_g T \qquad (7-11)$$

对于定温过程,当 $T =$ 常数时,可得波义耳定律表达的理想气体状态方程,即 $\dfrac{p}{\rho} =$ 常数。

在定压过程中,气体密度与温度成反比,一定质量气体的体积随温度的升高而膨胀。

在流体流动的研究中,气体和液体的主要区别在于压缩性。当压强或温度变化时,气体的密度有显著变化,而液体密度的变化并不明显。当施加压力时,液体不容易被压缩,体积变化并不明显,气体容易被压缩,体积变化明显。因此,在处理流体流动问题时,可将液体视为不可压缩的流体,将气体视为可压缩的流体。但是,在气体流动过程中,若压强和温度改变不大(因而密度变化也不大),就可按不可压缩流体(即密度不变)来处理,问题就会简便一些。

固体、液体和气体在可流动性和可压缩性方面的性质差异是由它们不同的微观结构和对应的分子间作用力造成的:①固体分子堆积紧密,分子间的相互吸引力较大,分子运动的自由度很小,主要围绕平衡位置进行振动,因而固体具有固定形状;流体分子间存在较大空隙,相互吸引力较小,流体分子可以自由旋转和平移,因而流体没有固定形状,易于流动变形。②液体的分子间距与分子平均直径基本相等,分子间存在较强引力,因而液体不容易膨胀;对液体加压时,分子间距稍有缩小,分子间的斥力就会增大,因而液体不容易被压缩。气体的分子间距通常比分子平均直径大一个数量级,分子间的引力很弱,因而气体容易膨胀充满容器;对气体加压时,只有在分子距缩小很多时,分子间才会出现斥力,因而气体具有很大的压缩性。

4. 流体的粘性与牛顿粘性定律

(1) 流体的粘性

流体在运动状态下,还有一种抗拒内部运动的特性,称为粘性。粘性是流动性的反面,流体的粘性越大,流动性就越小。

流体粘性的物理意义可用图 7-1 来说明。设流体在圆管内流动。一方面,流体对圆管壁面的附着力作用会使壁面粘附上一层静止的流体膜;另一方面,流体内部分子间的吸引力和分子热运动会使壁面上静止的流体膜对相邻流体层的流动产生阻滞作用,使它的流速变慢,这种作用力随着离壁面距离的增加而逐渐减弱,也就是说,离壁面越远,流体的流速越快,管中心处流速最大。由于流体内部的这种作用力关系,液体在圆管内流动时,实际上被分割成了无数的同心圆筒层,一层套着一层,各层以不同的速度向前运动。

由于各层速度不同,层与层之间会发生相对运动,速度快的流体层对与之相邻的速度较慢的流体层具有一个拖动其向运动方向前进的力,而同时运动较慢的流体层对相邻的速度较快的流体层也具有一个大小相等、方向相反的力,从而阻碍较快的流体层向前运动。这种运动着的流体内部相邻两流体层间的相互作用力,称为流体的内摩擦力,由于是流体粘性的表现,所以又称为粘滞力或粘性摩擦力。

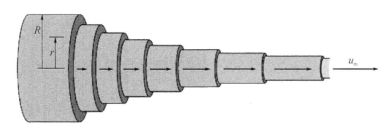

图 7-1　流体在圆管内分层流动

内摩擦是由流体内部各层之间整体运动速度的不同使分子在迁移过程中产生动量的输运而造成的。当气体流动时,其定向的整体流速矢量要叠加在每个分子热运动的速度上;分子热运动的速度虽然很大,但因为是无规则的,所以热运动速度矢量的平均值为零。气体的流速虽然比分子的热运动速度小得多,但却具有确定的方向和一定的数值。无论是在液体内部还是在气体内部,只要存在速度梯度,就会存在内摩擦现象。

(2) 牛顿粘性定律

根据大量的实验结果,牛顿于 1686 年提出了流体粘性定律。牛顿粘性定律指出:当流体的流层之间存在相对位移,即存在速度梯度时,由于流体的粘性作用,在其速度不相等的流层之间以及流体与固体表面之间所产生的粘性力(摩擦力)的大小与速度梯度和接触面积成正比,并与流体的粘性有关。

对于如图 7-2 所示的稳定态下两平行板间流体的层流而言,假设下板固定不动,上板以匀速 u_0 沿平行于下板的方向运动时,两平板间的流体便会出现速度不同的运动状态。从流动的流体中取出相邻的两层流体,设其面积为 A,上层流体的速度为 $u+\mathrm{d}u$,下层的流体速度为 u,它们的相对速度即为 $\mathrm{d}u$,两流体层之间的垂直距离为 $\mathrm{d}y$。可以证明:对大多数流体,两流体层之间的内摩擦力 F 与层间的接触面积 A、相对速度 $\mathrm{d}u$ 成正比,与两流体层间的垂直距离 $\mathrm{d}y$ 成反比,即

$$F = \mu A \frac{\mathrm{d}u}{\mathrm{d}y} \qquad (7-12)$$

式中,$\mathrm{d}u/\mathrm{d}y$ 表示垂直于流体流动方向的速度变化率,称为速度梯度(1/s);比例系数 μ 称为粘性系数,或称动力粘度,简称粘度。

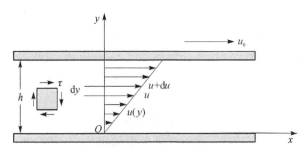

图 7-2　平行平板间的层流流动

单位面积上的内摩擦力(F/A)为切应力,用 τ 表示。切应力 τ 可以表示为

$$\tau = \mu \frac{\mathrm{d}u}{\mathrm{d}y} \qquad (7-13)$$

式(7-12)和式(7-13)为牛顿粘性定律的数学表达式。对于不可压缩流体,式(7-13)可写为

$$\tau = \frac{\mu}{\rho} \frac{\mathrm{d}(\rho u)}{\mathrm{d}y} \qquad (7-14)$$

式中,ρu 的单位为(kg·m/s)/m³,即单位体积流体的动量;$\mathrm{d}(\rho u)/\mathrm{d}y$ 可理解为在 y 方向上单位体积流体的动量梯度;切应力 τ 的单位为 N/m² = (kg·m/s)/(m²·s)。

服从牛顿粘性定律的流体称为牛顿型流体。所有气体和大多数液体都属于牛顿流体。不服从牛顿粘性定律的流体称为非牛顿型流体,如某些高分子溶液、胶体溶液、泥浆等。

常见的非牛顿流体有以下几种:

1)假塑性流体和胀流性流体。此类流体流动时粘性力与速度梯度的关系可以用下式表示

$$\tau = \mu \left(\frac{\mathrm{d}u}{\mathrm{d}z} \right)^n \tag{7-15}$$

式中，n 是指数，且 $n \neq 1$。

当 $n < 1$ 时，流体称为假塑性流体，此种流体流动保持 τ 不变时，其流速会越来越快。即 $\frac{\mathrm{d}u}{\mathrm{d}z}$ 增大时，流体表象出来的粘性会变小，其特征曲线见图 7-3。

当 $n > 1$ 时，流体称为胀流性流体，其特性为 $\frac{\mathrm{d}u}{\mathrm{d}z}$ 增大时，其表现出来的粘性会越来越大，特征曲线见图 7-3。

2）粘塑性流体。此种流体的粘性力与速度梯度之间的关系为

$$\tau = \tau_0 + \mu \left(\frac{\mathrm{d}u}{\mathrm{d}z} \right)^n \tag{7-16}$$

式中，τ_0 为屈服切应力，也就是屈服极限。

当切应力 $\tau \leqslant \tau_0$ 时，代表物质不能流动，表现出固体的特性。其在静止时的结构是具有足够刚度的三维结构，足以抵抗低于 τ_0 的任何外力。如果外力超过屈服应力，这种结构就分解，物质呈现出流动状态。

当 $n = 1$ 时，流体称为宾汉（Bingham）流体，即在 $\tau > \tau_0$ 情况下，该流体的动量传输规律近似于牛顿流体，仅作用在流层上的切应力减少了 τ_0 而已。当 $n < 1$ 时，流体称为屈服假塑性流体，即在 $\tau > \tau_0$ 情况下，该流体的动量传输规律近似于假塑性流体。当 $n > 1$ 时，流体称为屈服胀流性流体。特征曲线见图 7-3。

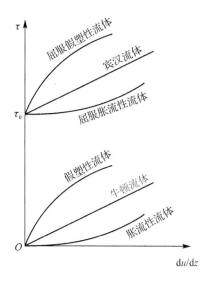

图 7-3　不同流体切应力与切应变率关系示意图

5．粘　度

由式（7-13）可以求得粘性值

$$\mu = -\frac{\tau}{(\mathrm{d}u/\mathrm{d}y)} \tag{7-17}$$

由此可以看出，μ 表示速度梯度为 1 时，单位接触面积上由流体的粘性所产生的内摩擦力

的大小,称为动力粘度,单位为 Pa•s。μ 值越大,流体的粘性也越大。

动力粘度与流体密度的比值称为运动粘度,以 ν 表示

$$\nu = \frac{\mu}{\rho}$$

运动粘度是动量扩散系数的一种度量,单位为 m^2/s。流体的粘度均由实验测定。

温度对流体的粘度有明显的影响,气体的粘度随温度的升高而增大,液体的粘度随着温度的升高而降低。液态金属的粘度与温度的关系可以表示为

$$\mu = \mu_0 e^{-E_\mu/RT} \tag{7-18}$$

式中,μ_0 为参考温度的粘度,E_μ 是粘性流的活化能。

液体和气体的粘度随温度的不同变化规律与其作用机理有关。液体的粘度主要由分子内聚力决定。温度升高时,液体分子运动幅度增大,分子间距加大,由于分子间吸引力随间距的增大而减小,因此分子内聚力减小,粘度相应降低。气体的粘度主要由分子动量传输的强度决定。温度升高时,气体内能增加,分子运动加剧,分子间的动量传输更加剧烈,粘度相应升高,如图 7-4 所示。

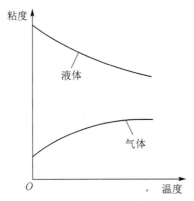

图 7-4 温度对粘度的影响

压力对于液体粘度的影响可忽略不计,对气体粘度的影响一般也可忽略不计,只有在极高或极低的压力下才需考虑其影响。

实际流体都具有粘性,在流动过程中都要产生摩擦阻力,只是其大小程度不同而已。在流体流动的研究中,为了便于研究某些复杂的实际问题,常引入理想流体的概念以对其进行简化。所谓的理想流体,是假定流体没有粘性,在流动过程中不产生摩擦阻力的流体,并且是不可压缩的。这里应当注意理想流体和理想气体的区别:理想气体一般不是理想流体,液体在一定条件下可视为理想流体,但显然不是理想气体。

图 7-5 为理想流体和粘性流体在圆管中流动的速度分布。流动中产生的涡旋也是黏性流体的特征(如图 7-6 所示),有关现象见本章 7.3 节。

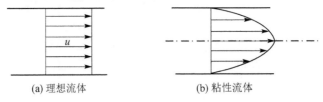

(a) 理想流体　　　　　　　　(b) 粘性流体

图 7-5 理想流体和粘性流体的流动

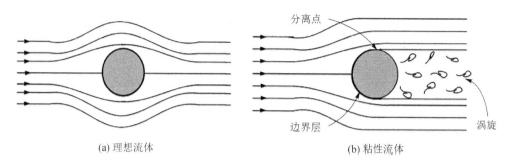

图 7-6　理想流体和粘性流体的绕流

7.1.3　流体的静力平衡

在静止或相对静止的流体中不存在切应力,同时流体又不能承受拉力,因而静止流体中相邻两部分之间以及流体与相邻的固体壁面之间的作用力只有静压力。流体静力平衡是其质量力与静压力相互作用的关系。工程中作用在流体上的最常见的质量力是重力。所受质量力只有重力的流体简称重力流体。这里仅讨论重力流体的静力平衡问题。

在静止流体中,竖直(z 轴)方向取高为 dz 的微圆柱体,如图 7-7 所示。若仅考虑重力作用,则微圆柱体上任意高度水平位置任意方向的合力均为零,z 轴方向的力平衡关系为

$$p\,dA - \left(p + \frac{dp}{dz}dz\right)dA - \rho g\,dA\,dz = 0 \tag{7-19}$$

化简可得

$$\frac{dp}{dz} = -\rho g \tag{7-20}$$

对于均匀不可压缩流体 ρ 为常数。若流体中任意两点(分别为 1 和 2)的静压力分别为 p_1 和 p_2,其垂直坐标分别为 z_1 和 z_2,将式分离变量积分可得

$$\int_{p_1}^{p_2} dp = -\rho g \int_{z_1}^{z_2} dz \tag{7-21}$$

即

$$p_2 - p_1 = -\rho g (z_2 - z_1) \tag{7-22}$$

式(7-22)表明流体内两点的压强差为两点间 z 向单位面积液柱的重量。式(7-22)可写成另一种形式,即

$$z_1 + \frac{p_1}{\rho g} = z_2 + \frac{p_2}{\rho g} = C \tag{7-23}$$

或

$$z + \frac{p}{\rho g} = C \tag{7-24}$$

式(7-24)称为流体静力学的基本方程。它适用于平衡状态下的不可压缩均质流体。

根据计算零点的不同,静压力分为绝对压力和相对压力,其表示方法及各种压力之间的关系见图 1-10。

如图 7-8 所示,设液体自由表面上任一质点位置高度为 z_0,表面压力为 p_0,则积分常数 C 为

$$C = z_0 + \frac{p_0}{\rho g} \tag{7-25}$$

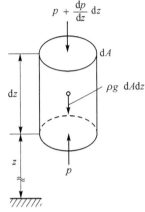

图 7-7 静止流体中微液柱的平衡

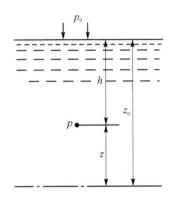

图 7-8 液体中的压力

代入式(7-24),可得

$$p = p_0 + \rho g(z_0 - z) \tag{7-26}$$

令 $z_0 - z = h$,表示该点的淹深,则上式写成

$$p = p_0 + \rho g h \tag{7-27}$$

此式是有自由表面的不可压缩重力流体中的压力分布规律。从式(7-27)可得以下几点结论:

(1) 在重力流体中,静压力随深度 h 按线性规律变化。

(2) 在重力流体中,位于同一深度的各点的静压力相等,即任一水平面都是等压面,自由表面便是一个等压面。

(3) 在重力流体中,任意一点的静压力由两部分组成:一部分是自由表面上的压力 p_0;另一部分是该点到自由表面的单位面积的流体重力 $\rho g h$。

(4) 不可压缩重力流体中任意点都受到自由表面压力 p_0 的作用——帕斯卡原理。

从能量角度看,式(7-24)第一项 z 代表单位重量流体的位势能,第二项 $p/\rho g$ 代表单位重量的压力势能,如图 7-9 所示,在容器距基准面 z 处接一已被抽成完全真空的闭口测压管,开口处的液体在静压力 p 的作用下,沿测压管上升了 $h_p(h_p = p/\rho g)$。位势能和压力势能的总和为单位重量流体的总势能。流体静力学基本方程的物理意义是,在重力作用下的连续均

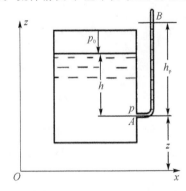

图 7-9 液体在静压下沿闭口测压管上升的高度

质不可压缩静止流体中,各点单位重量流体的总势能保持不变,但位势能和压力势能可以相互转换。这就是能量守恒与转换定律在静止液体中的表现。

　　单位重量流体所具有的能量也可以用柱高来表示,称为水头。从几何角度看,z 是流体质点距某基准面的高度,称位置水头。$p/\rho g$ 表示流体在静压力作用下,沿完全真空的闭口测压管上升的高度,称为压力水头。位置水头和压力水头之和称为静水头,各点静水头的连线叫静水头线。式(7-24)表明,静止流体中各点静水头相等。图 7-10(a)中,用封闭的完全真空测压管测得的静水头线 AA,所以 AA 为水平线。图 7-10(b)为用开口测压管测得的水平线 $A'A'$。显然,两水平线的高度相差一个大气压力水头 $p_a/\rho g$,故 $A'A'$ 称为测压管水头线。流体静力学基本方程的几何意义是,在重力作用下的连续均质不可压缩静止流体,无论是静水头线还是测压管水头线,都是与基准面平行的水平线。

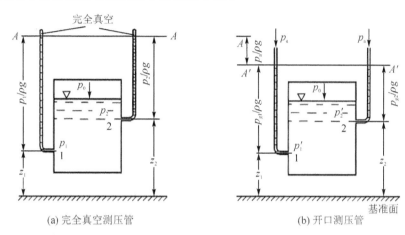

(a) 完全真空测压管　　　　　　　　　　　(b) 开口测压管

图 7-10　静止流体的静水头线

　　根据式(7-27)可分别得流体内任意两点(图 7-11)的压力为

$$\begin{cases} p_A = p_0 + \rho g h_A \\ p_B = p_0 + \rho g h_B \end{cases} \tag{7-28}$$

由此可得流体内两点的压力差为两点间 z 向单位面积液柱的重量,即

$$p_B - p_A = \rho g (h_B - h_A) = \rho g h_{AB} \tag{7-29}$$

　　例题 7-1　如图 7-12 所示,在开口水箱侧壁安装一块压力表,压力表距离水箱底面的高度 $h_2 = 1$ m。若压力表的读数为 29 421 Pa,水的密度为 $\rho = 1\,000$ kg/m³,求水箱的充水高度 H。

　　解:根据式(7-27),A 点的绝对压力为

$$p = p_a + \rho g h_1$$

　　A 点的表压力为

$$p_g = p - p_a = \rho g h_1 = 29\,421 \text{ Pa}$$

由此可得

$$h_1 = \frac{p_g}{\rho g} = \left(\frac{29\,421}{9\,807}\right) \text{ m} = 3 \text{ m}$$

则

$$H = h_1 + h_2 = (3+1)\text{m} = 4 \text{ m}$$

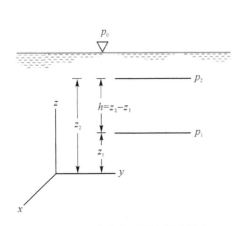

图 7-11　液体中不同位置的压力

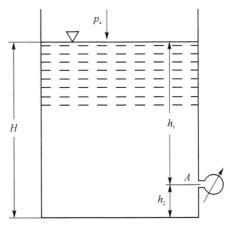

图 7-12　例题 7-1 图

7.1.4　流体流动基本规律

1. 流量与流速

(1) 流　量

单位时间内流过管道任一截面的流体量称为流量。一般有体积流量和质量流量两种表示方法。

体积流量：单位时间内流过管道任一截面的流体体积，以符号 $\dot{V}$ 表示，单位为 m^3/s。

质量流量：单位时间内流过管道任一截面的流体质量，以符号 $\dot{m}$ 表示，单位为 kg/s。

(2) 流　速

单位时间内流体的质点在流动方向上流过的距离称为流速，以符号 u 表示，单位为 m/s。粘性流体在管内流动时，任一截面上各点的流速不同：管中心处流速最大，越靠近管壁流速越小，在管壁处流速为零。为便于计算，通常所说的流速是指整个管道截面的平均流速，其表达式为

$$u = \frac{\dot{V}}{A} \tag{7-30}$$

式中，A 为与流动方向垂直的管道截面积，m^3/s。

(3) 质量流量、体积流量、平均流速间的关系

质量流量与体积流量之间的关系为

$$\dot{m} = \dot{V}\rho = Au\rho \tag{7-31}$$

式 (7-31) 即 $\dot{m}$、$\dot{V}$、u 之间的关系，它是流体流动的有关计算中常用的关系式之一。

2. 流体流动形态

(1) 流态及判据

1883 年，英国物理学家雷诺通过实验（即著名的雷诺实验）揭示出流体在管内流动时的三

种不同形态。当流体在圆管中流动时,如果管中流体质点是做有规则的平行流动,质点之间互不干扰混杂,则这种流动型态称为滞流或层流(如图 7-13(a)所示)。当流速逐渐增大时,流体质点除了沿管轴方向运动外,还进行不规则的径向运动,质点间相互碰撞相互混杂,即层流流动被打破,完全处于无规则的乱流状态,这种流动状态称为紊流或湍流(如图 7-13(c)所示)。介于上述两种情况之间的流动状态称为过渡流(如图 7-13(b)所示)。流动状态发生变化(从层流到湍流)时的流速称为临界速度。

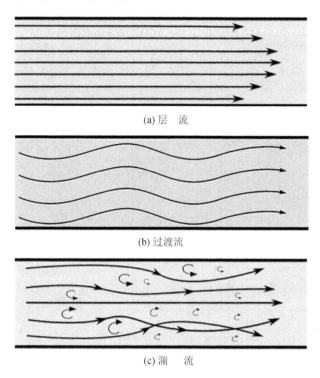

(a)层　流

(b)过渡流

(c)湍　流

图 7-13　流动形态示意图

不同的流型对流体中发生的动量、热量、质量的传递会产生不同的影响。流体在管内流动的实验表明:流动的几何尺寸(管内径 D)、流动的平均流速 u 及流体性质(密度 ρ 和粘度 μ)对流型的变化有很大影响。可以将这些影响因素综合成一个无量纲数作为流型的判据,这一无量纲数称为雷诺数,以符号 Re 表示,即

$$Re = \frac{u\rho D}{\mu} \tag{7-32}$$

通过实验可以确定:对于圆管内强制流动的流体,由层流开始向湍流转变时的临界雷诺数 Re 在 2 100~2 300 之间;当 $Re > 10\ 000$ 时,流体的流动形态为稳定的湍流;当 $2\ 300 < Re < 10\ 000$ 时,流体的流动形态可能是层流,也可能是湍流,属于过渡状态。

雷诺数 Re 除了可作为判别流体流动形态的依据,还能够反映流动中液体质点湍动的程度。Re 值越大,表示流体内部质点的湍动越厉害,质点在流动时的碰撞与混合越剧烈,内摩擦也越大,因而流体流动的阻力也越大。在实际生产中,除了输送某些粘度很大的流体外,为了提高流体的输送量或传热传质速率,流体的流动形态一般都要求是湍流。

(2) 层流与湍流在圆管内的速度分布

由于流体本身的粘性以及管壁的影响,流体在圆管内流动时,在管道的任意截面上各点的

速度沿管径方向而变:管壁处速度为零,离开管壁以后速度逐渐增加,到管中心处速度最大。任一截面上各点的流速与管径的函数关系称为速度分布。其分布规律因流型而异。

理论分析和实验测定都已表明:在层流状态下,速度沿管径方向的分布呈抛物线形,如图 7-14(a)所示。湍流时,由于质点运动情况复杂,目前还不能通过理论分析得出其速度分布规律,但经实验测定,圆管内的速度分布曲线如图 7-14(b)所示。由图可以看出,截面上靠管中心部分的质点的速度比较均匀,速度曲线顶部区域较平坦,但靠近壁处的质点的速度骤然下降,曲线变化很陡,平均流速与管中心最大流速的比值随 Re 而变化。

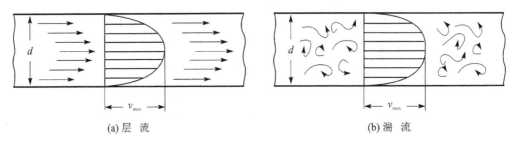

(a)层 流　　　　　　　　　(b)湍 流

图 7-14　圆管内速度分布

7.2　流体动力学方程

流体动力学研究流体在外力作用下的运动规律。流体动力学的基础是三个基本的物理定律:物质不灭定律(或质量守恒定律)、牛顿第二定律($F=ma$)和热力学第一定律(或能量守恒定律)。

7.2.1　流体质量平衡方程——连续性方程

根据质量守恒定律,对于空间固定的封闭曲面,稳定流时流入的流体质量必然等于流出的流体质量,非稳定流时流入与流出的流体质量之差应等于封闭曲面内流体质量的变化量。反映这个原理的数学关系就是流体质量平衡方程——连续性方程。

连续性方程是质量守恒定律的流体力学表达式。这里仅讨论一维定常流动问题,所谓一维定常流动,是指垂直于流动方向的各截面上,流动参数都均匀一致且不随时间而变化的流动。在一维定常流动中,流动参数仅仅是沿着流动方向的弧长的函数,也就是说,只是一个曲线坐标的函数。如图 7-15 所示,流体在管内呈定常流动,任取两个垂直于管轴(即垂直于流动方向)的截面 1—1 和 2—2,并与这两个截面间的流管侧表面组成一个控制体(即 1—1 和 2—2 与侧表面之间的空间区域),其进口断面和出口断面的面积分别为 A_1 和 A_2,进、出口的平均流速分别为 u_1 和 u_2,流体密度分别为 ρ_1 和 ρ_2。单位时间流入或流出控制体的流体质量称为质量流量,记为

$$\dot{m} = \frac{\mathrm{d}m}{\mathrm{d}t} \tag{7-33}$$

式中,m 为流体的质量(kg),t 为时间(s),$\dot{m}$ 的单位为 kg/s。

流体从 A_1 流入,从 A_2 流出。由于没有流体从侧壁流入或流出,根据质量守恒定律可知:从进口断面流入的流体质量流量 $\rho_1 A_1 u_1$ 与从出口断面流出的流体质量流量 $\rho_2 A_2 u_2$ 相等,即

$$\rho_1 A_1 u_1 = \rho_2 A_2 u_2 = 常数 \tag{7-34}$$

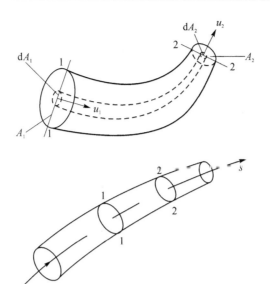

图 7 - 15　一维定常流动及控制体

即任意截面的流体质量流量为

$$\dot{m} = \rho A u = 常数 \qquad (7-35)$$

对于微元过程，则有

$$d\dot{m} = d(\rho A u) = A u \, d\rho + \rho A \, du + \rho u \, dA = 0 \qquad (7-36)$$

或

$$\frac{d\rho}{\rho} + \frac{du}{u} + \frac{dA}{A} = 0 \qquad (7-37)$$

将 $\rho = 1/v$ 代入式(7-37)，可得

$$\frac{dA}{A} + \frac{du}{u} - \frac{dv}{v} = 0 \qquad (7-38)$$

式(7-38)称为一维定常流动的连续方程。

对于不可压缩流体，由于 $\rho_1 = \rho_2$，一维定常流动连续性方程也可以写为

$$A_1 u_1 = A_2 u_2 \qquad (7-39)$$

由此可见，在不可压缩流体的一维定常流动中，各断面所通过的流量相等。也就是说，上游流进多少流量，下游也必然流出多少流量。任意两个过流断面，其平均流速与断面面积成反比，断面大的地方平均流速小，断面小的地方平均流速大(如图 7-16 所示)。也就是说，流线密集的地方流速大、流线稀疏的地方流速小，如图 7-17 所示。

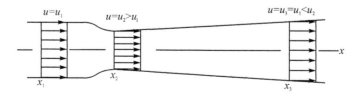

图 7 - 16　不可压缩流体在变截面管中定常流动

连续性方程是解决工程流体力学问题的重要公式，它总结和反映了流体的过流断面面积与断面平均流速沿流程变化的规律，不涉及力的关系，是一运动学方程。

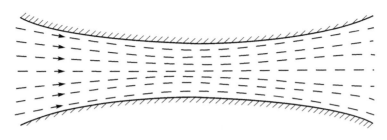

图 7 - 17 流线特性

例题 7 - 2 变截面输水管道如图 7 - 18 所示，$d_1 = 0.5$ m，$d_1 = 1$ m，水自截面 1—1 流向截面 2—2，已知截面 1—1 处的水流平均速度 $u_1 = 2$ m/s，求截面 2—2 处水流的平均速度。

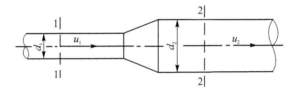

图 7 - 18 例题 7 - 2 图

解：根据式(7 - 39)，对于本例题有

$$d_1^2 u_1 = d_2^2 u_2$$

则

$$u_2 = u_1 \left(\frac{d_1}{d_2} \right)^2 = \left[2 \times \left(\frac{0.5}{1} \right)^2 \right] \text{m/s} = 0.5 \text{ m/s}$$

7.2.2 流体流动的能量守恒

1. 流体流动的能量守恒方程——伯努利方程

流体流动过程不仅要遵循质量守恒原理，亦要遵循能量守恒原理。流体系统的能量转换遵循热力学第一定律，伯努利方程是描述动量传输过程中各种能量之间转换的基本方程。

在运动的理想流体中，任取一圆柱形微元体（如图 7 - 19 所示），端面与轴线垂直，侧面母线与轴线平行，其轴向长度为 ds，端面面积为 dA，微元体平均密度为 ρ。微元体所受到的力只有两端的表面力（压力）和质量力。因微元体端面面积很小，可以认为其上压强均匀分布。流体的单位质量力在 s 轴上的分量为 $\rho g \, dA \, ds \cos \theta$，设微元体的切向加速度为 a，根据牛顿第二定律($F = ma$)，在 s 轴上可得

$$p \, dA - \left(p + \frac{\partial p}{\partial s} ds \right) dA - \rho g \, dA \, ds \cos \theta = \rho g \, dA \, ds a \tag{7 - 40}$$

等式两边除以微元体质量 $\rho g \, dA \, ds$，则得单位质量流体的运动方程

$$\frac{1}{\rho} \frac{\partial p}{\partial s} + g \cos \theta + a = 0 \tag{7 - 41}$$

由于

$$\frac{\partial z}{\partial s} = \cos \theta \tag{7 - 42}$$

且流速 $u = u(s, t)$，因此有

$$a = \frac{\mathrm{d}u}{\mathrm{d}t} = \frac{\partial u}{\partial s}\frac{\mathrm{d}s}{\mathrm{d}t} + \frac{\partial u}{\partial t} = u\frac{\partial u}{\partial s} + \frac{\partial u}{\partial t} \qquad (7-43)$$

代入式(7-41)，整理可得

$$g\frac{\partial z}{\partial s} + \frac{1}{\rho}\frac{\partial p}{\partial s} + \frac{\partial u}{\partial t} + c\frac{\partial u}{\partial s} = 0 \qquad (7-44)$$

此式为理想流体一元非定常流动的运动方程，也称欧拉方程。

对于定常流动，$\frac{\partial u}{\partial t} = 0$，且 ρ、p、z、u 仅与 s 有关，则可将式(7-44)与为

$$g\,\mathrm{d}z + \frac{\mathrm{d}p}{\rho} + u\,\mathrm{d}u = 0 \qquad (7-45)$$

此式为理想流体一元定常流动的运动方程。此方程描述了流体质点在微元体范围内，沿任意方向呈流线运动时的能量平衡关系。

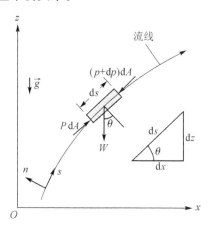

图 7-19 流体微元受力分析

（1）理想流体的伯努利方程

如果流体质点由空间位置 1 运动到位置 2（如图 7-20 所示），则高度从 z_1 变为 z_2，速度从 u_1 变为 u_2，压力从 p_1 变为 p_2，对式(7-45)积分可得

$$g\int_{z_1}^{z_2}\mathrm{d}z + \frac{1}{\rho}\int_{p_1}^{p_2}\mathrm{d}p + \int_{v_1}^{v_2}u\,\mathrm{d}u = 0 \qquad (7-46)$$

即

$$gz_1 + \frac{p_1}{\rho} + \frac{u_1^2}{2} = gz_2 + \frac{p_2}{\rho} + \frac{u_2^2}{2} \qquad (7-47)$$

或

$$gz + \frac{p}{\rho} + \frac{u^2}{2} = 常数 \qquad (7-48)$$

式(7-46)为伯努利方程的积分形式。对于理想流体，式(7-46)表明单位质量的无粘性流体沿流线自位置 1 流到位置 2 时，其各项能量可以相互转化，但总和不变，即能量守恒。式(7-48)各项同乘以 ρ 可得

$$\rho gz + p + \frac{1}{2}\rho u^2 = 常数 \qquad (7-49)$$

式中 $\rho g z$、p 和 $\dfrac{1}{2}\rho u^2$ 可相应地视为单位体积流体所具有的位能、压力能和动能,即理想流体的伯努利方程反映的是流体流动过程中的机械能守恒。

式(7-49)各项同除以 ρg 可得伯努利方程的常用形式

$$z + \frac{p}{\rho g} + \frac{u^2}{2g} = 常数 \tag{7-50}$$

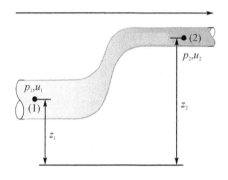

图 7-20　流体的位置变化示意图

若 $z = 0$,则

$$p_0 = p + \rho \frac{u^2}{2} \tag{7-51}$$

p_0 称为驻点压力,对应的流速为

$$u = \sqrt{\frac{2(p_0 - p)}{\rho}} \tag{7-52}$$

若 $u = 0$,则

$$h_p = \frac{p}{\rho g} + z \tag{7-53}$$

称为静压。

从能量和几何角度方面看,伯努利方程中 z 称为位置水头(简称位头),$\dfrac{u^2}{2g}$ 称为速度水头,$\dfrac{p}{\rho g}$ 称为静压头或静压,$h_失$ 为压头损失。位置水头、速度水头、静压头之和称为总水头,记为 H;$z + \dfrac{p}{\rho g}$ 为测压管水头,记为 H_p。

$$H = z + \frac{p}{\rho g} + \frac{u^2}{2g} \tag{7-54}$$

流体在流动过程中三个水头可以相互转化。单位质量的理想流体在整个流动过程中,其总水头为一不变的常数,如图 7-21 所示。

若 $z_1 = z_2$,则有

$$\frac{p_1}{\rho g} + \frac{u_1^2}{2g} = \frac{p_2}{\rho g} + \frac{u_2^2}{2g} \tag{7-55}$$

即表示速度水头和静压水头之间的相互转化,如图 7-22 所示。

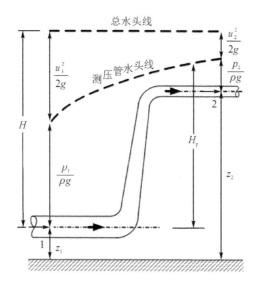

图 7 - 21　理想流体的水头线

根据连续性方程,则有

$$u_1 A_1 = u_2 A_2 \tag{7-56}$$

由此可见,若 $A_1 > A_2$,则 $u_1 < u_2$ 且 $p_1 > p_2$。即当流道变窄时,流速提高,静压水头降低。

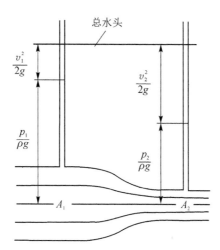

图 7 - 22　速度水头和静压水头的转化

(2) 实际流体的伯努利方程

实际流体流动时都会由于传输阻力而造成能量损失。令 $h_失$ 为流体从位置 1 到位置 2 的能量损失,则实际流体的伯努利方程可以表示为

$$z_1 + \frac{p_1}{\rho g} + \frac{u_1^2}{2g} = z_2 + \frac{p_2}{\rho g} + \frac{u_2^2}{2g} + h_失 \tag{7-57}$$

式中,$h_失$ 为压头损失。式(7-57)表明,实际流体沿流线自位置 1 流到位置 2 时,不但各项能量可以相互转化,而且总机械能也是有损失的。实际流体在整个流动过程中,由于存在能量损失,其总水头必然沿流向降低。

例题 7-3　等直径管段如图 7-23 所示，假设水在管段中稳定流动，试判断水在管段中的流动方向，并求损失水头。

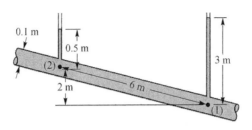

图 7-23　例题 7-2 图

解：根据式(7-57)，位置 1 和位置 2 的水流能量关系为

$$z_1 + \frac{p_1}{\rho g} + \frac{u_1^2}{2g} = z_2 + \frac{p_2}{\rho g} + \frac{u_2^2}{2g} + h_失$$

由于水的不可压缩性，且管段为等截面，则有

$$u_1 = u_2$$

代入式(7-57)可得

$$z_1 + \frac{p_1}{\rho g} = z_2 + \frac{p_2}{\rho g} + h_失$$

又 $z_1 = 0, z_2 = 2$ m，且 $\frac{p_1}{\rho g} = 3$ m，$\frac{p_2}{\rho g} = 0.5$ m，可得

$$h_失 = 0.5 \text{ m}$$

因为 $h_失 > 0$，所以水在管段中沿从 1 至 2 的方向流动。

7.3　不可压缩粘性流体的流动

粘性流体在流动过程中既受到存在相对运动的各层界面间的摩擦力的作用，又受到流体与固体边壁之间的摩擦阻力的作用，且固体边壁形状的变化也会对流体的流动产生阻力。流动阻力会造成能量耗散，具有不可逆性。本节主要介绍不可压缩粘性流体绕过物体的流动和管内流动。

7.3.1　绕流流动

流体以恒定的速度流过物体或者物体以恒定的速度直线穿过流体的流动称为绕流流动或外部流动。

1. 边界层

实验发现，即使是做湍流流动的流体，其靠近固体壁面区域的部分仍做层流流动。如图 7-24 所示，流体以匀速 u_0 流动，当流到平板壁面时，壁面上将粘附一层静止的流体层。与相邻流体层之间会产生内摩擦，使其流速减慢，这种减速作用会一层一层地向流体内部传递过去，形成一种速度分布。离壁面越近，流体减速越大，离壁面一定距离($y = \delta$)处流体的流速接近 u_0。这样，离壁面在 δ 距离内的流体层便产生了速度梯度。在壁面附近存在较大速度梯度的流体层，称为层流边界层，简称边界层。

应用边界层概念可将流体沿壁面的流动分成两个区域:存在显著速度梯度的边界层区和几乎没有速度梯度的主流区。在边界层区内,由于存在显著的速度梯度 du/dy,即使粘度 μ 很小,也有较大的内摩擦应力 τ,故流动时摩擦阻力很大。在主流区内,$du/dy \approx 0$,故 $\tau \approx 0$,因而主流区内流体流动时的摩擦阻力也趋近于零,可看成理想流体。

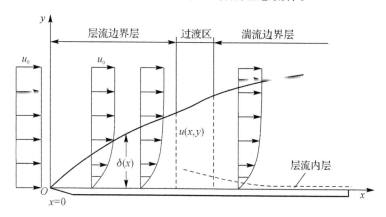

图 7 - 24　流体流过平板的边界层

把流动流体分成两个区域的这种流动模型,将粘性的影响限制在边界层内,可使实际流体的流动问题大为简化,并且可以用理想的方法加以解决。

边界层内流体的流动也可分为层流和湍流,因而边界层也相应地分为层流边界层和湍流边界层。值得注意的是,在湍流边界层靠近壁面处仍有一薄层流体呈层流流动,称为层流内层。

判断边界层内的层流与湍流的准则仍然是雷诺数,雷诺数表达式中表征几何长度的是距物体前缘点的距离 x 的局部雷诺数,特征速度可取作边界层外边界上的速度,即

$$Re = \frac{u\rho x}{\mu} \qquad (7-58)$$

对于平板而言,一般地,$Re < 5 \times 10^5$ 时为层流边界层,$Re > 5 \times 10^5$ 时为湍流边界层。

2. 边界层分离

流体流过曲面或有局部障碍的地方,由于出现边界层分离,漩涡会使湍动更加激烈。当流体与固体分离时,在固体和主流体之间会形成低压分离区(如图 7 - 25 所示)。该区流体微团的漩涡运动能更深地渗入到邻近壁面的地方,使层流底层厚度减小。

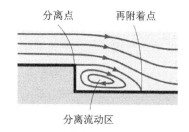

图 7 - 25　流体经过台阶时的分离现象

流体在管(或圆柱)外横向流过管束时(如图 7 - 26 所示),边界层的分离点 $(\partial u/\partial y)_{y=0} = 0$。边界层的分离位置以及流体是处于层流还是湍流,都受到雷诺数 Re 的影响,从层流向湍流过渡的临界流体的 Re 只在 200 左右,管子尺寸越小,则边界层脱离越早,边界层越薄。

在层流流场中,随着雷诺数的提高,流体横掠圆管的流动形态将呈现出多种变化,如图 7 - 27 所示。当 $Re < 1$ 时无分离现象(如图 7 - 27(a)所示),$Re \approx 10$ 时出现稳定分离(如图 7 - 27(b)所示),$Re \approx 10$ 时出现振荡尾流(如图 7 - 27(c)所示),Re 更高的情况则出现图 7 - 27(d)和图 7 - 27(e)的绕流形态。

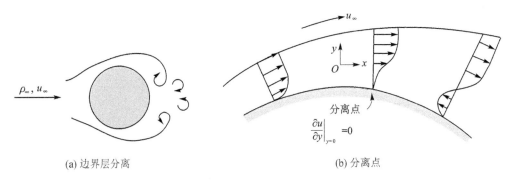

(a) 边界层分离　　　　　　　　　　　　(b) 分离点

图 7 - 26　流体横掠圆管时的边界层

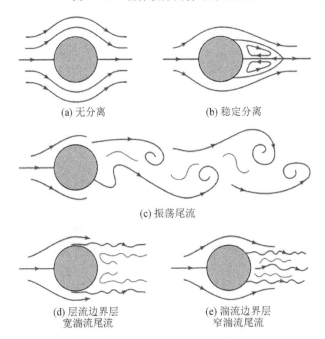

(a) 无分离　　　　　　　　(b) 稳定分离

(c) 振荡尾流

(d) 层流边界层　　　　　　(e) 湍流边界层
　　宽湍流尾流　　　　　　　　窄湍流尾流

图 7 - 27　流体横掠圆管时的流动形态

管束排列方式对流体流动形态的影响如图 7 - 28 所示。

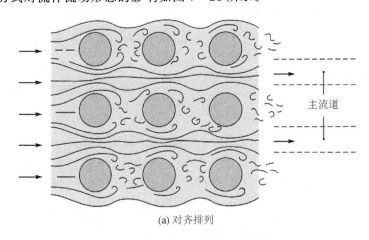

(a) 对齐排列

图 7 - 28　管束排列对流体流动的影响

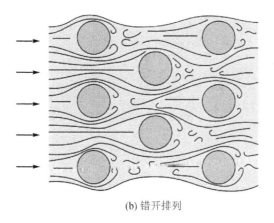

(b) 错开排列

图 7 - 28　管束排列对流体流动的影响(续)

3. 平板层流边界层方程

高雷诺数下的边界层相当薄,这可以使纳维-斯托克斯方程在边界层内部简化并求解,边界层之外的主流区则由欧拉方程或伯努利方程描述。这里仅简单介绍外掠平板层流边界层方程。

(1) 平板层流边界层微分方程

利用边界层的特性对纳维-斯托克斯方程进行简化,从而得到描述边界层内流动的微分方程。经简化分析得到的常物性流体外掠平板层流边界层微分方程组为

$$u_x \frac{\partial u_x}{\partial x} + u_y \frac{\partial u_x}{\partial y} = \nu \frac{\partial^2 u_x}{\partial y^2} \tag{7-59}$$

$$\frac{\partial u_x}{\partial x} + \frac{\partial u_x}{\partial y} = 0 \tag{7-60}$$

$$\frac{\partial p}{\partial y} = 0 \tag{7-61}$$

边界条件为:$y=0$,$u_x=0$,$u_y=0$;$y=\infty$,$u_x=u_\infty$(或近似为 $y=\delta$,$u_x=u_\infty$)。

平板边界层微分方程虽然能得到确切的分析解,但是计算十分麻烦,而且目前只能对绕流平板层流边界层进行数值计算。现在应用比较广泛的是边界层积分关系式。

(2) 平板层流边界层积分方程

建立层流边界层积分方程有两个方法:一是运用质量、动量和能量守恒直接推导;二是将前述边界层微分方程沿边界层厚度积分,导出积分方程组。积分方程解与微分方程解相比是一种近似解。

常物性流体外掠平板层流边界层的积分方程为

$$\rho \frac{\mathrm{d}}{\mathrm{d}x} \int_0^\delta u(u_\infty - u)\mathrm{d}y = \mu \left(\frac{\mathrm{d}u}{\mathrm{d}y} \right)_w \tag{7-62}$$

边界层积分关系式求解的基本思路是,根据边界层的流动特性和主要边界条件,近似地给出一个速度分布来代替边界层真实的速度分布函数 $u=f(y)$,一般可选用多项式或其他形式函数,选择哪一种函数,主要看它能否更好地表达边界层内的速度分布。如选用带四个未定常数的多项式 $u=a+by+cy^2+dy^3$ 作为层流边界层速度曲线表达式,表达式中的四个常数可

由边界条件求出。可解得 u_∞ 为常数的常物性流体外掠平板层流边界层速度分布曲线为

$$\frac{u}{u_\infty} = \frac{2}{3}\left(\frac{y}{\delta}\right) - \frac{1}{2}\left(\frac{y}{\delta}\right)^3 \tag{7-63}$$

由此可得壁面速度梯度

$$\left(\frac{\mathrm{d}u}{\mathrm{d}y}\right)_\mathrm{w} = \frac{3}{2}\left(\frac{u_\infty}{\delta}\right) \tag{7-64}$$

壁面粘滞应力为

$$\tau_\mathrm{w} = \frac{3}{2}\mu\left(\frac{u_\infty}{\delta}\right) \tag{7-65}$$

7.3.2　内部流动

1. 管内流动速度分布

当流体由大空间流入一圆管时,会在管内表面形成一个边界层,与平板边界层相似,管内边界层厚度逐渐增加(如图 7-29 所示)直至在圆管中心汇合,即边界层充满了整个流动截面。边界层汇合以后的流体速度保持不变,称为充分发展的流动,充分发展的流动的流形取决于汇合点处的边界层流形。

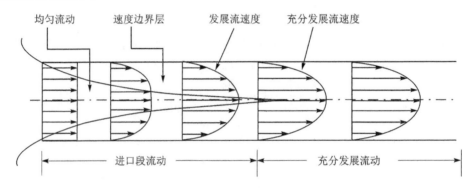

图 7-29　管内边界层

管内充分发展的层流有效截面的流速分布可以表示为以管道中心线为对称轴的旋转抛物面。如图 7-30 所示,$r=R$ 时 $u=0$,$r=0$ 时 $u=u_\mathrm{max}$,流速分布可表示为

$$u = u_\mathrm{max}(R^2 - r^2) \tag{7-66}$$

平均流速为

$$u_\mathrm{m} = \frac{1}{2}u_\mathrm{max} \tag{7-67}$$

即圆管内层流流动时,平均流速为最大流速的一半。

从管道入口到流动充分发展开始的管段称为进口段,理论上需要无限长的距离,但是一般将管中心点最大速度达到 99% 的初始速度时的管道长度定义为入口段长度 L_h(如图 7-31 所示),通过理论和实验得到的层流长度可表示为

$$L_\mathrm{h} = 0.058DRe \tag{7-68}$$

如果管路长度远大于 L_h,则入口段的影响可忽略。

直管内充分发展流动的流场将不再变化,除非在弯头或其他管道附件处,流场因为受到扰

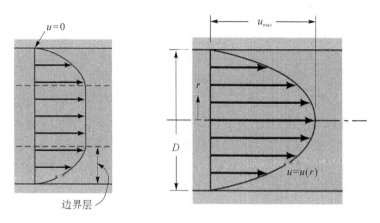

图 7 - 30　管内流速分布

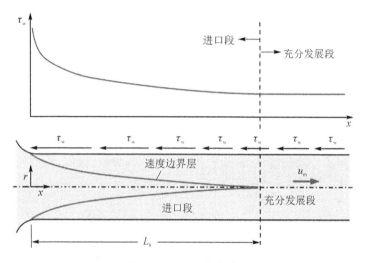

图 7 - 31　进口段长度

动而发生变形,此后将需要另外的一定长度的直管段使流动重新恢复到稳定流动(如图 7 - 32 所示)。通常工程中的管道附件相距较远,管内流动都是充分发展流动。但是当管道附件相距较近时,稳定流动则不容易实现。

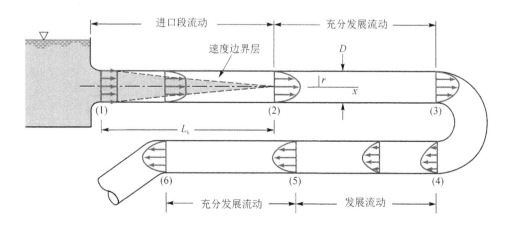

图 7 - 32　管道系统及流速变化

实际工程中的管道,根据管线布置情况可分为简单管道和复杂管道。管径不变且无分叉的管道称为简单管道,由两根或两根以上的简单管道组合而成的管道系统称为复杂管道。为了简化计算,还可根据管道中两种水头损失在总水头损失中所占比重的大小,将管道分为长管与短管。长管是指以沿程水头损失为主,局部水头损失及流速水头在总水头损失中所占比重很小,可忽略不计或可按沿程水头损失的百分数近似计算的管道。截面形状和尺寸沿流程不变的长直管道,只有沿程损失而没有局部损失。短管是指局部水头损失及流速水头在总水头损失中占有一定的比重,计算时不能将其忽略的管道。注意,不能简单地根据管道的绝对长度来区分长管与短管。

2. 流体在管路中的传输阻力

流体在管路中流动的阻力可分为沿程阻力和局部阻力。沿程阻力是流体在直管中流动时由流体的内摩擦产生的。局部阻力是流体通过管路中的管件、阀门、管径突然扩大或缩小等局部障碍,引起边界层的分离,形成漩涡而产生的。流动阻力会使流体的压强降低。研究表明,流体所受阻力的大小与流体的流速或动能相关。

流体在整个管路中的能量损失等于各管段的沿程阻力损失和局部阻力损失之和。

$$h_L = h_f + h_m \tag{7-69}$$

沿程阻力损失可以表示为

$$h_f = f \frac{l}{d} \frac{c^2}{2g} \tag{7-70}$$

式中,f 为沿程阻力系数,l 为管长,d 为管径。对于非圆管道,以当量直径 d_e 代替管径 d。当量直径 d_e 的定义为

$$d_e = \frac{4A}{\chi} \tag{7-71}$$

式中,A 为过流断面面积,χ 为过流断面上流体与固体边界接触部分的周长(称为湿周)。如充满流体的矩形截面管道的当量直径为

$$d_e = \frac{2ab}{a+b} \tag{7-72}$$

式中,a、b 分别为矩形截面的宽和高。

分析表明,圆管层流的沿程阻力系数与雷诺数成反比,即

$$f = \frac{64}{Re} \tag{7-73}$$

表 7-1 为典型截面管道层流的沿程阻力系数。

表 7-1　典型截面管道层流的沿程阻力系数

管截面	a/b 或 θ		阻力系数 f
圆形截面 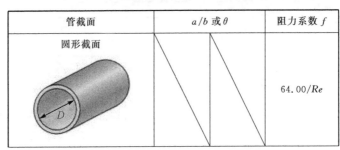			$64.00/Re$

管截面	a/b 或 θ	阻力系数 f
矩形截面	1	$56.92/Re$
	2	$62.20/Re$
	3	$68.36/Re$
	4	$72.92/Re$
a/b	6	$78.80/Re$
	8	$82.32/Re$
	∞	$96.00/Re$
椭圆截面	1	$64.00/Re$
	2	$67.28/Re$
a/b	4	$72.96/Re$
	8	$76.60/Re$
	16	$78.16/Re$
三角形截面	10°	$50.80/Re$
	30°	$52.28/Re$
θ	60°	$53.32/Re$
	90°	$52.60/Re$
	120°	$50.96/Re$

管道层流运动中,沿程阻力系数仅与雷诺数有关,不考虑管道内壁的粗糙度影响。在湍流中,管道内壁的凹凸不平会影响流动的紊乱程度,所以沿程阻力系数需要同时考虑雷诺数和管内壁面粗糙度的影响,实际应用中常通过查阅图表或使用经验公式进行估算。

为了简化计算,莫迪(Moody)在前人研究的基础上绘制了工业管道沿程阻力系数的计算曲线(如图 7 – 33 所示),称为莫迪图。根据雷诺数和相对粗糙度通过莫迪图可直接查出沿程阻力系数。

确定沿程阻力系数是沿程损失计算的关键,对于工程实际中最常见的湍流运动,由于湍流的复杂性,目前还不能像层流那样从理论上推导出湍流沿程阻力系数 λ 的公式,现有的方法仍然是根据经验或半经验公式来确定 λ。

例题 7 – 4　矩形通风道的断面尺寸为 $400\ mm \times 200\ mm$,长度为 $80\ m$,内壁粗糙度 $\Delta = 0.15\ mm$,气流平均速度为 $10\ m/s$,运动粘度 $\nu = 15.7 \times 10^{-6}\ m^2/s$,求通风道内的沿程阻力损失。

解:此非圆管道的当量直径为

$$d_e = \frac{2ab}{a+b} = \left(\frac{2 \times 0.4 \times 0.2}{0.4 + 0.2} \right)\ m = 0.267\ m$$

雷诺数为

$$Re = \frac{ud_e}{\nu} = \frac{10 \times 0.267}{15.7 \times 10^{-6}} = 1.7 \times 10^5$$

通风道内壁相对粗糙度为

$$\frac{\Delta}{d_e} = \frac{0.15}{267} = 5.62 \times 10^{-4}$$

查莫迪图可得风道内的沿程阻力系数 $f = 0.019\,5$。

通风道内的沿程阻力损失为

$$h_f = f\frac{l}{d_e}\frac{u^2}{2g} = \left(0.019\,5 \times \frac{80}{0.267} \times \frac{10^2}{2 \times 9.807}\right) \text{m} = 29.788 \text{ m}$$

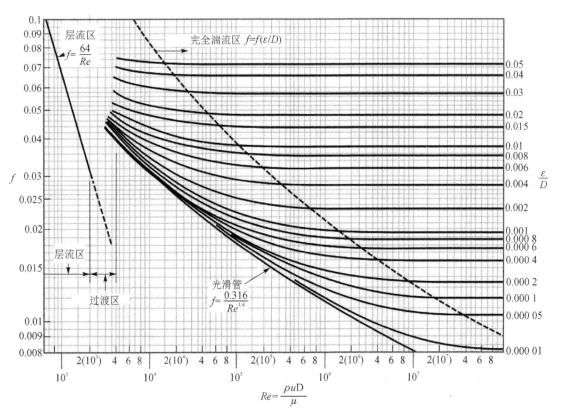

图 7 - 33 莫迪图

例题 7 - 5 输送石油的钢制管道直径 $d = 250$ mm，内壁粗糙度 $\Delta = 0.19$ mm，管路中石油的平均流速 $u = 0.64$ m/s，运动粘度 $\nu = 1.09 \times 10^{-4}$ m²/s，求石油通过 $l = 5\,000$ m 管道的沿程阻力损失。

解： 应用雷诺数判断石油在管道中的流态。雷诺数为

$$Re = \frac{u d_e}{\nu} = \frac{0.64 \times 0.25}{1.09 \times 10^{-4}} = 1\,467.9 < 2\,000$$

可按层流流态计算沿程阻力损失系数

$$f = \frac{64}{Re} = \frac{64}{1\,467.9} = 0.043\,6$$

石油通过 $l = 5\,000$ m 管道的沿程阻力损失为

$$h_f = f\frac{l}{d}\frac{u^2}{2g} = \left(0.043\,6 \times \frac{5\,000}{0.25} \times \frac{0.64^2}{2 \times 9.807}\right) \text{m} = 18.21 \text{ m（油柱）}$$

3. 局部阻力损失

局部阻力损失与局部构件的形状有关,随构件对流动扰动的增加而增加。例如,流体通过突扩管的局部阻力损失比通过突缩管的局部阻力损失大,因为流体通过突扩管时产生的发散流动具有不稳定性,而流体通过突缩管时产生的收缩可抑制流动的不稳定性,如图 7 – 34 所示。

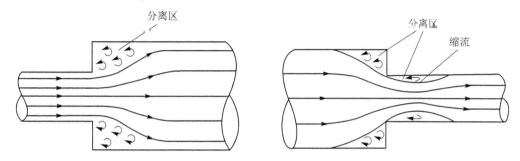

图 7 – 34　流体通过突扩管和突缩管

局部阻力损失的理论求解有很大困难,因为在急变流情况下,作用在固体边界上的动压强不好确定。目前只有少数几种情况可以近似进行理论分析,大多数情况还要通过实验方法来解决。

局部阻力损失可以表示为

$$h_{m}=K_{L}\frac{u^{2}}{2g}\qquad\qquad(7-74)$$

式中,K_L 是与局部构件形状有关的局部阻力系数,可由试验测定;u 为发生局部阻力损失以后(或以前)的断面平均流速。

图 7 – 35 为典型管路的局部阻力系数。图 7 – 36 为突缩管和突扩管的局部阻力系数与管截面面积比的关系。

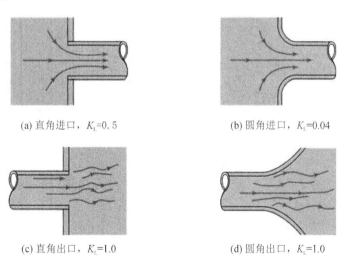

(a) 直角进口,$K_L=0.5$　　　　　　(b) 圆角进口,$K_L=0.04$

(c) 直角出口,$K_L=1.0$　　　　　　(d) 圆角出口,$K_L=1.0$

图 7 – 35　典型管路的局部阻力系数

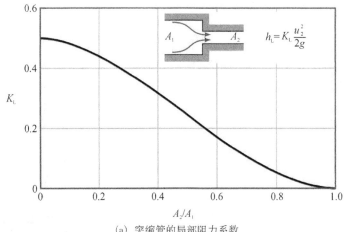

(a) 突缩管的局部阻力系数

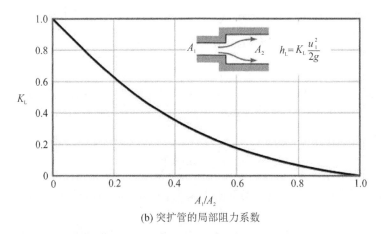

(b) 突扩管的局部阻力系数

图 7-36　突缩管和突扩管的局部阻力系数

7.4　可压缩流体的流动

可压缩流体流动理论通常称为气体动力学,所研究的对象具有可压缩流体在小范围空间做高速运动的特点。对于这样的流动,通常忽略流体的粘性作用和重力效应。本节主要介绍可压缩流体的一维定常流动能量方程及应用。

7.4.1　基本方程

1. 连续方程

可压缩流体的一维定常流动连续方程见式(7-38)。为了保持一致性,本部分采用与第 2 章相同的符号,则式(7-38)可写为

$$\frac{\mathrm{d}A}{A} + \frac{\mathrm{d}c}{c} - \frac{\mathrm{d}v}{v} = 0$$

2. 能量方程

一维定常流动服从稳定流动能量方程,即式(2-34)。一般情况下,流道中 $\Delta z=0$,$w_{net}=0$,$q=0$,因此可得

$$\Delta h+\frac{1}{2}\Delta c^2=0 \tag{7-75}$$

或

$$\Delta\left(h+\frac{1}{2}c^2\right)=0 \tag{7-76}$$

对于微元稳定流动过程则有

$$\mathrm{d}\left(h+\frac{1}{2}c^2\right)=0$$

即

$$h+\frac{1}{2}c^2=h_0=常数 \tag{7-77}$$

式中 h_0 称为滞止焓或流动工质总焓,是气流因受某种阻碍完全被滞止(即 $c=0$)的焓值,等于流道内任一截面气流的焓与动能之和。式(7-77)表明,在管内稳定绝热流动过程中,任一截面上的焓与动能之和保持定值(如图7-37所示),或总焓守恒。即

$$h_{01}=h_1+\frac{1}{2}c_1^2=h_2+\frac{1}{2}c_2^2=h_{02}=h_0 \tag{7-78}$$

意即速度增大时,焓值减少;速度降低时,焓值增大。若 $c_2=0$,则

$$h_1+\frac{1}{2}c_1^2=h_2=h_0 \tag{7-79}$$

上式表明,气体绝热流动的滞止状态都是相同的。速度为0的点称为滞止点,滞止点显然不在气流通道中。滞止状态下的热力参数统称为滞止参数,管内任一截面的流动参数与滞止参数之间的关系可通过伯努利方程求解。

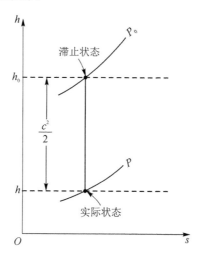

图7-37　滞止状态和实际状态在 h-s 图中的相对位置

对可逆过程应用热力学第一定律第二解析式,有

$$\frac{1}{2}\mathrm{d}c^2 = -\mathrm{d}h = -v\mathrm{d}p \tag{7-80}$$

或

$$c\,\mathrm{d}c = -v\mathrm{d}p \tag{7-81}$$

即

$$\mathrm{d}p = -\frac{c\,\mathrm{d}c}{v} \tag{7-82}$$

式(7-82)为一维稳定流动的能量方程。由此可见,$\mathrm{d}c$ 与 $\mathrm{d}p$ 的符号总是相反的。如果流速增加,则压力必降低;如果压力升高,则流速必降低。

3. 动量方程

稳定流动的能量方程在解决实际工程中的流体力学问题时具有重要的意义,但对于某些复杂的流体运动,特别是涉及流体与其固定边界之间的作用力时,用能量方程求解就有一定的困难。比如急变流范围内流体对边界的作用力,若用能量方程求解,式中水头损失一般很难确定,但又不能忽略,如果采用动量方程,则求解比较方便

$$\mathrm{d}(\dot{m}c) = -A\mathrm{d}p \tag{7-83}$$

若 $\dot{m}$ 为常数,则有

$$\dot{m}\,\mathrm{d}c = -A\mathrm{d}p \tag{7-84}$$

或

$$\rho c\,\mathrm{d}c + \mathrm{d}p = 0 \tag{7-85}$$

4. 过程方程

对于理想气体定熵过程,过程方程为

$$pv^\kappa = 常数 \tag{7-86}$$

对于微元稳定流动过程则有

$$\frac{\mathrm{d}v}{v} = -\frac{1}{\kappa}\frac{\mathrm{d}p}{p} \tag{7-87}$$

7.4.2　气体在喷管与扩压管中的流动

1. 气体在喷管内的流动

(1) 流动特性

喷管主要用于需要增速或降压的场合。喷管中工质的流动过程可简化为一维变截面定常等熵流动,将式(7-82)代入式(7-87),有

$$\frac{\mathrm{d}v}{v} = -\frac{c\,\mathrm{d}c}{\kappa pv} \tag{7-88}$$

代入式(7-38),有

$$\frac{\mathrm{d}A}{A} = -\frac{c\,\mathrm{d}c}{\kappa pv} - \frac{\mathrm{d}c}{c} = \left(\frac{c^2}{\kappa pv} - 1\right)\frac{\mathrm{d}c}{c} \tag{7-89}$$

令 $c_{\mathrm{a}} = \sqrt{\kappa pv} = \sqrt{\kappa R_{\mathrm{g}} T}$,$c_{\mathrm{a}}$ 为理想气体的声速,则有

$$\frac{\mathrm{d}A}{A} = (Ma^2 - 1)\frac{\mathrm{d}c}{c} \tag{7-90}$$

式中，$Ma = \dfrac{c}{c_a}$ 称为马赫数，马赫数是个无量纲数。对于理想气体

$$Ma = \frac{c}{\sqrt{\kappa R_g T}} \tag{7-91}$$

对于气流通过喷管的情况，气体因绝热膨胀，压力降低，流速增加，气流截面的变化规律是：

$Ma < 1$，为亚声速流动，$\mathrm{d}A < 0$，即气流截面收缩；

$Ma - 1$，为声速流动，$\mathrm{d}A = 0$，即气流截面不变，通常为收缩至最小；

$Ma > 1$，为超声速流动，$\mathrm{d}A > 0$，即气流截面扩张。

亚声速气流中，$\mathrm{d}c$ 与 $\mathrm{d}A$ 异号，表明速度变化与面积变化的方向相反。在收缩形管道内（$\mathrm{d}A < 0$），亚声速气流加速（$\mathrm{d}c > 0$），压强、密度和温度相应地减小，这种使亚声速气流加速的管道叫亚声速喷管，如图 7-38(a) 所示。超声速气流在扩张形管道内（$\mathrm{d}A > 0$），沿流动方向加速，压强、密度和温度下降。这种使超声速气流加速的管道称为超声速喷管，如图 7-38(b) 所示。

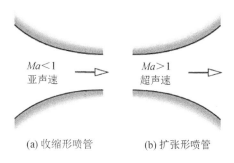

(a) 收缩形喷管　　　　(b) 扩张形喷管

图 7-38　喷管内的流动

根据喷管内的流动规律，亚声速气流要加速必须使用收缩形喷管，超声速气流要加速必须使用扩张形喷管。要让气流从亚声速加速到超声速，就必须先通过一个收敛形喷管，再通过一个扩张形喷管，这种组合型收敛-扩张喷管又称为拉伐尔喷管（见图 7-39）。拉伐尔喷管主要用来产生超声速气流，可用于超声速飞机、火箭的尾喷管，也可用于超声速的风洞喷管等。

拉伐尔喷管中间从收缩向扩张过渡的部分是喷管的最小截面，称为喉部。喉部的 $Ma = 1$，$\mathrm{d}A = 0$，工质处于临界状态，相应的参数称为临界参数，如临界压力 p_{cr}、临界温度 T_{cr}、临界比体积 v_{cr}、临界速度 c_{cr}、临界焓 h_{cr} 等。气体的流速达到临界速度时的状态称为临界流动，气体只有在喉部才能达到临界流动。

（2）流速计算

喷管出口气体流速是喷管计算的主要问题。根据喷管稳定流动方程，有

$$\frac{1}{2}(c_2^2 - c_1^2) = h_1 - h_2 \tag{7-92}$$

当 $c_1 \approx 0$ 时，有

$$c_2 = \sqrt{2(h_1 - h_2)} \tag{7-93}$$

临界速度为

$$c_{cr} = \sqrt{2(h_1 - h_{cr})} \tag{7-94}$$

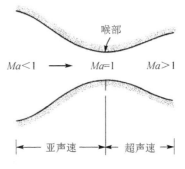

图 7 - 39　拉伐尔喷管

对于理想气体,$\Delta h = c_p \Delta T$,则有

$$c_2 = \sqrt{2c_p(T_1 - T_2)} \qquad (7-95)$$

$$c_{cr} = \sqrt{2c_p(T_1 - T_{cr})} \qquad (7-96)$$

式中,$c_p = \dfrac{\kappa}{\kappa - 1}R_g$,$T_1$ 和 T_2 可根据理想气体状态方程和定熵过程状态参数间的关系确定,即

$$c_2 = \sqrt{\frac{2\kappa}{\kappa - 1}R_g(T_1 - T_2)}$$

$$= \sqrt{\frac{2\kappa}{\kappa - 1}R_g T_1 \left[1 - \left(\frac{p_2}{p_1}\right)^{\frac{\kappa-1}{\kappa}}\right]} \qquad (7-97)$$

对于蒸气,可直接采用式(7 - 93)计算流速,h_1 和 h_2 可查阅有关图或表取值。

2. 气体在扩压管内的流动

扩压管的作用与喷管正好相反,主要用于减小气流速度和增大压力。若气流通过扩压管,则 $dc < 0$,气流截面的变化规律是:

$Ma > 1$,为超声速流动,$dA < 0$,即气流截面收缩;

$Ma = 1$,为声速流动,$dA = 0$,即气流截面不变,通常为收缩至最小;

$Ma < 1$,为亚声速流动,$dA > 0$,即气流截面扩张。

超声速气流中,dc 与 dA 同号,表明速度变化与面积变化的方向相同。超声速气流在收缩形管道内 ($dA < 0$),沿流动方向减速,压强、密度和温度增加。这种使超声速气流减速增压的管道称为超声速扩压管,如图 7 - 40(a)所示。亚声速气流在扩张形管道内($dA > 0$)减速($dc < 0$),压强、密度和温度增加。这种使亚声速气流减速增压的管道称为亚声速扩压器,如图 7 - 40(b)所示。超声速气流在收缩形管道内($dA < 0$),气流减速 ($dc < 0$);在扩张形管道内 ($dA > 0$),气流加速($dc > 0$)。

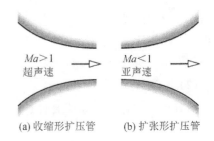

(a) 收缩形扩压管　　(b) 扩张形扩压管

图 7 - 40　扩压管内流动

根据扩压管内的流动规律,亚声速气流要减速增压就必须使用扩张形扩压管,超声速气流要减速增压就必须使用收敛形扩压管。要让气流从超声速减速增压到亚声速,就必须先通过

一个收敛形扩压管,再通过一个扩张形扩压管。但实际上,如果在扩压管的进口处 $Ma>1$,将会在进口处引起激波,这样定熵流动的假设就不复存在。这种情况超出了式(7-90)的使用范围,不能按理想的可逆绝热流动规律实现由超声速到亚声速的连续转变。

思 考 题

7-1　什么叫做粘滞性? 粘滞性对液体运动起什么作用?

7-2　何谓牛顿粘性定律? 该定律是否适用于任何液体?

7-3　说明理想流体与实际流体的区别。

7-4　试分析流体静力学方程的能量意义与几何意义。

7-5　比较工程热力学中的稳定流动与流体力学中的稳定流动。

7-6　说明圆管内层流速度分布及其剪切力分布的特点。

7-7　解释伯努利方程的物理意义和几何意义。

7-8　雷诺数 Re 具有什么物理意义? 为什么可以起到判别流态(层流、紊流)的作用?

7-9　试说明由层流向湍流过渡的物理过程。

7-10　什么叫边界层? 边界层液流有哪些特点?

7-11　说明附面层分离的物理机制。

7-12　什么是沿程阻力和局部阻力?

7-13　解释气流的滞止参数和临界参数。

7-14　在超声速流动中,为什么速度随断面的增大而增大?

7-15　说明如何将亚音速气流连续加速至超音速气流。

练 习 题

7-1　如图 7-41 所示,一平板浮在液面上,其水平方向运动速度为 $u=1$ m/s,液层厚 $\delta=10$ mm,液体的动力粘度 $\mu=0.098\,07$ Pa·s,求平板单位面积所受的阻力。

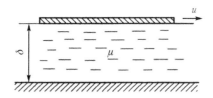

图 7-41　练习题 7-1 图

7-2　闭口水箱如图 7-42 所示,若当地的大气压为 1.013×10^5 Pa,试求:(a)开口测压管水柱的高度 h;(b)箱底 AB 的表压力。

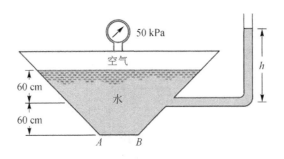

图 7 - 42　练习题 7 - 2 图

7 - 3　如图 7 - 43 所示,水流通过收缩管时,测压管液面高度差为 0.2 m,求流速与细管侧直径 D 的函数关系。

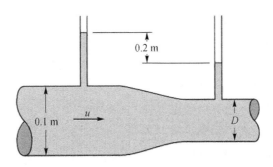

图 7 - 43　练习题 7 - 3 图

7 - 4　流速为 $u = 1$ m/s 的水通过直径为 $d = 25$ mm 的水管,若水的运动粘度 $\nu = 1.31 \times 10^{6}$ m^2/s,试判断此时水流的流态。

7 - 5　变直径管段 AB 如图 7 - 44 所示,其中 $d_A = 0.2$ m, $d_B = 0.4$ m,高差 $h = 1.0$ m,用压强表测得 $p_A = 7 \times 10^4$ Pa, $p_B = 4 \times 10^4$ Pa,用流量计测得管中流量 $q_V = 12$ m^4/min。试判断水在管段中的流动方向,并求损失水头。

7 - 6　如图 7 - 45 所示,采用虹吸管从大水池中抽水,忽略阻力损失,求虹吸管出水口处的流速。

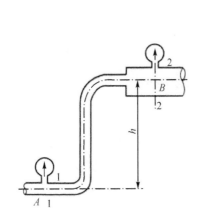

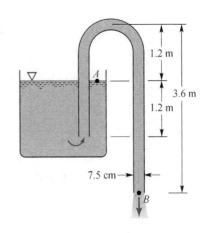

图 7 - 44　练习题 7 - 5 图　　　　　　**图 7 - 45　练习题 7 - 6 图**

7-7　运动粘度 $\nu=4\times10^{-5}$ m²/s 的流体在直径 $d=10$ mm 的管内以 $u=4$ m/s 的速度流动，求每米管长上的沿程损失。

7-8　气流的速度为 800 m/s，温度为 530 ℃，等熵指数 $\kappa=1.25$，气体常数 $R=322.8$ J/(kg·K)。试计算气流的马赫数。

7-9　满足理想气体状态方程的可压缩流体做等温流动（无外力做功），试证明 $\dfrac{\mathrm{d}M^2}{M^2}=2\dfrac{\mathrm{d}V}{V}$。

7-10　空气流过如图 7-46 所示超声速喷管。入口温度为 420 ℃，出口速度为 700 m/s。计算出口温度。

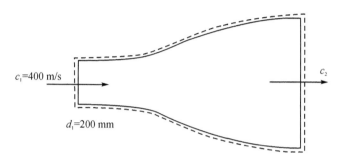

图 7-46　练习题 7-10 图

第8章 热量传递

热量传递(或热传递)是指热量从高温物体自发地迁移到低温物体,或热量从物体的高温部分迁移到低温部分的现象。工程中存在很多热量传递问题,掌握热量传递规律对于有效利用热能和控制传热过程具有重要意义。

8.1 热量传递的基本概念

8.1.1 热量传递的基本方式

根据热力学第二定律,只要物体之间有温差存在,就必然引起热量从高温物体向低温物体的传递。热量传递在不同的条件下有不同的方式。依传热的物理机制,热量传递可归纳为三种基本方式,即热传导、热对流和热辐射。

1. 热传导

热量从物体中温度较高的部分传递给温度较低的部分或与之接触的温度较低的另一物体的过程称为热传导,简称导热。在导热过程中,物体各部分、物体与物体之间不发生相对位移。从微观角度来看,气体、液体、导电固体和非导电固体的导热机理各有不同。

气体的导热机理比较简单,温度代表了气体分子的动能,高温区的分子运动速度比低温区的大,而且气体分子都处于无规则的运动状态,若能量较高的分子与能量较低的分子发生碰撞,则能量会传递给能量较低的分子,热量就会由高温处传到低温处。

导电固体与非导电固体的导热机理亦有所不同。良好的导电体中,有相当数量的自由电子在晶格之间运动,正如这些自由电子能传递电能一样,它们也能将热量从高温处传递到低温处。而在非导电固体中,导热是通过晶格结构的振动实现的,通过晶格振动传递的能量通常不像电子传递的能量那么大,这就是良好的导电体往往是良好的导热体的原因。本书第8章将进一步分析固体的导热机理。

定性地看,液体的导热机理与气体的导热机理类似,但是液体分子间的距离比较小,分子间的作用力对碰撞过程的影响比气体大得多,因而液体比气体的导热机理复杂得多。

一般而言,固体和静止的液体中的热量传递方式为热传导,而流动的液体、流动或静止的气体中热传导较弱,主要的传热方式是热对流和热辐射。

2. 热对流

热对流是指流体各部分质点发生相对位移或流体流过固体表面所引起的热量传输过程,靠流体的宏观相对位移所产生的对流运动来传递热量,因而只能发生在流体中。流体中温度分布不均匀时,也必然会产生导热现象,即热对流总是与导热同时发生。在铸造生产中常遇到的是,液态金属流经铸型壁面时,温度较高的热流体将热量传递给铸型壁面,或温度较高的铸型壁面将热量传递给流经它的冷流体,这一过程称为对流传热(又称为换热或给热)。流体质点发生相对位移有两种方式:一种是流体本身因各点温度不同而形成的密度差异使流体质点产生相对位移所形成的对流,称为自然对流;另一种是机械作用(如搅拌器、风机、泵等)产生的对流,称为强制对流。强制对流较自然对流有较好的传热效果。

3. 热辐射

物体通过电磁波传输能量的方式称为热辐射。物体在放热时,热能变为辐射能,以电磁波的形式向空间发射并形成传递,遇到另一物体后被部分或全部吸收,重新变成热能。辐射传热的特点是过程中伴有能量形式的转化,这是热辐射区别于热传导和对流传热的特点之一。同时,电磁波可以在真空中传递,所以热辐射不需要任何中间介质。电磁波范围极广,通常把波长为 $0.4\sim40\ \mu m$ 的电磁波称为热射线。温度在绝对零度以上的物体均能辐射能量,当两个物体温度都在绝对零度以上而只有温差时,高温物体向低温物体的能量辐射大于低温物体向高温物体的能量辐射,总的效果是高温物体向低温物体以辐射形式传递能量。实验表明:只有当物体的温度大于 400℃时,通过辐射传递的能量才比较显著。

工程中很多传热过程往往是以上三种基本传热方式综合作用的结果(如图 8-1 所示)。但无论其组合方式如何,温度差的存在是发生传热过程的先决条件。传热物体的温度高低,物体的物态(固态、气态、液态)及物体间的相互联系(接触或非接触及距离)等,会在一定程度上决定传热方式。没有温度差的两个物体,无论是相互接触还是分离,都不能发生热量传递。

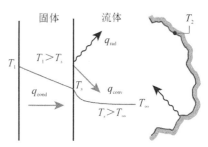

图 8-1　传热方式示意图

根据与时间的关系,热量的传递过程可划分为稳定传热过程和非稳定传热过程。物体中各点温度不随时间变化的热量传递过程称为稳定传热过程,反之则称为非稳定传热过程。

8.1.2　温度场和温度梯度

传热学分析主要有两个大类。一类是确定在任意时刻物体系统内的温度分布,从而了解系统的特性,以便进行温度和热流的调整与控制,并进行其他的计算。另一类是计算和控制传热速率(或热流量——单位时间通过传热面积的热量)。

1. 温度场

物体内各点温度的分布情况称为温度场。由于物体内任一点的温度是该点的位置和时间的函数,因而温度场可表示为空间坐标和时间的函数,即

$$T = f(x,y,z,t) \tag{8-1}$$

式中,x、y、z 为空间直角坐标,t 为时间坐标。

如果温度场内各点的温度随时间变化,则此温度场称为不稳定温度场;如果各点温度不随时间变化,则称为稳定温度场。

在某个时刻,温度相同的各点所组成的面称为等温面。等温面可以是平面,也可以是曲面。

2. 温度梯度

从任一点起沿等温面移动,温度不发生变化,因而无热量传递;沿与等温面相交的任何方

向移动,温度发生变化,即有热量传递,这种温度随距离的变化在与等温面垂直的方向上最大。如图 8 - 2 所示。

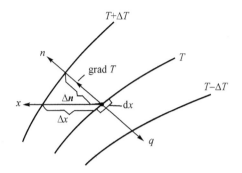

图 8 - 2　温度梯度与热流方向

温度场中任意一点的温度沿等温面法线方向的增加率称为该点的温度梯度 grad T

$$\text{grad } T = \lim_{\Delta n \to 0} \frac{\Delta T}{\Delta n} = \frac{\partial T}{\partial \boldsymbol{n}} \boldsymbol{n} \tag{8-2}$$

式中,$\boldsymbol{n}$ 为单位法向矢量,$\dfrac{\partial T}{\partial \boldsymbol{n}}$ 为温度在 n 方向上的偏导数。

温度梯度是向量,它垂直于等温面,并以温度增加的方向为正。热量传输方向为指向温度降低的方向,与温度梯度方向相反。

对于一维的稳定温度场,式(8-2)可简化为:$T = f(x)$,此时温度梯度可表示为

$$\text{grad } T = \frac{\text{d}T}{\text{d}x} \tag{8-3}$$

8.2　固体中的热传导

导热现象既可以发生在固体内部,也可发生在静止的液体和气体之中。一般只有在固态物质中才会发生单纯的导热现象,这是由于固体在加热或冷却过程中不会因体积的变化而诱发不同分子集团的相对运动。

8.2.1　傅里叶定律

傅里叶定律是导热的基本定律。根据这一定律,在导热过程中,单位时间内通过给定截面的热量与该截面法线方向上的温度变化率和截面面积成正比。对于通过大平板的一维导热问题(如图 8 - 3 所示),其温度仅在 x 方向上发生变化,按照傅里叶定律,通过 x 方向上任意一个厚度为 dx 的微元层的热量与该方向上的温度梯度成正比,即

$$\Phi = -kA \frac{\text{d}T}{\text{d}x} \tag{8-4}$$

式中,Φ 表示单位时间内通过全部传热面积所传递的热量,称为热流量,单位为 J/s 或 W,其数值的大小即表示传热过程的快慢。A 表示面积,k 为导热系数。

式(8-4)中负号表示热量传输方向与温度梯度方向相反,即热量总是向较低温处传输(如图 8 - 4 所示)。

单位时间内通过单位面积的热量称为热流密度,又称比热流,记为 q,单位为 W/m^2。傅

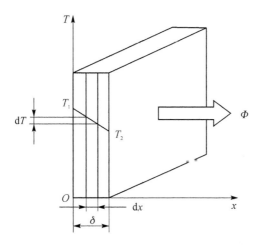

图 8 - 3 导热基本关系

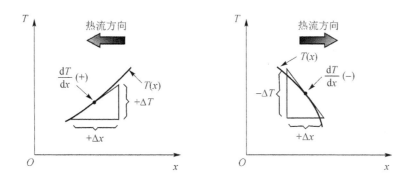

图 8 - 4 温度梯度与热流方向

里叶定律用热流密度 q 表示时有下列形式

$$q = -k \frac{\partial T}{\partial x} \tag{8-5}$$

其中导热系数 k 的定义式由傅里叶定律的数学表达式给出。由式(8-5)得

$$k = -\frac{q}{\dfrac{\partial T}{\partial x}} \tag{8-6}$$

即导热系数表示单位温度梯度作用下物体内所产生的热流密度,单位为 W/(m·K)或 W/(m·℃)(见表 8-1)。

表 8 - 1 典型物质的导热系数

材　料	300 K 时的导热系数/[W·(m·K)$^{-1}$]
铜	399
铝	237
碳钢(1%C)	43
玻璃	0.81

续表 8 - 1

材　料	300 K 时的导热系数/[W·(m·K)$^{-1}$]
塑料	0.2～0.3
水	0.6
乙二醇	0.26
机油	0.15
氟利昂（液态）	0.07
氢气	0.18
空气	0.026

　　导热系数是物质导热性能的标志,是物质的物理性质之一。导热系数 k 的值越大,表示其导热性能越好。物质的导热系数与物质的组成、结构、密度、温度以及压力等有关,可通过实验测定。一般来说,金属的导热系数值最大,固态非金属的导热系数值较小,液体更小,而气体的导热系数值最小。

　　图 8 - 5 为典型金属导热系数与温度的关系。

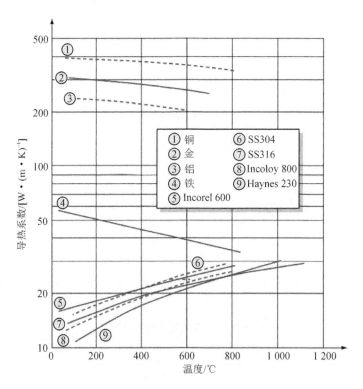

图 8 - 5　典型金属导热系数与温度的关系

8.2.2　热传导微分方程及其定解条件

1. 热传导微分方程

一维稳态导热问题的求解比较简单,直接对傅里叶定律的表达式进行积分即可。但对于三维导热问题的数学描述,需要结合傅里叶定律和能量守恒原理,通过对微元体内热量的平衡状态进行分析才能得到。

首先考虑常物性(即物性参数 k、c、ρ 都是常数)的各向同性材料,且物体中内热源是均匀的。在导热体中取一微元体(如图 8-6 所示),根据能量守恒定律,微元体的热平衡式可以表示为

$$（微元体内能的增量）＝（导入微元体的总热量）＋（微元体中内热源生成的热量）－$$
$$（导出微元体的总热量） \tag{8-7}$$

微元体内能的增量为 $\rho c \dfrac{\partial T}{\partial t}\mathrm{d}x\mathrm{d}y\mathrm{d}z$,导入微元体的总热量为 $q_x\mathrm{d}y\mathrm{d}z + q_y\mathrm{d}x\mathrm{d}z +$ $q_z\mathrm{d}x\mathrm{d}y$,微元体中内热源生成的热量为 $\dot{\Phi}\mathrm{d}x\mathrm{d}y\mathrm{d}z$,导出微元体的总热量为 $q_{x+\mathrm{d}x}\mathrm{d}y\mathrm{d}z +$ $q_{y+\mathrm{d}y}\mathrm{d}x\mathrm{d}z + q_{z+\mathrm{d}z}\mathrm{d}x\mathrm{d}y$。$q_x$、$q_y$、$q_z$ 分别为 x、y、z 三个方向的热流密度;$\dot{\Phi}$ 为单位体积的导热体在单位时间内所放出的热量,即内热源强度,单位为 $\mathrm{W/m^3}$。

将上述各式代入热平衡式(8-7),两边同除以 $\mathrm{d}x\mathrm{d}y\mathrm{d}z$,并将 $q_x＝-k\dfrac{\partial T}{\partial x}$、$q_y＝-k\dfrac{\partial T}{\partial y}$、$q_z＝-k\dfrac{\partial T}{\partial z}$ 代入,整理得

$$\frac{\partial T}{\partial t}＝a\left(\frac{\partial^2 T}{\partial x^2}+\frac{\partial^2 T}{\partial y^2}+\frac{\partial^2 T}{\partial z^2}\right)+\frac{\dot{\Phi}}{\rho c} \tag{8-8}$$

式中,$\alpha＝\lambda/\rho c$,称为热扩散系数(或导温系数),表示温度波动在物体中的扩散速率,单位为 $\mathrm{m^2/s}$。稳态下的导热微分方程为

$$a\left(\frac{\partial^2 T}{\partial x^2}+\frac{\partial^2 T}{\partial y^2}+\frac{\partial^2 T}{\partial z^2}\right)+\frac{\dot{\Phi}}{\rho c}＝0 \tag{8-9}$$

式(8-9)称为泊松(Poisson)方程。在稳态、无内热源条件下,导热微分方程可简化为拉普拉斯(Laplace)方程,即

$$\left(\frac{\partial^2 T}{\partial x^2}+\frac{\partial^2 T}{\partial y^2}+\frac{\partial^2 T}{\partial z^2}\right)＝0 \tag{8-10}$$

如果考虑导热系数随温度的变化,则导热微分方程的一般形式为

$$\rho c\frac{\partial T}{\partial t}＝\frac{\partial}{\partial x}\left[k_x(T)\frac{\partial T}{\partial x}\right]+\frac{\partial}{\partial y}\left[k_y(T)\frac{\partial T}{\partial y}\right]+\frac{\partial}{\partial z}\left[k_z(T)\frac{\partial T}{\partial z}\right]+\dot{\Phi} \tag{8-11}$$

式中,$k_x(T)$、$k_y(T)$、$k_z(T)$ 分别为 x、y、z 方向上随温度变化的热传导系数,对于各向同性材料,三者相等。

各向同性材料在圆柱坐标系下(见图 8-7)的导热微分方程为

$$\rho c\frac{\partial T}{\partial t}＝\frac{1}{r}\frac{\partial}{\partial r}\left[k(T)r\frac{\partial T}{\partial r}\right]+\frac{1}{r^2}\frac{\partial}{\partial \varphi}\left[k(T)\frac{\partial T}{\partial \varphi}\right]+\frac{\partial}{\partial z}\left[k(T)\frac{\partial T}{\partial z}\right]+\dot{\Phi}$$

$$\tag{8-12}$$

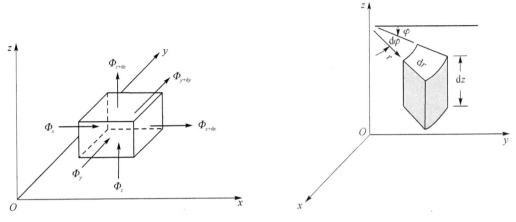

图 8-6　微元体导热分析　　　　　　　图 8-7　圆柱坐标系微元体导热分析

如果导热系数为常数，则式(8-12)可简化为

$$\frac{1}{a}\frac{\partial T}{\partial t}=\frac{\partial^2 T}{\partial r^2}+\frac{1}{r}\frac{\partial T}{\partial r}+\frac{1}{r^2}\frac{\partial^2 T}{\partial \varphi^2}+\frac{\partial^2 T}{\partial z^2}+\frac{\dot{\Phi}}{k} \tag{8-13}$$

在稳态、无内热源条件下有

$$\frac{\partial^2 T}{\partial r^2}+\frac{1}{r}\frac{\partial T}{\partial r}+\frac{1}{r^2}\frac{\partial^2 T}{\partial \varphi^2}+\frac{\partial^2 T}{\partial z^2}=0 \tag{8-14}$$

在稳态、无内热源、仅沿径向导热条件下有

$$\frac{\partial^2 T}{\partial r^2}+\frac{1}{r}\frac{\partial T}{\partial r}=0 \tag{8-15}$$

2. 初始条件与边界条件

应用热传导方程求解实际传热问题，需要一个初始条件和两个边界条件作为其单值性的定解条件。初始条件指物体在初始时刻的温度分布，记为

$$T_0=T(x,y,z) \tag{8-16}$$

导热问题常见的边界条件有以下三类：

（1）第一类边界条件。规定了温度在边界上的值，即

$$T\mid_r=f(t) \tag{8-17}$$

式中，$f(t)$ 为边界上的温度。在特殊情况下，物体边界上的温度在传热过程中为定值，即 T_w＝定值，如图 8-8(a)所示。

（2）第二类边界条件。边界上的温度值未知，但规定了边界上的热流密度值（如图 8-8(b)所示），即

$$-\lambda \frac{\partial T}{\partial n}\bigg|_r=q\mid_r \tag{8-18}$$

式中，$q\mid_r$ 表示通过边界的热流密度。当 $q\mid_r=0$ 时为绝热边界，物体与外界不发生热传递。

（3）第三类边界条件。规定了物体边界上与周围流体间的表面换热系数及周围流体的温度。当物体边界和外部环境之间以对流换热的形式进行热交换时（如图 8-8(c)所示），第三类边界条件可表示为

$$-\lambda \frac{\partial T}{\partial n}\bigg|_{\mathrm{r}} = h(T_{\mathrm{f}} - T\,|_{\mathrm{r}}) \tag{8-19}$$

式中，h 为对流换热系数，T_{f} 为流体温度。

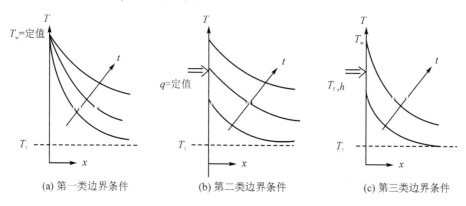

(a) 第一类边界条件　　　　　(b) 第二类边界条件　　　　　(c) 第三类边界条件

图 8-8　边界条件

　　例题 8-1　单层平壁（见图 8-9）的导热系数为 k，厚度为 L，在稳态情况下的一维温度分布为 $T = a + bx^2$，式中 a、b 为常数。求：(1)平壁内热源强度；(2)平壁两侧表面的热流密度。

　　解：(1) 由一维导热微分方程

$$\frac{d^2 T}{\mathrm{d}x^2} + \frac{q_v}{k} = 0$$

可得平壁内热源强度

$$q_v = -k\,\frac{d^2 T}{\mathrm{d}x^2} = -2b\lambda$$

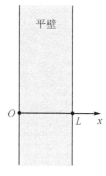

图 8-9　单层平壁

　　(2) 根据傅里叶定律，平壁内热流密度为

$$q_x = -k\,\frac{\mathrm{d}T}{\mathrm{d}x} = 2bx$$

平壁两侧表面的热流密度为

$$q\,|_{x=0} = -k\,\frac{\mathrm{d}T}{\mathrm{d}x}\bigg|_{x=0} = 2bx\,|_{x=0} = 0$$

$$q\,|_{x=L} = -k\,\frac{\mathrm{d}T}{\mathrm{d}x}\bigg|_{x=L} = 2bx\,|_{x=L} = 2bL$$

8.2.3　稳态导热

　　这里利用前节介绍的导热微分方程及定解条件，求解平壁和圆筒壁以及延伸体的一维稳态导热问题。需要指出的是，对于简单的一维稳态导热问题，也可直接对傅里叶定律的表达式进行积分，来获得热流量的表达式。

1. 平面与圆筒壁稳态导热

(1) 平壁稳态导热

1) 单层平面壁

设有一均质的面积很大的单层平面壁（如图 8-10 所示），厚度为 δ，传热面积 A 和导热系

数 k 为常量。平壁内的温度只沿垂直于壁面的 x 轴方向变化（一维热传导），符合第一类边界条件，无内热源。在稳定导热时，$\dfrac{\partial T}{\partial t}=0$，由于热流量 Φ 不随时间变化，传热面积 A 和导热系数 k 为常量，由式（8-9）可得

$$\frac{\mathrm{d}^2 T}{\mathrm{d}x^2}=0 \tag{8-20}$$

分离变量求解可得

$$T=C_1 x + C_2 \tag{8-21}$$

将边界条件 $x=0$、$T=T_1$ 及 $x=\delta$、$T=T_2$ 代入式（8-21）可求得系数 C_1、C_2，因此有

$$T=T_1 - \frac{T_1 - T_2}{\delta}x \tag{8-22}$$

式（8-22）为单层平面壁厚度方向的温度分布。根据傅里叶定律可求得

$$q=-k\,\frac{\mathrm{d}T}{\mathrm{d}x}=\frac{T_1 - T_2}{\dfrac{\delta}{k}} \tag{7-23a}$$

$$\Phi=Aq=\frac{T_1 - T_2}{\dfrac{\delta}{kA}} \tag{8-23b}$$

式中，$\dfrac{\delta}{k}$、$\dfrac{\delta}{kA}$ 分别为单位面积导热热阻和总导热热阻。即热量传递与电量传递等现象类似（如图 8-10 所示），其传递过程可表示为

$$过程的转移量=\frac{过程的动力}{过程的阻力} \tag{8-24}$$

如电学中的欧姆定律 $I=\dfrac{U}{R}$，在导热中，式（8-23a）可以改写为

$$q=-k\,\frac{\mathrm{d}T}{\mathrm{d}x}=\frac{T_1 - T_2}{\dfrac{\delta}{k}}=\frac{T_1 - T_2}{R_k} \tag{8-25}$$

式中，ΔT 为导热驱动力，$R_k=\dfrac{\delta}{k}$ 为导热热阻。

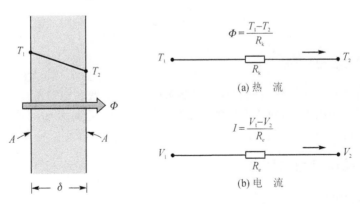

图 8-10 单层平壁稳定热传导

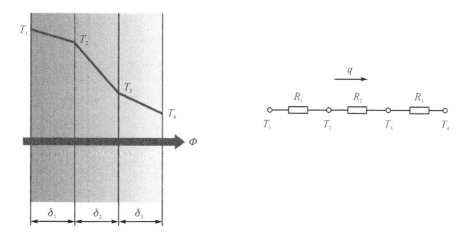

图 8 - 11　多层平面壁的热传导及等效电路

2) 多层平面壁的导热

现以一个三层平壁为例，说明多层平面壁稳定热传导的计算。如图 8 - 11 所示，设各层壁厚及导热系数分别为 δ_1、δ_2、δ_3 及 k_1、k_2、k_3，内表面温度为 T_1，外表面温度为 T_4，中间两分界面的温度分别为 T_2 和 T_3。将此问题视为串联结构，则有

$$q = \frac{T_1 - T_4}{\dfrac{\delta_1}{k_1} + \dfrac{\delta_2}{k_2} + \dfrac{\delta_3}{k_3}} \tag{8-26}$$

依此类推，可计算 n 层无限大平壁紧密接触的导热过程，即

$$q = \frac{T_1 - T_4}{\displaystyle\sum_{i=1}^{n} \frac{\delta_i}{k_i}} \tag{8-27}$$

(2) 圆筒壁的稳态导热

热力工程中的许多导热体是圆筒形的，如热力管道、制冷剂管路、换热器中的换热管等。由于这些管路的长度远远大于管壁的厚度，在热流量计算中，可以忽略沿轴向的温度变化，而仅考虑沿径向的温度变化。管壁内外的温度可看作是均匀的，即温度场是轴对称的，所以圆筒壁的导热仍然可以看作一维稳定导热。

在稳态导热条件下，圆筒壁与平壁导热的相同之处在于，沿热传导方向上的不同等温面间的热流量是相等的；不同之处在于，圆筒壁的传热面积随半径的增大而增大，因而沿半径方向传递的热流密度随半径的增大而减小。

为了便于导热计算，圆筒壁的导热问题计算的是整个管壁的热流量或单位管长的热流量，而不是热流密度。如图 8 - 12 所示，设圆筒壁的内、外半径分别为 $r_i = r_1$ 和 $r_o = r_2$，长度为 L，材料的导热系数为 k，可以看出圆筒壁的传热面积随半径而变。

采用圆柱坐标系求解方程(8 - 15)，可得

$$T = C_1 \ln r + C_2 \tag{8-28}$$

边界条件为 $r = r_1, T = T_1$；$r_i = r_2, T = T_2$。代入式(8 - 28)，可求得系数 C_1、C_2

$$C_1 = \frac{T_2 - T_1}{\ln(r_2/r_1)} \tag{8-29a}$$

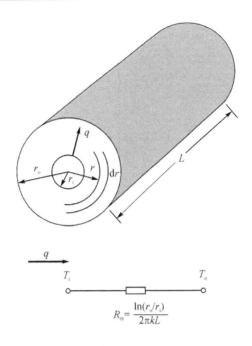

图 8 – 12 圆筒壁导热热阻及等效电路

$$C_2 = T_1 - \ln r_1 \frac{T_2 - T_1}{\ln(r_2/r_1)} \tag{8-29b}$$

代入式(8-28)，可得温度分布

$$T = T_1 + \frac{T_2 - T_1}{\ln(r_2/r_1)} \ln(r/r_1) \tag{8-30}$$

由此可见，与平壁中的线性温度分布不同，圆筒壁中的温度沿径向的分布为对数曲线。温度沿径向的变化率为

$$\frac{dT}{dr} = \frac{1}{r} \frac{T_2 - T_1}{\ln(r_2/r_1)} \tag{8-31}$$

代入傅里叶定律，可得热流密度

$$q = -k \frac{dT}{dr} = \frac{k}{r} \frac{T_1 - T_2}{\ln(r_2/r_1)} \tag{8-32}$$

可见通过圆筒壁导热时，热流密度与半径成反比。对式(8-32)两端同时乘以 $2\pi rL$，可得通过径向各柱面的热流量

$$\Phi = 2\pi rLq = \frac{2\pi kL(T_1 - T_2)}{\ln(r_2/r_1)} \tag{8-33}$$

即通过圆筒壁面的热流量为常数。根据热阻的定义，通过圆筒壁面导热的热阻为

$$R_{\text{th}} = \frac{\Delta T}{\Phi} = \frac{\ln(r_2/r_1)}{2\pi kL} \tag{8-34}$$

类似于多层平壁情况，可得多层圆筒壁热阻的等效电路(如图 8-13 所示)，导热热流量为

$$\Phi = 2\pi rLq = \frac{2\pi L(T_1 - T_2)}{\ln(r_2/r_1)/k_A + \ln(r_3/r_2)/k_B + \ln(r_4/r_3)/k_C} \tag{8-35}$$

式中，$k_A = k_A$、$k_B = k_B$、$k_C = k_C$，分别对应图 8-13 三层圆筒中 A、B、C 层材料的导热系数。

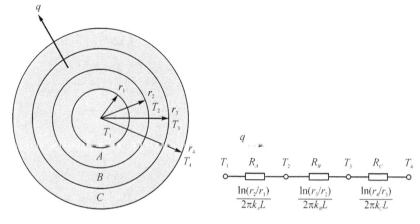

图 8 - 13　多层圆筒壁热阻及等效电路

（3）接触热阻

以上分析多层平壁和多层圆筒壁的导热时，都假设层与层之间的接触非常紧密，相互接触的表面具有相同的温度。实际上，无论固体表面看上去多么光滑，都不是一个理想的平整表面，总存在一定的粗糙度。实际的两个固体表面之间不可能完全接触，只能是局部接触甚至存在点接触，如图 8 - 14 所示。只有在界面上那些发生接触的点上，温度才是相等的。当未接触表面间的空隙中充满空气或其他气体时，由于气体的导热系数远远小于固体，两个固体间的导热过程会产生附加热阻 R_c，称为接触热阻。由于接触热阻的存在，导热过程中两个接触表面之间会出现温差 ΔT_c。根据热阻的定义，有

$$\Delta T_c = \Phi R_c \tag{8 - 36}$$

由此可知，热流量 Φ 越大，接触热阻造成的温差就越大。对于高热流密度场景，接触热阻的影响不容忽视。

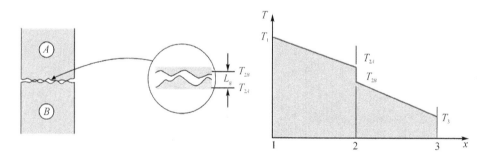

图 8 - 14　接触热阻

接触热阻的主要影响因素有以下三点。

① 相互接触的物体表面的粗糙度：粗糙度愈高，接触热阻愈大；

② 相互接触的物体表面的硬度：在其他条件相同的情况下，两个都比较坚硬的表面之间接触面积较小，因而接触热阻较大；两个硬度较小或者一个硬一个软的表面之间接触面积较大，因而接触热阻较小；

③ 相互接触的物体表面之间的压力：显然，加大压力会使两个物体直接接触的面积增大、中间空隙变小，接触热阻也就随之减小。

在工程上,为了减小接触热阻,除了尽可能抛光接触表面、加大接触压力之外,有时会在接触表面之间加一层导热系数较大、硬度又很小的纯铜箔或银箔,或者在接触面上涂一层导热油(一种导热系数较大的有机混合物),在一定的压力下,可将接触空隙中的气体排出,从而显著减小接触热阻。

由于接触热阻的影响因素非常复杂,尚无统一的规律可循,只能通过实验进行确定。

2. 延伸体的稳定导热

(1) 直肋的导热分析

为了使设备内部产生的大量热量迅速传递出去,通常要设法增大传热面积。工程中常见的方法是在传热表面上加装肋片或肋柱(如图 8 - 15 所示),将传热表面制造成所谓扩展表面(或延伸体)。图 8 - 16 展示了几种典型形状的延伸体。延伸体的传热效果与其形状和材质等因素有关。

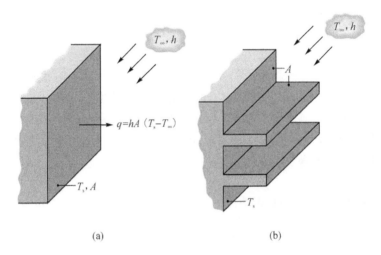

(a)   (b)

图 8 - 15 延伸体的强化传热

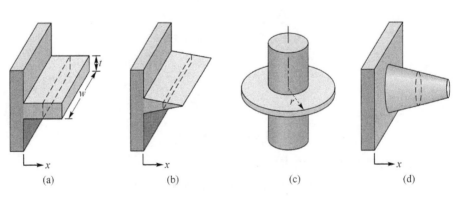

(a)   (b)   (c)   (d)

图 8 - 16 典型形状的延伸体

这里以图 8-17 所示的变截面肋柱的稳态导热问题为例进行分析。设肋材导热系数为 k,肋柱表面与周围介质间的对流换热系数为 h。在定常状态下,自距肋壁 x 处分割一个微元长 $\mathrm{d}x$ 作为考察对象,研究热量的传出、传入情况。

设肋内由热传导导入 $\mathrm{d}x$ 部分的热量 q_x,由 $\mathrm{d}x$ 部分导出的热量为 $q_{x+\mathrm{d}x}$,$\mathrm{d}x$ 部分的侧面

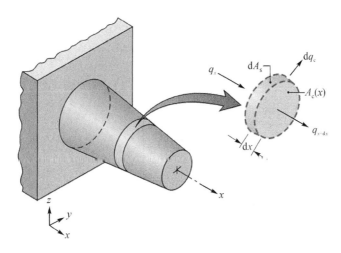

图 8 - 17　通过变截面直肋的热量传递模型

对周围介质放出的热量设为 $\mathrm{d}q_c$。根据能量守恒关系,有

$$q_x = q_{x+\mathrm{d}x} + \mathrm{d}q_c \tag{8-37}$$

根据傅里叶定律

$$q_x = -kA_c \frac{\mathrm{d}T}{\mathrm{d}x} \tag{8-38}$$

式中,A_c 为微元体的横截面积,随 x 而变化。$q_{x+\mathrm{d}x}$ 可以表示为

$$q_{x+\mathrm{d}x} = q_x + \frac{\mathrm{d}q_x}{\mathrm{d}x} \mathrm{d}x \tag{8-39a}$$

即

$$q_{x+\mathrm{d}x} = -kA_c \frac{\mathrm{d}T}{\mathrm{d}x} + k \frac{\mathrm{d}}{\mathrm{d}x}\left(A_c \frac{\mathrm{d}T}{\mathrm{d}x}\right) \mathrm{d}x \tag{8-39b}$$

根据牛顿冷却定律,对流换热 $\mathrm{d}q_c$ 可以表示为

$$\mathrm{d}q_c = h \, \mathrm{d}A_s (T - T_\infty) \tag{8-40}$$

式中,$\mathrm{d}A_s$ 为微元体的表面积(不包括横截面积),随 x 而变化。将上述 q_x、$q_{x+\mathrm{d}x}$ 和 q_c 代入式(8-37)可得

$$\frac{\mathrm{d}}{\mathrm{d}x}\left(A_c \frac{\mathrm{d}T}{\mathrm{d}x}\right) - \frac{h}{k} \frac{\mathrm{d}A_s}{\mathrm{d}x}(T - T_\infty) = 0 \tag{8-41}$$

或

$$\frac{\mathrm{d}^2 T}{\mathrm{d}x^2} + \left(\frac{1}{A_c} \frac{\mathrm{d}A_c}{\mathrm{d}x}\right) \frac{\mathrm{d}T}{\mathrm{d}x} - \left(\frac{1}{A_c} \frac{h}{k} \frac{\mathrm{d}A_s}{\mathrm{d}x}\right)(T - T_\infty) = 0 \tag{8-42}$$

上式为图 8-17 所示的变截面延伸体的能量方程。根据边界条件可求解温度分布,进而可求解任意 x 位置的传热率。

这里仅对简单均匀截面的延伸体的传热进行分析。如图 8-18(a)所示的均匀截面延伸体,其横截面的周长为 P,与壁面连接处($x=0$)的温度 $T(0) = T_b$,流体温度为 T_∞,A_c 为常数,$\mathrm{d}A_s = P \, \mathrm{d}x$,式(8-42)可简化为

$$\frac{\mathrm{d}^2 T}{\mathrm{d}x^2} - \frac{hP}{kA_c}(T - T_\infty) = 0 \tag{8-43}$$

为简化分析,引入过余温度 θ,则

$$\theta(x) = T(x) - T_\infty \tag{8-44}$$

令 $m^2 = \dfrac{hP}{kA_c}$，则式（8-43）可写为

$$\frac{\mathrm{d}^2\theta}{\mathrm{d}x^2} - m^2\theta = 0 \tag{8-45}$$

式（8-45）为二阶线性齐次常微分方程，其通解为

$$\theta(x) = C_1 \mathrm{e}^{mx} + C_2 \mathrm{e}^{-mx} \tag{8-46}$$

由 $T(0) = T_b$，可得 $\theta(0) = T_b - T_\infty = \theta_b$

$$C_1 + C_2 = \theta_b \tag{8-47}$$

延伸体的端部（$x=L$）可能存在不同的边界条件。若忽略延伸体端部的对流换热，即假设其为绝热边界（图 8-18(b)），则有

$$\left.\frac{\mathrm{d}\theta}{\mathrm{d}x}\right|_{x=L} = 0 \tag{8-48}$$

由式（8-46）可得

$$C_1 \mathrm{e}^{mL} + C_2 \mathrm{e}^{-mL} = 0 \tag{8-49}$$

与式（8-47）联立可求解 C_1 和 C_2，进而求得延伸体的温度分布为

$$\frac{\theta}{\theta_b} = \frac{\mathrm{e}^{mx} + \mathrm{e}^{2mL}\mathrm{e}^{-mx}}{1 + \mathrm{e}^{2mL}} = \frac{\cosh[m(L-x)]}{\cosh(mL)} \tag{8-50}$$

根据傅里叶定律，可得通过延伸体任意截面得热流量

$$q_f = \sqrt{hPkA_c}\,\theta_b \tanh(mL) \tag{8-51}$$

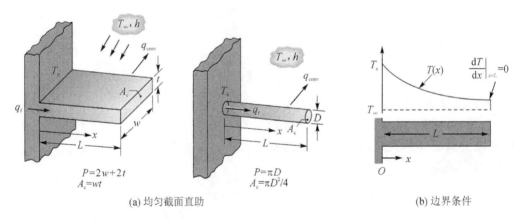

(a) 均匀截面直肋　　　　　　　　　　　　　(b) 边界条件

图 8-18　均匀截面直肋及端部绝热边界条件

（2）肋片效率

肋片表面温度沿肋高方向逐渐降低，肋片与流体间的温度差也随之降低，因而其表面热流密度沿肋高逐渐降低，散热量与肋高不成正比。通常采用肋片效率 η_f 来表征肋片散热的有效程度，其定义为

$$\eta_f = \frac{\text{肋片的实际散热量}}{\text{假设整个肋片表面处于肋根温度下的散热量}} = \frac{q_f}{q_{max}}$$

例如，对于端部绝热的等截面直肋，肋效率为

$$\eta_f = \frac{q_f}{q_{max}} = \frac{\sqrt{hPkA_c}\,\theta_b \tanh(mL)}{hPL\theta_b} = \frac{\tanh(mL)}{mL} \tag{8-52}$$

上述分析中假设肋端面的散热量为零,对于工程中采用的大多数薄而高的肋片来说,用上述公式进行计算已足够精确。如果必须考虑肋端面的散热,可引入修正肋高 $L_c = L + t/2$,将肋端面面积折算到侧面上。若直肋的宽度远大于厚度,即 $P = 2(w+t) \approx 2w$,则有

$$mL_c = \sqrt{\frac{hP}{kA_c}}L_c = \sqrt{\frac{2hw}{kwt}}L_c = \sqrt{\frac{2h}{kL_c t}}L_c^{3/2} = \sqrt{\frac{2h}{kA_m}}L_c^{3/2}$$

式中,$A_m = L_c t$。

由此可知,矩形直肋的肋片效率 η_f 与参量 $\sqrt{\dfrac{2h}{kA_m}}L_c^{3/2}$ 有关,其关系曲线如图 8 - 19 所示。这样,矩形直肋的散热量可以不用式(8 - 51)计算,而直接由图 8 - 19 查出肋片效率 η_f 后利用式(8 - 52)求得。采用类似方法也可建立其他截面肋片效率曲线。图 8 - 19 展示了矩形和三角直肋的效率曲线,图 8 - 20 展示了等厚环肋的效率曲线。注意图中的横坐标是 $L_c^{3/2}(h/kA_m)^{1/2}$ 而不是 mL_c,后者是前者的 $\sqrt{2}$ 倍。

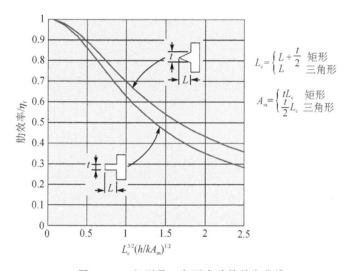

图 8 - 19　矩形及三角形直肋的效率曲线

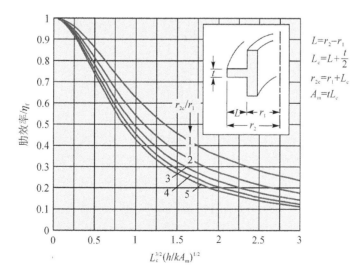

图 8 - 20　等厚环肋的效率曲线

实践表明,加肋片并不是在任何情况下都能使传热量增加,有时反而会使传热量减少。这是因为加肋片一方面使表面传热热阻减小,另一方面也增加了本身的导热热阻,所以总的传热热阻既有可能减小也有可能增加。当 Bi 数(见式(8-53))较小时,导热热阻的增加小于表面传热热阻的减小,总热阻减小,对传热有利,反之则对传热不利。即当采取某一措施时,可使某一热阻增加,而使另一热阻减小,其综合效果将会有两种可能发生,即传热量增加或者减小。处理这一类传热问题时,只有扬长避短,才能取得最佳效果,而不致事与愿违。

8.2.4 非稳态传热

稳态传热过程中系统内各点的温度仅随位置变化而不随时间变化,其特点是单位时间内通过传热面积的热量是常量。若传热系统中各点的温度既随位置变化又随时间变化,则称此传热过程为不稳定传热过程。

根据热传导微分方程,非稳态导热时,物体温度的变化速率与它的导热能力(即导热系数 k)成正比,与它的蓄热能力(单位容积的热容量 $c\rho$)成反比,因而非稳态导热速率取决于热扩散系数 a。

非稳态传热的求解方法主要有分析解法、数值解法、图解法等。这里主要介绍分析解法的基本思路。

1. 集总参数法

当固体内部的导热热阻远小于其表面的换热热阻时,物体内的温度分布趋于一致,可看作仅为时间的函数。这种忽略内部导热热阻的简化方法称为集总参数法。为了描述非稳态导热行为,在导热分析中引入毕渥数(Bi)和傅里叶数(Fo)。

毕渥数(Bi)定义为

$$Bi = \frac{hV}{kA} = \frac{hL}{k} = \frac{L/k}{1/h} = \frac{R_k}{R_h} \tag{8-53}$$

式中,V 为物体的体积。A 为传热的物体表面积。$L = \dfrac{V}{A}$ 为物体的特征长度;对于无限大平壁,$L = \delta/2$(半厚);对于无限长圆柱和球,$L = d/2 = R$(半径)。$R_k = \dfrac{L}{k}$ 为固体中导热热阻(内热阻)。$R_h = \dfrac{1}{h}$ 为界面上对流换热热阻(外热阻)。

毕渥数(Bi)的物理意义为固体中导热热阻(内热阻)与界面上对流换热热阻(外热阻)的相对大小。Bi 越大,意味着外热阻相对越小或内热阻相对越大,固体表面的换热条件越强,导致物体的表面温度越迅速地接近周围介质的温度,固体内部各点的温度随着时间的推移逐渐下降。Bi 越小,则内热阻相对越小或外热阻相对越大(如图8-21所示),任意时刻固体内部各点的温度接近均匀,随着时间的推移而整体下降。在实际中,$Bi \leqslant 0.1$ 时,用集总参数法分析非稳态导热问题的误差不超过 5%。

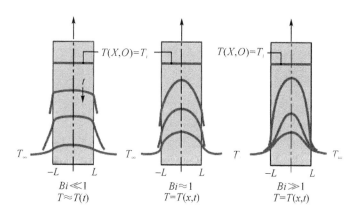

图 8 - 21　毕渥数(Bi)对平板温度场变化的影响

傅里叶数(Fo)的定义为

$$Fo = \frac{at}{\left(\dfrac{V}{A}\right)^2} = \frac{at}{L^2} = \frac{t}{\dfrac{L^2}{a}} \qquad (8-54)$$

傅里叶数(Fo)反映了热扰动透过平壁的时间。在非稳态传热中,Fo 越大,热扰动就越深入地传播到物体的内部,物体内各点的温度越接近周围介质的温度。

　　集总参数法的传热计算公式可以应用能量守恒定律导出。如图 8 - 22 所示,设有一体积为 V、表面积为 A、初始温度为 T_i、常物性无内热源的任意形状的物体,突然被置于温度为 T_f(恒定)的流体中加热(或冷却),物体与流体间的表面传热系数为 h。假定此问题 $Bi < 0.1$,可应用集总参数法,则在某一时刻物体内部都具有相同的温度 T,经 dt 时间后,温度变化了 dT。根据能量守恒定律,在没有内热源的情况下,单位时间内导入物体的热量等于物体内能的增加,则有

$$-hA(T - T_f)\,dt = \rho c V dT \qquad (8-55)$$

即

$$\rho c V \frac{dT}{dt} = -hA(T - T_f) \qquad (8-56)$$

引入过余温度 $\theta = T - T_f$,有

$$\frac{d\theta}{dt} = -\frac{hA}{\rho c V}\theta \qquad (8-57)$$

初始条件为:$t = 0$ 时,$\theta = \theta_0 = T_i - T_f$。分离变量积分,可得

$$\int_{\theta_0}^{\theta} \frac{d\theta}{\theta} = -\int_0^t \frac{hA}{\rho c V}dt \qquad (8-58)$$

或

$$\frac{\theta}{\theta_0} = \frac{T - T_f}{T_i - T_f} = \exp\left(-\frac{hA}{\rho c V}t\right) \qquad (8-59)$$

将式(8 - 59)右端的指数作如下变化

$$\frac{hAt}{\rho c V} = \frac{hV}{kA}\frac{kA^2 t}{\rho c V^2} = \frac{hV}{kA}\frac{at}{(V/A)^2} = Bi Fo \qquad (8-60)$$

代入式(8 - 59)得

$$\frac{\theta}{\theta_0} = e^{-BiFo} \tag{8-61}$$

式(8-59)及式(8-61)为内热阻可以忽略不计的非稳态导热的基本公式。采用集总参数法分析时,物体中的过余温度随时间呈指数曲线变化。在过程的开始阶段,温度变化很快,随后逐渐减慢(见图 8-23)。当 $t = \dfrac{\rho c V}{h A}$ 时,根据式(8-59)可得过余温度为 $\theta/\theta_0 = e^{-1} = 0.368 = 36.8\%$。将 $\dfrac{\rho c V}{h A}$ 称为时间常数,用 τ_c 表示。当 $t = \tau_c$ 时,物体的过余温度已经达到了初始温度的 36.8%。

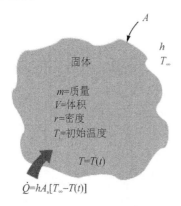

图 8-22　物体的非稳态传热

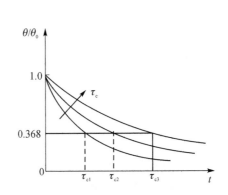

图 8-23　过余温度的变化曲线

例题 8-2　一直径为 1.25 cm 的钢球,密度为 7 801 kg/m³,比热容为 473 J/(kg・K),导热系数为 40 W/(m・K)。将钢球在炉内加热至 $t_0 = 500$ ℃后,迅速放入 $t_\infty = 25$ ℃的冷却介质中淬火。设钢球与冷却介质间的换热系数为 110 W/(m²・K),计算钢球冷却到 100℃所需的时间。

解:钢球的特征长度为

$$L = \frac{R}{3} = \left(\frac{0.012\,5}{3 \times 2}\right) \text{m} = 0.002\,1 \text{ m}$$

Bi 数为

$$Bi = \frac{hL}{k} = \frac{110 \times 0.002\,1}{40} = 0.005\,7$$

$Bi < 0.1$,采用集总参数法是可行的。根据式(8-61),钢球温度降至 100 ℃时,有

$$\frac{\theta}{\theta_0} = \frac{100 - 25}{500 - 25} = 0.157\,9 = e^{-BiFo}$$

即

$$BiFo = -\ln 0.157\,9 = 1.845$$

$$Fo = \frac{1.845}{Bi} = \frac{1.845}{0.005\,7} = 323.7 = \frac{at}{L^2}$$

热扩散系数为

$$a = \frac{k}{\rho c} = \left(\frac{40}{7\,801 \times 473}\right) \text{m}^2/\text{s} = 1.084 \times 10^{-5} \text{ m}^2/\text{s}$$

由此可得

$$t = \frac{L^2 Fo}{a} = \left(\frac{0.002\,1^2 \times 323.7}{1.084 \times 10^{-5}} \right) \text{ min} = 129 \text{ s} = 2.16 \text{ min}$$

2. 表面温度不变时的一维非稳态导热

一般情况下的非稳态导热问题的内热阻是不能完全忽略的,这时物体内的温度梯度也不能忽略。对于这一类问题,不能采用集总参数法,需用导热微分方程进行分析,但只有几何形状及边界条件都比较简单的问题才能获得分析解。这里只介绍表面温度不变时,半无限大物体(如图 8 - 24(a)所示)的一维非稳态导热问题的求解。

常物性一维非稳态导热适用的微分方程为

$$\frac{\partial T}{\partial t} = a \frac{\partial^2 T}{\partial x^2} \tag{8-62}$$

初始条件:$t = 0$ 时,$T = T_i$。边界条件:$x = 0$,$T = T_s$;$x = \infty$,$T = T_i$。

方程的定解为

$$\frac{\theta}{\theta_0} = \frac{T - T_s}{T_i - T_s} = \text{erf} \left[\frac{x}{2\sqrt{at}} \right] = \text{erf}(\eta) \tag{8-63}$$

式中,$\eta = \dfrac{x}{2\sqrt{at}}$,$\text{erf}(\eta)$ 为高斯误差函数

$$\text{erf}(\eta) = \frac{2}{\sqrt{\pi}} \int_0^\eta e^{-u^2} \, du$$

$\text{erf}(\eta)$ 随 η 的变化如图 8 - 25 所示。

利用式(8 - 63)可以计算出任意给定时刻 t 时距离受热表面为 x 处的温度,也可以计算出在 x 处达到某一温度 T 所需的时间(如图 8 - 24(b)所示)。

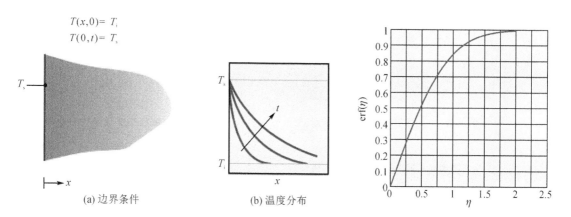

图 8 - 24 表面温度不变时半无限大物体的一维非稳态导热

图 8 - 25 高斯误差函数

8.3 对流换热

对流换热是流体流过固体壁面时,因流体与固体表面温度不同而发生的热量传递过程。对流换热可分为单相流体(无相变)对流换热和有相变流体(凝结和沸腾)对流换热。单相流体对流换热按流动原因又可分为强迫对流换热和自然对流换热。

8.3.1　牛顿冷却定律与换热系数

1. 牛顿冷却定律

当温度为 T_f 的流体流过温度为 T_s 的固体壁面时(见图 8 - 26),流体与固体壁面之间对流换热的热流密度 q 与固体表面温度和流体温度之差成正比,即

$$q = h(T_s - T_f) \tag{8-64}$$

式中,h 为对流换热系数,单位为 W/(m² · K)。

式(8 - 64)为对流传热基本方程式,也称为牛顿冷却定律。

对于面积为 A 的接触面,对流换热的热流量为

$$\Phi = hA(T_s - T_f) \tag{8-65}$$

对流传热系数 h 决定于表面流动条件(特别是其边界层的结构)、表面的性质、流动介质的性质和温差 $(T_s - T_f)$。

由式(8 - 65)可得

$$\Phi = \frac{T_s - T_f}{\dfrac{1}{hA}} \tag{8-66}$$

其中 $\dfrac{1}{hA}$ 为对流换热热阻,等效电路如图 8 - 27 所示。

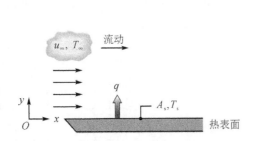

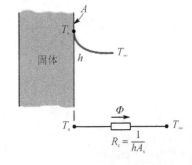

图 8 - 26　固体壁面对流换热示意图　　　图 8 - 27　对流换热热阻及等效电路

2. 换热系数的影响因素

在对流传热机理的分析中,把对流传热看作通过热边界层的导热,而热边界层一般情况下是很薄的。它像一层很薄的膜一样附在传热壁上,故对流换热系数又称为传热膜系数。对流换热系数的物理意义可由牛顿冷却定律得到,由式(8 - 35)移项可得

$$h = \frac{\Phi}{A(T_s - T_f)} \tag{8-67}$$

此式说明,换热系数 h 表示当流体与壁面间的温度差为 1K 时,单位时间通过单位传热面积所能传递的热量。显然,h 越大,单位时间内传递的热量就越多,所以传热系数反映对流传热的强度。不同的对流传热过程,h 的数值相差很大。例如,水的 h 值通常在 500～800 W/(m² · K),强制对流时可达 1 000～1 500 W/(m² · K)。流体有相变时的传热有较大 h 值,粘稠液体的 h

值较小,气体则更小。

实验表明,影响对流换热系数的主要因素有:

(1) 流体的流动形态

流体的流动型态分为层流和湍流,这两种形态的传热机理有本质的不同。层流时传热过程以导热方式进行,传热强度低,传热系数小;湍流时传热过程以对流方式进行,传热强度高,换热系数大。在一定的流道内,流动时的形态由雷诺数 Re 决定:

$$Re = \frac{ud}{\nu} \tag{8-68}$$

式中,u 为流体的速度,d 为特征尺寸,管内流动时为管内径。Re 数越大,流体的湍动程度越大,滞流底层越薄,传热边界层也越薄,换热系数就越大。

对一定的流体和设备来说。雷诺数 Re 主要取决于流体的流速。因此,若使雷诺数 Re 提高,必然会使流体的流速增加,流动阻力也会增加,消耗于流体的输送功率亦随之增加。为了防止功率消耗过大,通常要使热交换器里流体的雷诺数 Re 在 50 000 以下。对于粘度很高的流体,即使雷诺数 Re 在 50 000 时,功率消耗也过大,只能采用较小的雷诺数 Re。

(2) 流体的对流情况

流体的对流分为自然对流和强制对流。自然对流是由密度差引起的流动,流速较低;而在强制对流中,流体是在外力的强制作用下流动,流速较大。因此,强制对流有较大的换热系数。

(3) 流体的物理性质

影响较大的物性参数有导热系数 k、比定压热容 c_p、密度 ρ 和粘度 μ 等。其中 k、c_p、ρ 值增大对传热有利,而 μ 值增大对传热过程不利。这些物性参数又都是温度的函数,当流体与壁面间的温度差比较大时,同一截面上流体的温度分布就会发生明显变化,引起物性参数的变化,从而对传热过程产生影响。

流体在管内被加热时,管壁附近的流体层(边界层)的温度就会比管道中心处流体的温度高。对于液体,温度升高会使粘度下降,从而使流体的流速增加,层流底层厚度减小,对传热过程有利。反之,若流体在管内被冷却,则会对传热过程不利。对气体来说,温度变化不仅会影响气体的粘度,还会影响气体的密度,情况更为复杂。

(4) 传热面的形状、大小和位置

参与对流换热的壁面的形状、大小和位置对传热过程都有影响。如流体流过曲面或局部障碍,流态发生变化,出现边界层分离(如图 8-25 所示),都会对换热系数产生影响。

从上述分析可以看出,影响换热系数的因素很多,而且这些因素并不是孤立存在的,而是会产生综合影响。流体在传热过程中发生相变化时,影响更加复杂。因此,目前还无法从理论上提出一个可用于计算各种情况下换热系数的普遍适用的公式。工程计算中大量使用的是通过实验建立起来的经验公式。类似于非稳态导热问题中的毕渥数和傅里叶数,分析对流换热时也常采用特征关联式方法计算表面换热系数 h。例如,为了度量流体与固体之间对流换热的强弱而引入努塞尔数(简称 Nu 数),即

$$Nu = \frac{hL}{k} \tag{8-69}$$

式中,L 为特征长度,k 为流体的导热系数。Nu 数越大,对流作用越强烈。将 Nu 数与其他特征数进行关联就可以确定对流换热系数 h。例如,强制对流换热的特征关联式为

$$Nu = f(Re, Pr) \tag{8-70}$$

式中，Re 为雷诺数，Pr 为普朗特数。具体特征关联式的函数形式的选取则带有经验的性质。在对流换热研究中，常采用幂函数形式拟合实验数据。例如

$$Nu = CRe^n Pr^m \tag{8-71}$$

式中，C、n、m 为常数，由实验数据确定。不同类型对流传热其值不同；同一类型的对流传热，参数范围不同，其值也不同。

采用特征关联式方法计算表面换热系数进行无量纲化时采用对应变量的特征值，这些特征参数是流场的代表性数值，分别表征了流场的几何特征、流动特征和换热特征，如特征尺寸、特征流速、定性温度等。

特征尺寸反映了流场的几何特征，对于不同的流场，特征尺寸的选择是不同的。如对于流体平行流过平板，选择沿流动方向上的长度尺寸；对于管内流体流动，选择垂直于流动方向的管内直径；对于流体绕流圆柱体流动，选择流动方向上的圆柱体外直径。

特征流速反映了流体流场的流动特征，是可以参照的特征参数，且易于确定。流场不同，其流动特征不同，所选择的特征流速也就不同。如流体流过平板，来流速度可被选为特征流速；流体管内流动，管子截面上的平均流速可作为特征流速；流体绕流圆柱体流动，来流速度可被选为特征流速。

定性温度是确定无量纲准则中的物性量数值的温度。对于不同的流场，定性温度的选择是不同的，需要根据选取某温度是否方便以及能否给换热计算带来较好的准确性来确定。一般的做法是：外部流动常选择来流流体温度和固体壁面温度的算术平均值（称为膜温度）；内部流动常选择管内流体进出口温度的平均值（算术平均值或对数平均值）。

8.3.2　热边界层及对流换热微分方程

1. 热边界层

由于对流传热是在流体流动过程中发生的热量传递现象，而且流体在流动过程中又与固体壁面接触，那么流体流动的状况就与对流传热有密切的关系。流体流经固体壁面时，形成流动边界层，边界层内存在速度梯度。与速率边界层类似，当流体掠过一固体表面时，如果流体与固体壁面之间因存在温差而进行对流交换，则在固体壁面附近会形成一层具有温度梯度的温度边界层，也称为热边界层。

图 8-28 为对流传热时沿热流方向的温度分布情况及传热边界层的示意图。在固体壁面处，流体的温度等于固体壁面温度（T_s），随着离固体壁面距离的增加，流体温度升高或降低，直到等于流体主流的温度。无论热量是从热流体传递给壁面，还是从壁面传递给流经它的冷流体，都必然要通过热边界层。

热边界层的厚度 δ_T 随流体沿壁面流动距离的延伸而增加。流体的流动边界层厚度 δ 与热边界层厚度 δ_T 一般是不相等的。在相同流态下，流动边界层的厚度取决于普朗特数

$$Pr = \frac{\nu}{a} \tag{8-72}$$

式中，ν 为流体的动力粘度，a 为流体的热扩散系数。

普朗特数是流体的一个物性参数，其值可通过实验确定。若 $Pr=1$，则 $\delta=\delta_T$；若 $Pr>1$，则 $\delta>\delta_T$；若 $Pr<1$，则 $\delta<\delta_T$。

根据边界层中流体流动的形态,温度边界层有层流边界层和湍流温度边界层之分。层流温度边界层中,流体微团在垂直固体表面方向上的流动分速度很小,热量传输以传导为主,层流温度边界层内温度梯度大。湍流温度边界层中,流体微团在垂直固体表面方向上的流动分速度较大,微团之间相互扰动、混合,热量传输以对流为主,温度边界层内温度梯度小。

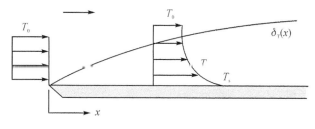

图 8 - 28 热边界层

2. 边界给热微分方程

将傅里叶定律应用于热边界层壁面处,可得

$$\Phi = -kA \frac{\partial T}{\partial y}\bigg|_{y=0} \qquad (8-73)$$

式中,$\dfrac{\partial T}{\partial y}\bigg|_{y=0}$ 为壁面处流体的温度梯度,k 为流体的导热系数,A 为换热面积。

将式(8-64)代入式(8-73),可得边界给热微分方程

$$h = -\frac{k}{\Delta T}\frac{\partial T}{\partial y}\bigg|_{y=0} \qquad (8-74)$$

式中,$\Delta T = T_s - T_\infty$。由于温度是 x 的函数,因此 $h = h(x)$,其平均值为

$$\bar{h} = \frac{\displaystyle\int_0^L h(x)\,\mathrm{d}x}{\displaystyle\int_0^L \mathrm{d}x} \qquad (8-75)$$

由此可见,要求解一个对流换热问题,获得该问题的表面传热系数或交换的热流量,就必须首先获得流场的温度分布,即温度场,然后确定壁面上的温度梯度,最后计算出在参考温差下的表面传热系数。一般而言,对流换热问题的分析求解较为复杂,常采用实验求解和数值求解的方法。

8.3.3 强制对流换热

如果流体的流动是由水泵、风机或其他压差作用造成的,则称为强制对流。流体的强制流动主要有两种基本类型:内部流动和外部流动。常见的内部流动是管道内部的流动,称为管内流动;常见的外部流动有绕流圆管的流动、绕流圆球的流动、掠过平面的流动等。这里仅介绍管内流动时的强制对流传热基本概念。

当流体由大空间流入一圆管时,流动边界层有一个从零开始增长直到汇合于圆管中心线的过程。当流体与管壁之间存在温差时,流体与管壁之间就会发生对流换热。流体进入管口以后,在形成流动边界层的同时也形成热边界层。管内壁上的热边界层也有一个从零开始增长直到汇合于圆管中心线的过程(如图 8-29 所示)。通常将流动边界层及热边界层汇合于圆管中心线后的流体流动或对流传热称为已经充分发展的流动或对流传热,从进口到充分发展

段之间的区域则称为入口段。入口段的热边界层较薄,局部对流传热系数比充分发展段的高,随着流动的深入,对流传热系数逐渐降低。如果边界层中出现了湍流,则湍流的扰动和混合作用会使局部对流传热系数有所提高,之后再逐渐趋向一定值。

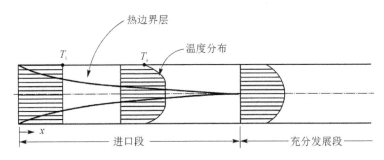

图 8 - 29　管内对流换热示意图

无相变流体在圆直管内作强制湍流时的 h 关联式通常采用幂函数形式(如式 8 - 71)。常用的关联式为

$$Nu = 0.023Re^{0.8}Pr^n \tag{8-76}$$

式中,当流体被加热时,$n=0.4$;当流体被冷却时,$n=0.3$。式(8 - 76)适用于流体与壁面具有中等以下温差的场合,应用范围:$Re>10\ 000$,$0.7<Pr<120$;管长与管径之比 $l/d \geqslant 60$。定性温度取取流体进、出口温度的算术平均值。

对于高粘度液体可采用下式

$$Nu = 0.027\ Re^{0.8}Pr^{0.33}\varphi_{\mathrm{w}} \tag{8-77}$$

式中,φ_{w} 为粘度校正系数。当液体被加热时,$\varphi_{\mathrm{w}}=1.05$;当流体被冷却时,$\varphi_{\mathrm{w}}=0.95$。定性温度取流体进、出口温度的算术平均值。

研究表明,常物性流体在管内受迫层流或湍流换热时,热充分发展段的表面传热系数将保持不变,不再随轴向坐标(管长方向)变化,对常壁温和常热流两种热边界均是如此,如图 8 - 30 所示。入口段的热边界层较薄,局部表面传热系数高于充分发展段,且沿着主流方向逐渐降低,如图 8 - 30(a)所示。如果边界层中出现了湍流,则湍流的扰动与混合作用又会使局部表面传热系数有所提高,再逐渐趋于一个定值,如图 8 - 30(b)所示。

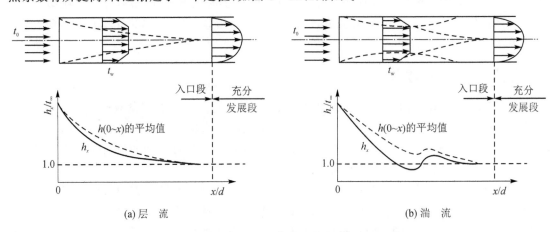

图 8 - 30　管内对流换热局部表面传热系数的沿程变化

当流体与管壁温度不同时,二者之间将发生对流换热。当流体在管内被加热或被冷却时,

加热或冷却壁面的热状况称为热边界条件。实际工程传热中典型的热边界条件有均匀热流和均匀壁温。图 8-31 为管内流动的沿程温度分布。

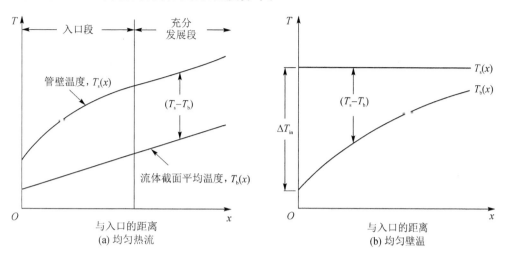

图 8-31 管内流动的沿程温度

8.3.4 自然对流换热

静止的流体如果与不同温度的固体表面接触,则靠近固体表面的流体将因受热(冷却)与主体静止流体之间产生温度差,从而造成密度差,引起自然对流换热(如图 8-32 所示)。自然对流换热分为大空间对流换热和有限空间对流换热。自然对流换热是热制造工艺中工件散热的主要方式,如铸件、锻件、焊件的冷却。

自然对流边界层如图 8-32(b)所示。

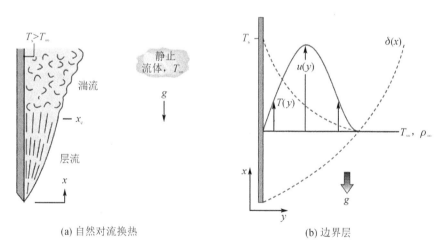

图 8-32 自然对流换热与边界层

在自然对流换热中,格拉晓夫数 Gr 具有重要意义。Gr 表征流体浮升力与粘性力的比值,其在自然对流换热中的作用与雷诺数在强制对流换热中的作用相当。Gr 值越大,自然对流越强烈。工程上常采用特征关联式计算自然对流换热,即

$$Nu = C(GrPr)^n \tag{8-78}$$

式中，C、n 是由实验确定的系数和指数。$GrPr$ 又称为瑞利(Rayleigh)数，记为 Ra。根据 Nu 数可求得对流换热系数及热流密度。

例题 8 - 3 如图 8 - 33 所示，温度为 20 ℃的空气平行掠过温度为 140 ℃的平板(平板下表面绝热)。取平板长度为特征长度，$Re=4\times10^4$，$Pr=0.70$，空气的导热系数 $k=0.029\,9$ W/(m·K)，$Nu=0.664Re^{\frac{1}{2}}Pr^{\frac{1}{3}}$。求：①平板表面与空气的换热量；②讨论空气流速对传热系数的影响。

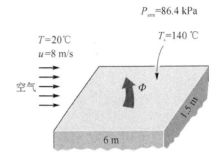

图 8 - 33   例题 8 - 3 图

解：(1) 根据 $Nu=0.664Re^{\frac{1}{2}}Pr^{\frac{1}{3}}$，可得

$$\frac{hl}{k}=Nu=0.664Re^{\frac{1}{2}}Pr^{\frac{1}{3}}=0.664\times(4\times10^4)^{\frac{1}{2}}\times(0.7)^{\frac{1}{3}}=117.9$$

$$h=\frac{Nuk}{l}=\left(\frac{117.9\times0.029\,9}{6}\right) \text{W/(m}^2\cdot\text{K)}=0.587\,5\ \text{W/(m}^2\cdot\text{K)}$$

根据牛顿冷却定律，换热量为

$$\Phi=hA(T_w-T_\infty)=(0.587\,5\times6\times1.5\times(140-20))\ \text{W}=634.5\ \text{W}$$

(2) 设空气得流速为 u，由 $Re=\dfrac{ul}{\upsilon}$ 可得

$$h=\frac{Nuk}{l}=0.664u^{\frac{1}{2}}\left(\frac{l}{\upsilon}\right)^{\frac{1}{2}}Pr^{\frac{1}{3}}\frac{\lambda}{l}$$

由此可见，随着空气流速的增加，换热系数 h 增大。

8.3.5 相变换热

流体相变传热有两种情况：一种是蒸气的冷凝，一种是液体的沸腾。由于流体在对流传热过程中伴随着相态变化，因此有相变时的对流传热过程比无相变时更为复杂。

1. 沸腾换热

将液体加热到操作条件下的饱和温度时，整个液体内部都会有气泡产生，这种现象称为液体沸腾。发生在沸腾液体与固体壁面之间的传热称为沸腾对流传热(如图 8 - 34 所示)，简称为沸腾换热。

工业上使液体沸腾的方法主要有两种：一种是将加热壁面浸没在液体中，液体在壁面处受热沸腾，称为池内沸腾；另一种是令液体在管内流动时受热沸腾，称为管内沸腾。后者机理更为复杂。

无论是池内沸腾还是管内沸腾，都有过冷沸腾和饱和沸腾之分。当液体主体温度低于相

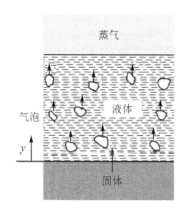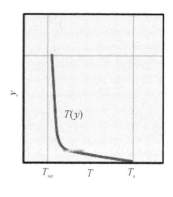

图 8 - 34　沸腾换热示意图

应压力下的饱和温度,而加热面温度又高于饱和温度时,将产生过冷沸腾。此时,在加热面上产生的气泡将在液体主体重新凝结,热量的传递是通过这种汽化-凝结的过程实现的。当液体主体的温度达到其相应压力下的饱和温度时,离开加热面的气泡不再重新凝结,这种沸腾称为饱和沸腾。

通过对水在一个大气压(1.013×10^5 Pa)下的大容器饱和沸腾换热过程的实验观察,得到如图 8 - 35(a)所示的曲线,称为饱和沸腾曲线。曲线的横坐标为加热面温度与相应压力下水的饱和温度之差 ΔT_x,称为沸腾温差,或加热面的过热度;纵坐标为热流密度 q。如果控制加热面的温度,使 ΔT_x 缓慢增加,可以观察到四种不同的换热状态:自然对流(图 8 - 35(b)1)、核态对流(图 8 - 35(b)3~4)、过渡沸腾(图 8 - 35(b)5)和膜态对流(图 8 - 35(b)6)。

在沸腾换热中,气泡的产生和运动影响极大。气泡的产生和运动与加热表面的状况及液体的性质两方面因素有关。因此,沸腾换热的强化也可以从加热表面和沸腾液体两方面入手。其一是将金属表面粗糙化(如图 8 - 36 所示),这样可提供更多汽化核心,使气泡运动加剧,使给热过程得以强化;其二是在沸腾液体中加入少量添加剂,改变沸腾液体的表面张力,添加剂还可提高沸腾液体的临界热负荷。

液体在管内强迫流动时的沸腾情况和池内沸腾不完全一样。液体一方面在加热面上沸腾,一方面又以一定的速度流过加热面,因而对流传热既与沸腾传热有关,又与强迫对流传热有关。管内流动沸腾传热在工程上应用比较广泛,如锅炉中的水冷壁和对流蒸发管束,以及各种管外加热的蒸发器和蒸馏器等。

2. 冷凝换热

蒸汽冷凝作为一种加热方法,在工业生产中被广泛应用。在蒸汽冷凝加热过程中,加热介质为饱和蒸汽。饱和蒸汽与低于其温度的冷壁接触时,会凝结为液体,释放出汽化潜热。发生在蒸汽冷凝和壁面之间的传热称为冷凝对流传热,简称冷凝换热。

冷凝传热速率与蒸汽的冷凝方式密切相关。蒸汽冷凝主要有两种方式:膜状冷凝和滴状冷凝(如图 8 - 37 所示)。如果冷凝液能够润湿壁面,则会在壁面上形成一层液膜,称为膜状冷凝;如果冷凝液不能润湿壁面,则会在壁面上杂乱无章地形成许多小液滴,称为滴状冷凝。

在膜状冷凝过程中,壁面被液膜覆盖,此时蒸汽的冷凝只能在液膜的表面进行,即蒸汽冷凝放出的潜热必须通过液膜才能传给壁面。因此,冷凝液膜往往成为膜状冷凝的主要热阻。

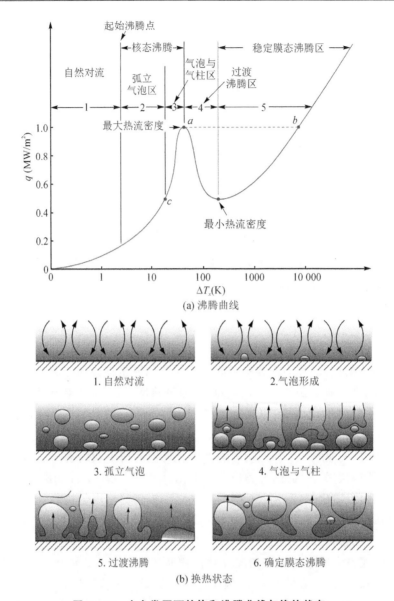

(a) 沸腾曲线

1. 自然对流　　　2. 气泡形成

3. 孤立气泡　　　4. 气泡与气柱

5. 过渡沸腾　　　6. 确定膜态沸腾

(b) 换热状态

图 8 - 35　水在常压下的饱和沸腾曲线与换热状态

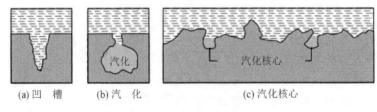

(a) 凹　槽　　　(b) 汽　化　　　(c) 汽化核心

图 8 - 36　汽化核心示意图

冷凝液膜在重力作用下沿壁面向下流动时,其厚度不断增加,所以壁面越高或水平放置的管子管径越大,整个壁面的平均换热系数就越小。

在滴状冷凝过程中,壁面的大部分直接暴露在蒸汽中,由于在这些部位没有液膜阻碍热流,故其换热系数很大,是膜状冷凝的 10 倍左右。但是要保持滴状冷凝是很困难的,即使在开

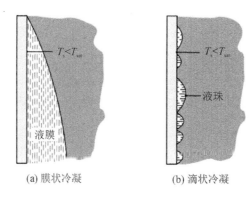

(a) 膜状冷凝　　　　　　　　　(b) 滴状冷凝

图 8 - 37　膜状冷凝和滴状冷凝示意图

始阶段为滴状冷凝,经过一段时间后,由于液珠的聚集,大部分壁面也要变成膜状冷凝。

8.4　辐射换热

　　物体以电磁波的形式向外发射能量的过程称为辐射。加热体的辐射传热是一种空间的电磁波辐射过程,可穿过透明体,被不透光的物体吸收后又转变成热能。

8.4.1　热辐射的基本概念

　　物体热辐射的电磁波波长可以包括整个波段,但有实际意义的热辐射波长在 $0.38 \sim 100 \ \mu m$ 之间(如图 8 - 38 所示),主要包括部分紫外线、全部可见光和红外线,且大部分能量位于红外线波长的 $0.76 \sim 100 \ \mu m$ 范围内。在可见光段,即波长为 $0.38 \sim 0.76 \ \mu m$ 的区段,热辐射能量的比重不大。太阳辐射的主要能量集中在 $0.2 \sim 2 \ \mu m$ 的波长范围,其中可见光区段占有很大比重。

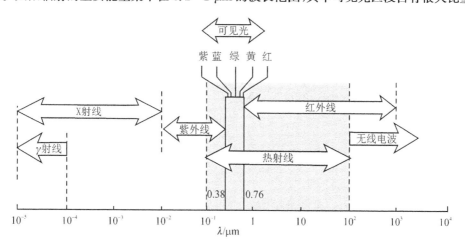

图 8 - 38　电磁波波谱

1. 物体对热辐射的吸收、反射和穿透

　　设投射到某一物体上的总辐射能为 G,则其中一部分能量(G_a)被吸收,一部分能量(G_ρ)被反射,余下的能量(G_τ)透过物体(如图 8 - 39 所示)。总辐射能为 G 为

$$G = G_\alpha + G_\rho + G_\tau \tag{8-79}$$

或

$$\frac{G_\alpha}{G} + \frac{G_\rho}{G} + \frac{G_\tau}{G} = 1 \tag{8-80}$$

式中，$\dfrac{G_\alpha}{G}$、$\dfrac{G_\rho}{G}$、$\dfrac{G_\tau}{G}$ 分别称为物体的吸收率、反射率和透过率，依次用 α、ρ、τ 来表示，即 $\alpha + \rho + \tau = 1$。$\alpha = 1$ 的物体称为绝对黑体或黑体；$\rho = 1$ 的物体称为绝对白体或镜体；$\tau = 1$ 的物体称为透热体。能以相同的吸收率吸收所有波长范围的辐射能的物体，被定义为灰体。大多数工程材料可视为灰体。灰体吸收率不随辐射波长而变，它是不透热体，即 $\alpha + \rho = 1$。气体对热辐射几乎没有反射能力，可认为反射率 $\rho = 0$，即 $\alpha + \tau = 1$。

对于一定材料的物体，其对黑体辐射的吸收率是物体温度和热源温度的函数。

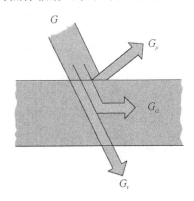

图 8-39　物体对热辐射的吸收、反射和穿透

2. 辐射力

物体的辐射力是指物体在一定的温度下，单位表面积在单位时间内所发射的全部波长的总能量，用 E 表示，单位为 $\mathrm{W/m^2}$。在相同的条件下，物体发射特定波长的能力称为单色辐射能力。辐射力表示物体热辐射本领的大小。

单色辐射力 E_λ 与辐射力 E 之间的关系为

$$E = \int_0^\infty E_\lambda \, \mathrm{d}\lambda \tag{8-81}$$

单色辐射力 E_λ 的单位是 $\mathrm{W/m^3}$。黑体的辐射力和单色辐射力分别表示为 E_b 和 $E_\mathrm{b\lambda}$。

(1) 普朗克定律

普朗克定律揭示了黑体辐射能量按波长的分布规律，即黑体单色辐射力 $E_\mathrm{b\lambda} = f(\lambda, T)$ 的具体函数形式。根据量子理论导得的普朗克定律如下

$$E_\mathrm{b\lambda} = \frac{C_1 \lambda^{-5}}{\mathrm{e}^{C_2/\lambda T} - 1} \tag{8-82}$$

式中，λ 为波长（m）；T 为黑体的热力学温度（K）；e 为自然对数的底；C_1 为常数，其值为 $3.741\,77 \times 10^{-16}\,\mathrm{W \cdot m^{-2}}$；$C_2$ 为常数，其值为 $1.438\,77 \times 10^{-2}\,\mathrm{m \cdot K}$。

普朗克定律所描述的黑体在不同温度下的单色辐射力随波长的分布规律如图 8-40 所示。每条曲线下的面积表示相应温度下的黑体的辐射力。

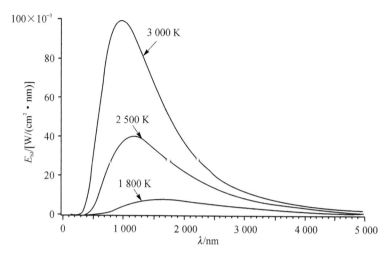

图 8-40　黑体在不同温度下的单色辐射力随波长的分布规律

普朗克定律为金属在加热时呈现不同的颜色(色温)提供了解释依据。当金属温度低于500 ℃时,由于实际上没有可见光辐射,我们不能观察到金属颜色的变化。随着温度进一步升高,金属将出现所谓白炽,这是由于随着温度的升高,热辐射中的可见光不断增加。

(2) 斯蒂芬-玻耳兹曼定律

将式(8-82)代入式(8-81),积分可得

$$E_b = \sigma_b T^4 \tag{8-83}$$

式(8-83)为著名的斯蒂芬-玻耳兹曼定律(又称四次方定律)。式中 σ_b 称为斯蒂芬-玻耳兹曼常数(或黑体辐射常数),其值为 5.67×10^{-8} W/(m² · K⁴)。为了计算高温辐射的方便,通常将式(8-83)写成如下形式

$$E_b = C_b \left(\frac{T}{100} \right)^4 \tag{8-84}$$

式中,比例系数 C_b 称为黑体辐射系数,C_b 值决定于物体表面的情况。对于绝对黑体,$C_b = 5.67$ W/(m² · K⁴)。

实际物体的辐射不同于黑体。实际物体的光谱辐射力往往随波长作不规则的变化。图8-41比较了相同温度下实际物体和黑体的单色辐射力曲线。将实际物体的辐射力与同温度下黑体辐射力的比值称为实际物体的发射率 ε(通常称为黑度)

$$\varepsilon = \frac{E}{E_b} \tag{8-85}$$

若已知物体的发射率,则根据式(8-84)和式(8-85)可计算实际物体的辐射力

$$E = \varepsilon E_b = \varepsilon C_b \left(\frac{T}{100} \right)^4 \tag{8-86}$$

(3) 基尔霍夫定律

普朗克定律和斯蒂芬-玻耳兹曼定律仅描述了黑体发射热辐射的规律,如果要考虑物体吸收热辐射的情况,就要引入基尔霍夫定律。基尔霍夫定律表达物体的辐射能力 E 与吸收率 α 之间的关系。假设图8-42所示的两块平行平板相距很近,于是从一块板发出的辐射能全部落到另一块板上。若 1 为黑体表面,其辐射力、吸收比和表面温度分别为 E_b、α_b($\alpha_b = 1$)和

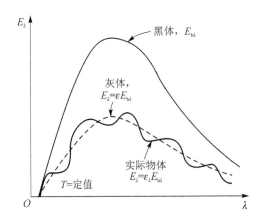

图 8 - 41　黑体、灰体与实际物体的单色辐射力曲线

T_1；2 为任意物体表面，其辐射力、吸收比和表面温度分别为 E、α 和 T_2。表面 2 自身单位面积在单位时间内发射出的能量为 E，这份能量投在黑体表面 1 上时被全部吸收。表面 1 的辐射能量 E_b 落到表面 2 上时只被吸收 αE_b，其余部分 $(1-\alpha)E_b$ 被反射回表面 1，并被表面 1 全部吸收。表面 2 的能量支出与收入的差额即为两表面间辐射换热的热流密度

$$q = E - \alpha E_b \qquad (8-87)$$

当系统处于热平衡状态，即 $T_1 = T_2 = T$，$q = 0$，则有

$$\frac{E}{\alpha} = E_b \qquad (8-88)$$

把这种关系推广到任意物体时，可得如下关系

$$\frac{E_1}{\alpha_2} = \frac{E_2}{\alpha_2} = \frac{E_3}{\alpha_3} = \cdots = \frac{E}{\alpha} = E_b \qquad (8-89)$$

该式表明任何物体的辐射能力和吸收率的比值等于同温度下黑体的辐射能力。实际物体的吸收率小于 1，故在任一温度下，黑体的辐射能力最大，而且物体的吸收率越大，其辐射能力也越大。

根据式(8-86)，式(8-89)也可写为

$$\alpha = \frac{E}{E_b} = \varepsilon \qquad (8-90)$$

式(8-89)、式(8-90)就是基尔霍夫定律的两种数学表达式，表明任何物体在热平衡条件下对黑体辐射的吸收率等于该物体的发射率。基尔霍夫定律同样也适用于单色辐射，即

$$\alpha_\lambda = \frac{E_\lambda}{E_{b\lambda}} = \varepsilon_\lambda \qquad (8-91)$$

式中，α_λ 为单色吸收率，ε_λ 为单色发射率。对于黑体，在任何温度下、对任何波长的单色吸收率均为 1。而实际物体的单色吸收率与温度和辐射的波长有关，如图 8-43 所示。

实际物体的单色吸收率随波长而异的特性表明物体对辐射的吸收具有选择性，这一特性给辐射换热的计算带来了不便。因此，引入灰体的假定，灰体的单色吸收率也与温度和波长无关，其值小于 1（如图 8-43 所示）。灰

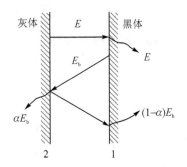

图 8 - 42　平行平板间的辐射换热

体也是一种理想物体,对于工程计算而言,只要在所研究的波长范围内光谱吸收比基本上与波长无关,则灰体的假定即可成立,而不必要求在全波段范围均为常数。

图 8 - 44 为典型材料的发射率变化范围。

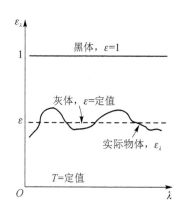

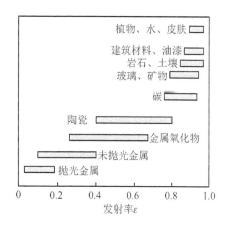

图 8 - 43 黑体、灰体与实际物体的单色发射率(吸收率)   **图 8 - 44 典型材料的发射率**

8.4.2 两固体间的辐射换热

辐射换热主要指两个或两个以上表面之间的换热过程。只要两个表面间的介质对热射线是完全透射的(如空气),或表面间为真空状态,那么表面间的辐射换热就不可避免。这种换热取决于物体表面的形状、大小和方位,还与表面的辐射性质及温度有关。

1. 黑体表面间的辐射换热

由于黑体的特殊性,离开黑体表面的辐射能只是自身辐射,落到黑体表面的辐射能被全部吸收,使表面间辐射传热问题得到简化。考虑表面积分别为 A_1 和 A_2 的黑体表面,温度均匀分布且保持恒定,温度分别为 T_1 和 T_2,表面间介质对热辐射是透明的。如图 8 - 45 所示,每个表面辐射的能量都只有一部分能到达另一个表面,其余部分进入表面以外的空间。将表面 A_1 发射出的辐射能投射到表面 A_2 的百分数称为表面 A_1 对表面 A_2 的角系数,记为 X_{12};将表面 A_2 发射出的辐射能投射到表面 A_1 的百分数,称为表面 A_2 对表面 A_1 的角系数,记为 X_{21}。角系数纯系几何因子,只取决于传热物体的形状、尺寸及物体的相对位置等几何特性,与物体表面温度以及是否为黑体无关。

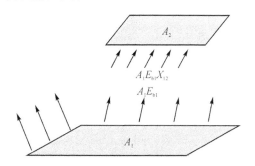

图 8 - 45 黑体表面间的辐射换热示意图

如果两黑体表面组成封闭空腔,则两黑体表面间的辐射换热量同时也是表面 A_1 净失去的热量和表面 A_2 净得到的热量。

角系数是辐射换热计算中的一个很重要的物理量。求解角系数的方法主要有直接积分法、代入分析法(即几何分析法)等,工程中通常采用图表法。

由角系数的定义可知,单位时间从表面 1 发射出的辐射能中投射到表面 A_2 的辐射能为 $E_{b1}A_1X_{12}$,而单位时间从表面 2 发射出的辐射能中投射到表面 A_1 的辐射能为 $E_{b2}A_2X_{21}$。因为两个表面都是黑体,所以投射到其表面的辐射能分别被全部吸收,于是两个黑体间的辐射换热量为

$$\Phi_{12} = E_{b1}A_1X_{12} - E_{b2}A_2X_{21} \tag{8-92}$$

在热平衡条件下,两个黑体表面温度相等,$T_1 = T_2$,则 $\Phi_{12} = 0$,代入式(8-92)可导出

$$A_1X_{12} = A_2X_{21} \tag{8-93}$$

式(8-93)称为角系数的相对性。此外,由多个表面组成的封闭辐射系统,任何一个表面对所有表面的角系数的总和等于1,这称为角系数的完整性。

根据角系数的相对性,式(8-92)可写成

$$\Phi_{12} = (E_{b1} - E_{b2})A_1X_{12} = (E_{b1} - E_{b2})A_2X_{21} \tag{8-94a}$$

式(8-94a)可进一步写成如下形式

$$\Phi_{12} = \frac{E_{b1} - E_{b2}}{\dfrac{1}{A_2X_{21}}} \tag{8-94b}$$

式中,$\dfrac{1}{A_2X_{21}}$ 称为空间辐射热阻,单位为 m^{-2},是两个表面的几何形状、大小及相对位置在其间产生的辐射换热阻力。$E_{b1} - E_{b2}$ 相当于电势差,Φ_{12} 则相当于电流强度。这样就类似于导热及对流换热,可以用电阻网络来模拟辐射传热问题(如图 8-46 所示)。

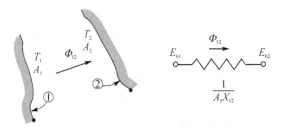

图 8-46　两黑体表面的辐射传热及空间热阻

2. 灰体表面间的辐射换热

(1) 有效辐射

灰体只能吸收一部分入射的辐射能,未吸收的部分被反射出去,因而辐射在两灰体表面间存在多次反射、吸收。为简化计算,定义单位时间投射到表面的总辐射能为投入辐射 G,反射为 $G_{\mathrm{ref}} = \rho G = (1-\alpha)G$;单位时间总的离开单位表面积的辐射能为有效辐射(如图 8-47 所示),记为 J,可表示为

$$J = E + \rho G = \varepsilon E_b + (1-\alpha)G \tag{8-95}$$

式中,ε 为物体的发射率或黑度。根据表面的能量平衡,该表面的辐射换热应为

$$\Phi = A(J - G) \tag{8-96}$$

式中 A 为表面积。式(8-95)与式(8-96)联立消去 G 可得

$$J = \frac{E}{\alpha} - \frac{1-\alpha}{\alpha} \frac{\Phi}{A} = E_b - \left(\frac{1}{\varepsilon} - 1\right) \frac{\Phi}{A} \tag{8-97}$$

由此可得

$$\Phi = \frac{E_b - J}{\dfrac{1-\varepsilon}{\varepsilon A}} \tag{8-98}$$

式中，$\dfrac{1-\varepsilon}{\varepsilon A}$ 为表面辐射热阻，等效电路如图 8-48 所示。

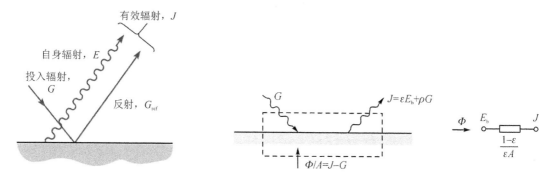

图 8-47 有效辐射示意图   图 8-48 表面热阻及等效电路

两个灰体间(如图 8-49)的辐射换热量应为

$$\Phi_{12} = J_1 A_1 X_{12} - J_2 A_2 X_{21} \tag{8-99}$$

根据角系数的相对性，式(8-99)可写成

$$\Phi_{12} = (J_1 - J_2) A_1 X_{12} = (J_1 - J_2) A_2 X_{21} \tag{8-100a}$$

式(8-100a)可进一步写成如下形式

$$\Phi_{12} = \frac{J_1 - J_2}{\dfrac{1}{A_2 X_{21}}} \tag{8-100b}$$

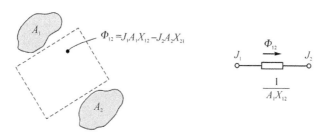

图 8-49 两灰体间的辐射换热及等效电路

(2) 两灰体表面构成的封闭空腔内的辐射换热

如图所示，由灰体表面 A_1 及 A_2 组成的封闭空腔，辐射传热仅限于两表面之间。假设 $T_1 > T_2$，根据式(8-97)可得表面 A_1、A_2 的有效辐射 J_1、J_2

$$J_1 = E_{b1} - \left(\frac{1}{\varepsilon_1} - 1\right)\frac{\Phi_1}{A_1} \tag{8-101a}$$

$$J_2 = E_{b2} - \left(\frac{1}{\varepsilon_2} - 1\right)\frac{\Phi_2}{A_2} \tag{8-101b}$$

在稳定状态下，$\Phi_1 = -\Phi_2 = \Phi_{12}$。将式(8-101)代入式(8-100a)并整理，可得

$$\Phi_{12} = \frac{E_{b1} - E_{b2}}{\dfrac{1-\varepsilon_1}{A_1\varepsilon_1} + \dfrac{1}{A_2 X_{21}} + \dfrac{1-\varepsilon_2}{A_2\varepsilon_2}} \tag{8-102}$$

式中，$\dfrac{1-\varepsilon_1}{A_1\varepsilon_1} + \dfrac{1}{A_2 X_{21}} + \dfrac{1-\varepsilon_2}{A_2\varepsilon_2}$ 称为辐射换热热阻，其中 $\dfrac{1-\varepsilon_1}{A_1\varepsilon_1}$、$\dfrac{1-\varepsilon_2}{A_2\varepsilon_2}$ 分别为表面 A_1、A_2 的表面热阻，$\dfrac{1}{A_2 X_{21}}$ 为表面 A_1 与 A_2 之间的空间热阻。这表明两灰体表面所构成封闭空腔的辐射传热的热阻由两个表面热阻和一个空间辐射热阻串联组成，其等效的电阻网络如图 8-50 所示，J_1 及 J_2 相当于节点电压。

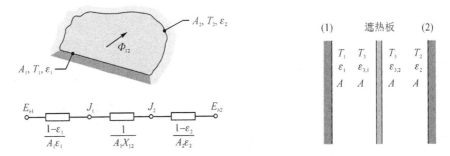

图 8-50　两灰体表面构成的封闭空腔的辐射传热及等效电阻网络　　图 8-51　例题 8-4 图

例题 8-4　如图 8-51 所示，在两大平板之间放置一块极薄的遮热板(可忽略内热阻)，绘制该体系的辐射传热等效电阻网络，写出辐射换热计算式。

解：加遮热板(用序号 3 表示)的等效电阻网络如下图所示。

$$\overset{\Phi_{12}}{\longrightarrow}$$

E_{b1}　　J_1　　$J_{3,1}$　　E_{b3}　　$J_{3,2}$　　J_2　　E_{b2}

$\dfrac{1-\varepsilon_1}{A\varepsilon_1}$　$\dfrac{1}{A X_{1,3}}$　$\dfrac{1-\varepsilon_{3,1}}{A\varepsilon_{3,1}}$　$\dfrac{1-\varepsilon_{3,2}}{A\varepsilon_{3,2}}$　$\dfrac{1}{A X_{3,2}}$　$\dfrac{1-\varepsilon_2}{A\varepsilon_2}$

辐射换热计算式为

$$\Phi_{132} = \frac{E_{b1} - E_{b2}}{\dfrac{1-\varepsilon_1}{A\varepsilon_1} + \dfrac{1}{AX_{13}} + \dfrac{1-\varepsilon_{3,1}}{A\varepsilon_{3,1}} + \dfrac{1-\varepsilon_{3,2}}{A\varepsilon_{3,2}} + \dfrac{1}{AX_{32}} + \dfrac{1-\varepsilon_2}{A\varepsilon_2}}$$

化简可得

$$\Phi_{132} = \frac{A\sigma(T_1^4 - T_2^4)}{\dfrac{1}{\varepsilon_1} + \dfrac{1}{\varepsilon_2} + \dfrac{1}{\varepsilon_{3,1}} + \dfrac{1}{\varepsilon_{3,2}} + \dfrac{1}{X_{13}} + \dfrac{1}{X_{32}} - 4}$$

对于无限大平板 $X_{13} \approx X_{32} \approx 1$,则有

$$\Phi_{132} = \frac{A\sigma(T_1^4 - T_2^4)}{\left(\dfrac{1}{\varepsilon_1} + \dfrac{1}{\varepsilon_2} - 1\right) + \left(\dfrac{1}{\varepsilon_{3,1}} + \dfrac{1}{\varepsilon_{3,2}} - 1\right)}$$

而无隔热板时,有

$$\Phi_{12} = \frac{A\sigma(T_1^4 - T_2^4)}{\dfrac{1}{\varepsilon_1} + \dfrac{1}{\varepsilon_2} - 1}$$

由此可见,加了遮热板后,增加了两个表面辐射热阻和一个空间辐射热阻。因此,总的辐射传热热阻增加,物体间的辐射传热量减少。

若 $\varepsilon_1 = \varepsilon_2 = \varepsilon_{3,1} = \varepsilon_{3,2}$,则有

$$\Phi_{132} = \frac{1}{2}\Phi_{12}$$

3. 总换热

固体表面和外界的热交换往往同时存在对流和辐射换热两种形式(如图 8 - 52 所示)。为了研究方便,常常引入一个总换热系数来考虑这两种换热方式的综合影响。总换热的热流密度为

$$q = q_c + q_r = (\bar{h}_c + \bar{h}_r)(T_1 - T_2) = \bar{h}(T_1 - T_2) \tag{8-103}$$

式中,q_c、q_r 分别为对流换热热流密度和辐射换热热流密度;$\bar{h}_c$、$\bar{h}_r$ 分别为对流和辐射换热系数;$\bar{h}$ 为总的表面换热系数。

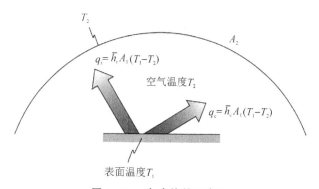

图 8 - 52　复合换热示意图

8.5　传热过程与换热器

在实际工程的换热过程中,需要冷、热两种流体进行热交换,但不允许它们混合,为此要用固体壁(间壁)将冷、热流体隔开,使两种流体分别位于间壁的两侧。这种高温流体通过间壁将热量传递给低温流体的过程称为传热过程,实现这种换热的装置称为换热器。

8.5.1　传热过程

工业上应用的换热器大多数是间壁式换热器。间壁式换热器也称为表面式换热器,用于两种流体之间的换热。这里主要介绍两流体间壁传热过程。

1. 传热基本方程

图 8-53 为套管式间壁换热器的构造示意图,它由直径不同的两种管子套在一起所组成的同心套管构成。内管内流过一种流体,内管外壁与外管内壁之间形成的环形空间流过另一种流体。内管的管壁就成为隔在两种流体之间的传热壁面。如果需要更多的传热面,可将多个套管连接起来工作。

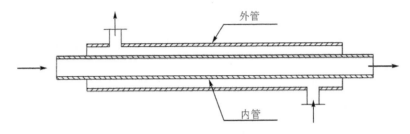

外管

内管

图 8-53 间壁式换热器示意图

间壁式换热器内的热量传递有两种基本方式:热传导和热对流。其传热过程包括三个步骤:热流体将热量传递到间壁的一侧;热量自间壁一侧传递至另一侧;热量由壁面向冷流体传递。工程中的间壁换热问题很多是圆筒壁中的传热过程,如图 8-54 所示,可以看出圆筒壁的传热面积随半径而变。

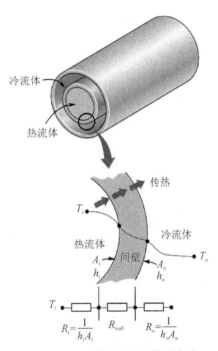

冷流体

热流体

图 8-54 间壁式换热及等效电路

在间壁式换热器中,通常是两种不同温度的流体进行换热,有时也可能有两种以上温度不同的流体参与换热。由于流体在换热器中的流动方向和顺序(即流动形式)直接关系着换热器中各部分换热壁面两侧流体间的温差和通过换热面的热流密度,决定着整个换热器的热力工作性能(如总的传热量、流体的温度分布等),因此设计换热器必须考虑流动形式。

间壁式换热器根据其工作流体流动特征可分为三类:顺流换热器、逆流换热器和交叉流换热器(见图 8-55)。顺流换热器的高温流体与低温流体流动方向相同,入口处冷热流体的温差较大。逆流换热器的高温流体与低温流体流动方向相反,冷热流体的温差较小。交叉流换热器的高温流体与低温流体流动方向垂直相交。

间壁式换热器传热时,冷、热流体分别处在间壁两侧,两流体间的热交换包括固体壁面的导热和流体与固体壁面间的对流传热。

通过管壁的传热过程总热阻与平壁传热过程类似。图 8-56 为通过平壁的传热过程及等效电路。此传热过程的总热阻为

$$R = R_1 + R_w + R_2 = \frac{1}{\alpha_1 A_1} + \frac{L}{k A_m} + \frac{1}{\alpha_2 A_2} \qquad (8-104)$$

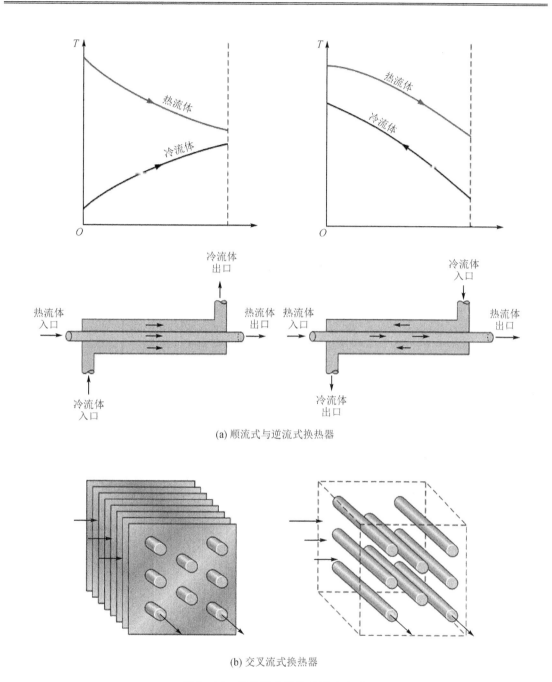

(a) 顺流式与逆流式换热器

(b) 交叉流式换热器

图 8 - 55　换热器中流体的流动方式

式中,R 为总热阻,R_1 为热流体侧对流换热热阻,R_w 为间壁的导热热阻,R_2 为冷流体侧对流换热热阻。

在间壁式换热过程中,如果已知壁面温度,可以利用导热公式计算所传递的热流量。但是,实际壁面温度往往是未知的,且难以准确测量,而流体温度往往是已知的或可测量的。因此,在间壁式传热计算中,常用热、冷流体的温度差来构建传热推动力的总传热方程(又称为传热基本方程),即

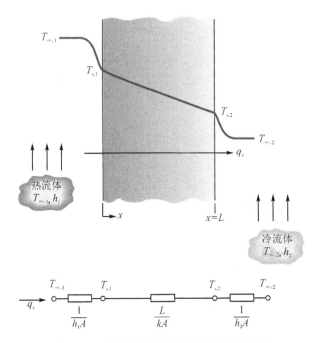

图 8 - 56　通过平壁的传热过程及等效电路

$$\Phi = KA\Delta T_{\mathrm{m}} = \frac{\Delta T_{\mathrm{m}}}{1/KA} = \frac{\Delta T_{\mathrm{m}}}{R} \tag{8 - 105}$$

式中：Φ 为热流量或传热量，单位为 W；K 为总传热系数，单位为 W/（$\mathrm{m}^2 \cdot$ K）；A 为传热面积，单位为 m^2；ΔT_{m} 为传热平均温度差，单位为 K 或 ℃；R 为总热阻，单位为 K/W。

　　总传热方程中的传热平均温度差 ΔT_{m} 取决于两种流体的温度，计算时不含有壁温，所以用总传热方程计算间壁式传热的热流量比较方便。

　　对于一定的传热任务，确定所需传热面积是选择换热器型号的核心。传热面积由传热基本方程计算确定。由式(8 - 105)有

$$A = \frac{\Phi}{K\Delta T_{\mathrm{m}}} \tag{8 - 106}$$

由上式可知，要计算传热面积，必须先求得传热量 Φ、传热平均温度差 ΔT_{m} 以及传热系数 K。

2. 总传热系数

　　总传热系数是描述传热过程强弱的物理量，总传热系数越大，传热热阻越小，则传热效果越好。在工程上总传热系数是评价换热器传热性能的重要参数，也是对传热设备进行工艺计算的依据。影响总传热系数 K 值的因素主要有换热器的类型、流体的种类和性质，以及操作条件等。

(1) 总传热系数的计算

　　间壁式换热器中热、冷流体通过间壁的传热，由热流体的对流传热、固体壁面的导热及冷流体的对流传热三步串联而成。对于稳定传热过程，各串联环节的传热量相等，过程的总热阻等于各分热阻之和，可联立传热基本方程、对流传热方程及导热方程得出

$$\frac{1}{KA} = \frac{1}{\alpha_{\mathrm{i}}A_{\mathrm{i}}} + \frac{\delta}{kA_{\mathrm{m}}} + \frac{1}{\alpha_{\mathrm{o}}A_{\mathrm{o}}} \tag{8 - 107}$$

式(8-107)即为计算 K 值的基本公式。计算时,等式左边的传热面积 A 可选择传热面(管壁面)的外表面积 A_o,或内表面积 A_i,或平均表面积 A_m,但传热系数 K 必须与所选传热面积相对应。

若 A 取 A_o,则有

$$K_o = \cfrac{1}{\cfrac{A_o}{\alpha_i A_i} + \cfrac{\delta A_o}{k A_m} + \cfrac{1}{\alpha_o}} \qquad (8-108)$$

同理,若 A 取 A_i,则有

$$K_i = \cfrac{1}{\cfrac{1}{\alpha_i} + \cfrac{\delta A_i}{k A_m} + \cfrac{A_i}{\alpha_o A_o}} \qquad (8-109a)$$

若 A 取 A_m,则有

$$K_m = \cfrac{1}{\cfrac{A_m}{\alpha_i A_i} + \cfrac{\delta}{k} + \cfrac{A_m}{\alpha_o A_o}} \qquad (8-109b)$$

式中,A_o、A_i、A_m 分别为传热壁的外表面积、内表面积、平均表面积,单位为 m^2;K_i、K_o、K_m 分别为基于 A_o、A_i、A_m 的传热系数,单位为 $W/(m^2 \cdot K)$。

(2) 污垢热阻的影响

换热器在实际操作中,传热壁面常有污垢形成,会对传热产生附加热阻,称为污垢热阻。污垢热阻通常比传热壁面的热阻大得多,因而在传热计算中应考虑污垢热阻的影响。

影响污垢热阻的因素很多,主要有流体的性质、传热壁面的材料、操作条件、清洗周期等。由于污垢热阻的厚度及导热系数难以准确地估计,因此通常选用经验值。

设管内、外壁面的污垢热阻分别为 R_{si}、R_{so}。根据串联热阻叠加原理,则式(8-108)可写为

$$K_o = \cfrac{1}{\cfrac{A_o}{\alpha_i A_i} + R_{si} + \cfrac{\delta A_o}{\lambda A_m} + R_{so} + \cfrac{1}{\alpha_o}} \qquad (8-110)$$

上式表明,间壁两侧流体间的传热总热阻等于两侧流体的对流传热热阻、污垢热阻及管壁导热热阻之和。

应予指出,在传热计算中,无论以何种面积作为计算基准,结果均相同。但在工程上,大多以外表面积为基准,除特别说明外,手册中所列 K 值都是基于外表面积的传热系数,换热器标准系列中的传热面积也是指外表面积。因此,传热系数 K 的通用计算式为式(8-110),此时,传热基本方程式的形式为

$$\Phi = K_o A_o \Delta T_m \qquad (8-111)$$

若传热壁面为平壁或薄管壁,A_o、A_i、A_m 相等或近似相等,则式(8-110)可简化为

$$K_o = \cfrac{1}{\cfrac{1}{\alpha_i} + R_{si} + \cfrac{\delta}{\lambda} + R_{so} + \cfrac{1}{\alpha_o}} \qquad (8-112)$$

3. 换热器的热负荷

为了达到一定的换热目的,要求换热器在单位时间内传递的热量称为换热器的热负荷。

(1) 热负荷与传热速率的关系

传热速率是换热器在单位时间内传递的热量,代表换热器的生产能力,主要由换热器自身的性能决定。热负荷是生产上要求换热器在单位时间内传递的热量,是换热器的生产任务。为确保换热器能完成传热任务,换热器的传热速率至少须等于其热负荷。

在换热器的选型过程中,可用热负荷代替传热速率,求得传热面积后再考虑一定的安全裕量,然后进行选型或设计。

(2) 热负荷的确定

对于间壁式换热器,当换热器保温性能良好,且热损失可以忽略不计时,在单位时间内热流体放出的热量等于冷流体吸收的热量,即

$$\Phi = \Phi_h = \Phi_c \qquad (8-113)$$

式中,Φ_h 为热流体放出的热量,Φ_c 为冷流体吸收的热量,单位均为 W。

1) 焓差法

由于工业换热器中流体的进、出口压力差不大,故可近似为恒压过程。根据热力学定律,恒压过程热等于物系的焓差,则有

$$\Phi_h = W_c(H_1 - H_2) \qquad (8-114)$$

或

$$\Phi_h = W_c(h_1 - h_2) \qquad (8-115)$$

式中,W_h、W_c 分别为热、冷流体的质量流量,单位为 kg/s;H_1、H_2 分别为热流体的进、出口焓,单位为 J/kg;h_2、h_1 分别为冷流体的进、出口焓,单位为 J/kg。焓差法较为简单,但仅适用于流体的焓可查取的情况。

2) 显热法

若流体在换热过程中没有相变化,且流体的比热容可视为常数,或可取为流体进、出口平均温度下的比热容,其传热量可按以下两式计算

$$\Phi_h = W_h c_{ph}(T_1 - T_2) \qquad (8-116)$$

或

$$\Phi_c = W_c c_{pc}(t_1 - t_2) \qquad (8-117)$$

式中:c_{ph}、c_{pc} 分别为热、冷流体的比定压热容,单位为 J/(kg·K);T_1、T_2 分别为热流体的进、出口温度,单位为 K;t_2、t_1 分别为冷流体的进、出口温度,单位为 K。

注意 c_p 的求取:一般由流体换热前后的平均温度(即流体进出换热器的平均温度)$(T_1 + T_2)/2$ 或 $(t_2 + t_1)/2$ 查得。

必须指出,在 SI 单位制中,温度的单位是 K,但就温度差而言,其单位用 K 或℃是等效的,两者均可使用。

3) 潜热法

若流体在换热过程中仅仅发生恒温相变,其传热量可按以下两式计算

$$\Phi_h = W_h r_h \qquad (8-118)$$

或

$$\Phi_h = W_c r_c \qquad (8-119)$$

式中,r_h、r_c 分别为热、冷流体的汽化潜热,单位为 J/kg。

4. 传热平均温度差

在传热基本方程中，ΔT_m 为换热器的传热平均温度差，冷、热两流体在传热过程中的温度变化情况不同，传热平均温度差的大小及计算方法也不同。就换热器中冷、热流体的温度变化情况而言，有恒温传热与变温传热两种。

(1) 恒温传热时的平均温度差

当两流体在换热过程中均发生相变时，热流体温度 T 和冷流体温度 t 始终保持不变，称为恒温传热。如蒸发器中，饱和蒸汽和沸腾液体间的传热过程。此时，冷、热流体的温度均不随位置变化，两者间的温度差处处相等。因此，换热器的传热推动力可取任一传热截面上的温度差，即

$$\Delta T_m = T - t \tag{8-120}$$

(2) 变温传热时的平均温度差

变温传热时，若两流体的相互流向不同，则对温度差的影响也不相同，故应分别予以讨论。

1) 逆流和并流时的平均温度差

在换热器中，两流体若以相反的方向流动则称为逆流，若以相同的方向流动则称为并流，如图 8-57 所示。由图可见，温度差是沿管长而变化的，故需求出平均温度差。

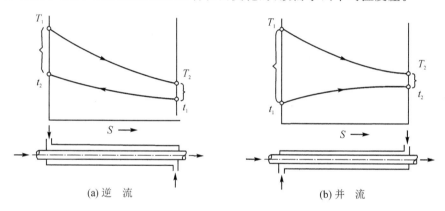

图 8-57　变温传热时的温度差变化

由热量衡算和传热基本方程联立即可导出传热平均温度差计算式

$$\Delta T_{lm} = \frac{\Delta T_1 - \Delta T_2}{\ln(\Delta T_1 / \Delta T_2)} \tag{8-121}$$

式中：ΔT_{lm} 为对数平均温度差，单位为 K；ΔT_1、ΔT_2 分别为换热器两端冷热两流体的温差，单位为 K。

式 (8-121) 是并流和逆流时传热平均温度差的计算通式，对于各种变温传热都适用。当一侧变温时，无论是逆流还是并流，平均温度差都相等；当两侧变温传热时，并流和逆流的平均温度差不同。在计算时注意，一般取换热器两端温差中数值较大者为 ΔT_1，较小者为 ΔT_2。

此外，当 $\Delta T_1 / \Delta T_2 \leqslant 2$ 时，可近似用算术平均值代替对数平均值，即

$$\Delta T_{lm} = \frac{\Delta T_1 - \Delta T_2}{2} \tag{8-122}$$

2）错流和折流时的平均温度差

列管式换热器中，为了强化传热等原因，两流体并非作简单的并流或逆流，而是比较复杂的折流或错流，如图 8-58 所示。

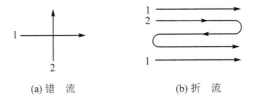

(a) 错　流　　　　　　　(b) 折　流

图 8-58　错流和折流示意图

对于错流或折流时传热平均温度差的求取，由于其复杂性，不能像并流、逆流那样直接推导出其计算式。通常先按逆流计算对数平均温度差 ΔT_{lm}，再乘以一个恒小于 1 的校正系数 F，即

$$\Delta T_m = F \Delta T_{lm} \tag{8-123}$$

式中，F 称为温差修正系数，其大小与流体的温度变化有关，可表示为两参数 P 和 R 的函数，即

$$F = f(P,R) \tag{8-124}$$

$$P = \frac{t_2 - t_1}{T_1 - t_1} = \frac{冷流体的温升}{两流体的最初温度差} \tag{8-125}$$

$$R = \frac{T_1 - T_2}{t_2 - t_1} = \frac{热流体的温降}{冷流体的温升} \tag{8-126}$$

温差修正系数 F 表示，在相同的流体进出口温度条件下，按某种流动形式工作时的平均温差与按逆流工作时的对数平均温差的比值。因此，F 值的大小表示某种流动形式的换热器在给定工作条件下接近逆流形式的程度。在实际工程上，除特殊情况外，一般都使 $F > 0.9$，至少也不低于 0.8，否则将是不经济的。

温差修正系数 F 的具体函数表达式因换热器形式而异，工程上通常将其绘制成曲线图，计算时可查阅有关手册。

例题 8-5　热流体在逆流式套管换热器中将质量流为 0.5 kg/s 的水从 18 ℃加热到 35 ℃，热流体进、出口温度分别为 95 ℃和 60 ℃，比热容为 1.507×10^3 J/(kg·K)。若总传热系数为 285 W/(m²·K)，求传热面积。

解：水的比定压热容 $c_p = 4.186\ 8 \times 10^3$ J/(kg·K)，则热流量为

$$\Phi = \dot{m}c_p \Delta T = [0.5 \times 4\ 186 \times (35 - 18)]\ \text{W} = 35\ 581\ \text{W}$$

对数平均温差为

$$\Delta T_{lm} = \frac{\Delta T_1 - \Delta T_2}{\ln(\Delta T_1 / \Delta T_2)} = \frac{60 - 42}{\ln(60/42)}\ \text{℃} = 50.3\ \text{℃}$$

换热面积为

$$A = \frac{\Phi}{K \Delta T_{lm}} = \frac{35\ 581}{285 \times 50.3}\ \text{m}^2 = 2.48\ \text{m}^2$$

5. 强化传热

强化传热指的是运用技术手段提高热交换器单位换热面积的传热量。由总传热方程可

知,增大传热总系数、传热面积或传热平均温度差,都能使传热速率增加。因此,强化传热的措施要从这三方面来考虑。

(1) 增大传热面积

传热速率与传热面积成正比,传热面积增加可以使传热强化。需要注意的是,只有热交换器单位体积内传热面积增大,传热才能强化。这只有改进传热面结构才能做到。例如,采用小直径管,或采用翅片管、螺纹管等代替光滑管,可以提高单位体积热交换器的传热面积。一些新型的热交换器,像板式热交换器、翅片式热交换器在增大传热面积方面取得了较好的效果。列管式热交换器每立方米体积内的传热面积为 $40\sim160\ m^2$,而板式热交换器每立方米体积内能布置的传热面积为 $250\sim1\ 500\ m^2$,板翅式更高,一般能达到 $2\ 500\ m^2$,高的可达 $4\ 350\ m^2$以上。

(2) 增大传热温度差

增大传热温度差是强化传热的方法之一。传热温度差主要由物料和载热体的温度决定,物料的温度由生产工艺决定,不能随意变动,载热体的温度则与选择的载热体有关。载热体的种类很多,温度范围各不相同,但在选择时要考虑技术可行性和经济的合理性。例如,蒸汽是工业上常用的加热剂,但蒸汽作为加热剂使用时,其温度通常不超过 180 ℃。蒸汽温度到200 ℃时,温度每上升 2.5 ℃就会提高一个大气压;到 250 ℃时,温度每上升 1.3 ℃就会提高一个大气压。使用高压蒸汽所需设备庞大,技术要求高,同时经济效益低,安全性下降。因此,当加热温度超过 200 ℃时,就要考虑采用其他加热剂,如矿物油、联苯混合物,甚至是熔盐、液态金属等。由于载热体的选择受到一些条件的限制,因此温度变化的范围是有限的。

如果物料和载热体均为变温情况,则可采用逆流操作,这时可获得较大的传热温度差。

(3) 增大换热总系数

要提高换热总系数,就要减小各项热阻,而且应该先设法减小最大的热阻。提高辐射系统的发射率、物体间的角系数和辐射源温度等都能减小辐射换热热阻。对于在传热过程中无相变化的流体,增大流速和改变流动条件都可以增加流体的湍动程度,从而提高对流换热系数。

此外,在某些特殊场景则是与强化传热相反,即如何削弱传热,又称为保温或热绝缘。例如,蒸汽输送管需在管外壁包扎保温层,开水瓶需采用多种保温绝热措施等。一般情况下,大部分削弱传热的措施是增大热阻,采用换热系数小的材料(如石棉、软木、聚氨酯材料等)做保温层。

8.5.2　换热器的类型与构造

1. 换热器的类型及设计要求

换热器也称热交换器,是把热量从一种介质传给另一种介质的设备。换热设备按用途可分为加热器、冷却器、冷凝器、蒸发器和再沸器等。根据热量传递方法的不同,可以分为间壁式换热器、混合式换热器和蓄热式换热器三大类(见表 8-2),其中间壁式换热器的应用最为广泛。

换热器的设计主要包括热设计和结构设计。热设计需要结合热力学和传热学理论进行。换热器的结构设计需要根据热设计的要求确定换热器各部分的材料和尺寸,进行强度校核及工艺性分析。结构设计和热设计具有同等的重要性,在设计换热器时需要兼顾,并且应该相互协调。

表 8 - 2　换热器类型

类　型	特　点	应　用
间壁式换热器	两流体被固体壁面分开,互不接触,热量由热流体通过壁面传给冷流体	适用于两流体在换热过程中不允许混合的场合,应用最广,形式多样
混合式换热器	两流体直接接触,相互混合进行换热 结构简单,设备及操作费用均较低,传热效率高	适用于两流体允许混合的场合,常见的设备有凉水塔、洗涤塔、文氏管及喷射冷凝器等
蓄热式换热器	借助蓄热体将热量由热流体传给冷流体 结构简单,可耐高温 缺点是设备体积庞大,传热效率低且不能完全避免两流体的混合	煤制气过程的气化炉、回转式空气预热器

换热器的合理选型和设计一般应符合以下几点基本要求:

① 在给定的工作条件(流体流量、进口温度等)下,达到要求的传热量和流体出口温度;

② 流体压降要小,以减少运行的能量消耗;

③ 符合外形尺寸和重量要求;

④ 安全可靠,符合最高工作压力、工作温度以及防腐、防漏、工作寿命等方面的要求;

⑤ 制造工艺切实可行,选材合理且来源有保证,以减少初始投资;

⑥ 便于安装、运输及维修。

这些要求和考虑常常是相互影响、相互制约的。在不同应用场景下,各项要求的严格程度不尽相同,因而设计时的侧重点也应有所不同。

2. 典型换热器的构造

(1) 套管式换热器

这种换热器的基本传热单元由传热管和同心的外壳套管组成,是最简单的管式换热器,如图 8 - 59 所示。根据传热面的大小,可以用 U 形肘管把许多套管段串联起来。当载热体的流量很大时,可以把套管段用管箱并联起来。外套管可以直接焊在传热管上,如果管间需要清洗,或者内管材料不能焊接,也可以用法兰连接。

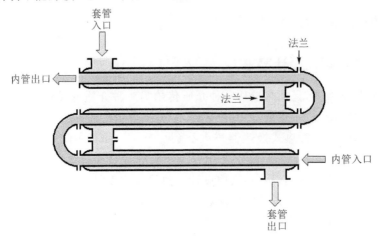

图 8 - 59　套管式换热器

(2) 管壳式换热器

管壳式换热器也称列管式换热器,具有悠久的使用历史。虽然在传热效率、紧凑性及金属耗量等方面不如近年来出现的其他新型换热器,但其具有结构坚固、承受压力较高、制造工艺成熟、适应性强及选材范围广等优点。

管壳式换热器主要由壳体、管束、管板、管箱及折流板等组成,管束和管板、管板和壳体之间是刚性连接的,相互之间无相对移动,具体结构如图 8 - 60 所示。这种换热器结构简单,制造方便,造价较低;在相同直径的壳体内可排列较多的换热管,而且每根换热管都可单独进行更换和管内清洗,但管外壁清洗较困难;会在壳壁和管壁中产生温差应力,一般当温差大于50 ℃时就应考虑在壳体上设置膨胀节,以减小或消除温差应力。

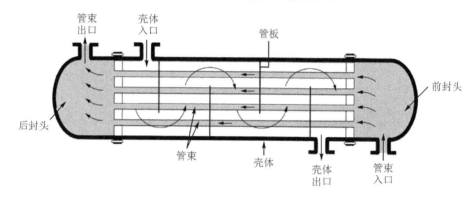

图 8 - 60　管壳式换热器

(3) 板式换热器

板式换热器由一组长方形的薄金属传热板片构成,用框架将板片夹紧组装于支架上(如图 8 - 61 所示)。两个相邻板片的边缘衬以垫片(由各种橡胶或压缩石棉等制成)压紧。板片四角有圆孔,形成流体的通道。冷热流体交替地在板片两侧流过,通过板片进行换热。板片厚度为 0.5~3 mm,相当薄,所以传热阻力小,但刚度不够。通常将板片压制成各种槽形或波纹形的表面,这样既可增强板片的刚度,使其不致受压变形,同时也可增强流体流经不平的表面时的湍流程度,从而提高传热效率,另外也比光滑板面的面积有所增加。

板式换热器的主要优点是传热系数比较高。在板式换热器中,由于板面有沟槽或波纹形状,故在低流速下就可以形成湍流;由于有一定的冲刷作用,污垢热阻也较小。此外,结构紧凑,每立方米体积可拥有 250 m² 以上的传热面积,而列管换热器则在 150 m² 以内。板式换热器操作的灵活性大,可以同时进行几种不同操作,只要在适当的位置设置中间隔板,就可以使一台设备成为几台满足不同需求的换热器。根据工艺需要,可以调节板片数目以增减传热面积,或者通过调节流路长短来适应对冷热流体流量和温度变化的要求。此外,其金属消耗量比较低,较之列管换热器约可减少一半。板片加工制造也比较容易,而且检修、清洗均很方便。

板式换热器也存在不少缺点,如操作压力比较低,一般在 1.5 MPa 以下,因为受垫圈材质的限制,压力高了很容易渗漏,同时也有板片刚度的因素。同样,受垫片耐热性能的限制,操作温度不能太高,如对合成橡胶垫圈而言,操作温度应低于 130 ℃,压缩石棉垫圈也不能超过250 ℃。此外,板式换热器的处理量比较小,这是因为板间距仅仅几毫米,流通截面较小,而流速又不大。

(4) 螺旋板式换热器

螺旋板换热器由两张平行的钢板在专用的卷床上卷制而成,具有一对螺旋通道的圆柱体(如图 8 - 62 所示),再加上顶盖和进出口接管。两种介质分别在两个螺旋通道内作逆向流动,一种介质由一个螺旋通道的中心部分流向周边,而另一种介质则由另一个螺旋通道的周边进入流向中心再排出,这样就形成了完全逆流。

图 8 - 61　板式换热器

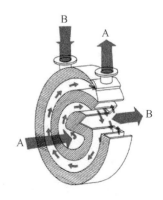

图 8 - 62　螺旋板式换热器

为了保证两个螺旋通道维持一定的间隙,在螺旋通道内还有许多定距柱,它们被事先焊在待卷的钢板上,通常呈正三角形排列。定距柱不仅能保证螺旋通道维持一定的间隙,而且能承受操作压力,并在强化传热方面具有明显作用,但同时也增加了通道中的流体阻力。

与管壳式换热器相比,一方面螺旋板式换热器具有结构紧凑、不用管材、传热系数大、可进行完全逆流操作、可在较小温差下传热、可冲刷自身防污垢沉积等优点。但另一方面,它的阻力比较大,检修和清洗比较困难,操作的压力和尺寸大小也受到一定的限制。常用材料为不锈钢和碳钢。

(5) 翅片管换热器

翅片管换热器又称管翅式换热器,其结构特点是在换热管的外表面或内表面同时装有许多翅片(如图 8 - 63(a)所示)。翅片管式换热器的基本传热元件为翅片管,翅片管由基管和翅片组合而成。基管通常为圆管,也有椭圆管和扁平管。翅片的表面结构有平翅片、间断型翅片、波纹翅片和齿形螺旋翅片等。平翅片主要通过增大换热面积来强化传热。平翅片结构简单,易于加工,是应用最早和最为广泛的翅片结构。

(6) 板翅式换热器

板翅式换热器是一种紧凑、轻巧而高效的换热设备,最初应用于汽车、飞机等机动运输工具,这是由于普通圆管或翅片管无法解决气体与气体进行换热的设备小型化问题。板翅式换热器的结构形式很多,图 8 - 63(b)是其中的一种,在两块平隔板之间放一波纹板状的金属导热翅片,两边用侧条密封,构成单元体。对各个单元体进行不同的叠积和适当的排列,并用钎焊组成牢固的组装件,称为芯部或板束。通常在板束顶部和底部各留一层起绝热作用的假翅片层。最后将带有流体进出口的集流箱钎焊到板束上,就组成了完整的板翅式换热器。

通常将翅片管式、板翅式和板式换热器称为紧凑式热交换器,最高的紧凑度(指单位体积中容纳的传热表面积)可以达到 4 000～5 000 m²/m³。为了达到这种紧凑度,需要布置密度极高的翅片,一般采用金属箔材制成的波纹翅片。

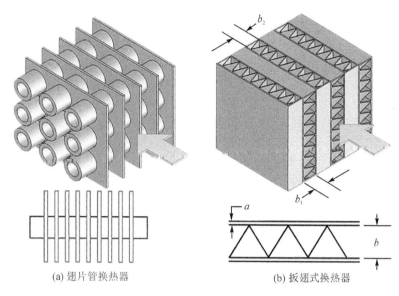

(a) 翅片管换热器　　　　　　　(b) 扳翅式换热器

图 8 - 63　翅片管换热器和板翅式换热器

(7) 热管换热器

热管是一种新型高效的传热元件,其传热系数是金属良导体(银、铜、铝等)的 $10^3 \sim 10^4$ 倍,有超导热体或亚超导热体之称。热管的基本结构如图 8 - 64 所示,在一根密闭的高度真空的金属管中,靠管内壁贴装某种毛细结构(通常称为吸液芯),再装入某种工作物质(工质),即构成一完整的热管。工作时,管的一端从热源吸收热量,使工质蒸发、汽化,蒸气经过输送段沿温度降的方向流动,在冷凝段遇冷表面冷凝并放出潜热,凝液(工质)凭借其在毛细结构中表面张力的作用返回蒸发段,如此循环往复,使热量连续不断地从热端被传送到冷端。由于热量是靠工质的饱和蒸气流来传输的,从热管一端到另一端蒸气压降很小,因此温差也很小,所以热管是近似于等温过程工作的,在极小的温差下具有极高的输热能力。

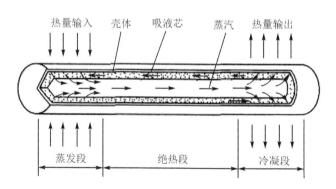

图 8 - 64　热管结构示意图

热管除具有极高的导热性和等温性外,还具有结构简单、工作可靠、无噪声、不需特别维护、效率高(可达 90% 以上)、寿命长、适用温度范围宽等优点。

从热管的结构和工作原理看,其核心是管壳、吸液芯及工质。在这三者之间,必须化学相容,不允许有任何化学反应、彼此腐蚀或相互溶解的问题存在。管壳的材料应具有耐温、耐压、良好的导热性和化学稳定性,一般都使用金属材料,有特殊需要时可使用如玻璃、陶瓷等非金属材料。吸液芯的作用是作为毛细"泵",将冷凝段液体泵送回蒸发段,要求其与液体间的毛细压力足以克服管内的全部粘滞压降和其他压降,而能维持工质的自动循环,且具有一定的强度,化学稳定性好,便于加工装配。吸液芯的基本结构是由金属丝网卷制成多层圆筒形,紧贴于管子内壁而形成的多孔性毛细结构。关于热管的工质,当工作温度较高时用液态金属,中低温时用水、酒精等。

　　热管在动力工程、电子器件、热回收系统、航天器等领域得到广泛的应用。例如,热管用于太阳能聚能器可为房屋供暖,所聚集的太阳能可以用水的显热形式保存,也可以用储能物质的融化潜热形式保存。热管具有很高的传热性能和近于等温的工作状态,可控热管又有优良的控制性能,本身又没有运动部件,可靠性高,特别适合在失重和低重力场景使用,所以在航天器热控技术中占有重要地位。热管式热防护是高马赫数飞行器机翼前缘等区域热防护的可选方案。如图 8 - 65 所示,机翼前缘驻点区作为热管的蒸发段,机翼后部则成为热管的冷凝段,热管工作时将机翼前缘的热流快速传导至较冷区域,起到了均温的作用。

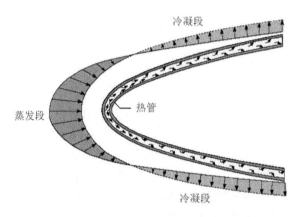

图 8 - 65　机翼前缘热管防护结构传热示意图

思考题

8 - 1　理解三种热传递方式与基本定律。

8 - 2　何谓导热热阻?

8 - 3　什么是接触热阻? 接触热阻的主要影响因素有哪些?

8 - 4　如何定义稳态导热和非稳态导热?

8 - 5　说明 Bi 数和 Fo 数的物理意义。

8 - 6　何谓热边界层?

8 - 7　试分析房屋外墙的传热过程。

8 - 8　如何加强凝结换热和沸腾换热?

8 - 9　比较黑体与灰体。

8 - 10　什么是角系数?

8 - 11　说明有效辐射的物理意义。

8 - 12　何谓表面辐射热阻和空间辐射热阻?

8 - 13　如何计算传热过程的总传热热阻?

8 - 14　强化传热过程应采取哪些措施?

8-15　何谓顺流换热器和逆流换热器？

8-16　说明管壳式换热器的基本结构。

8-17　分析热管的工作原理。

练习题

8-1　单层平壁(见图 8-9)的厚度为 L,导热系数随温度线性变化,即 $k=a+bT$,其中 a、b 为常数。若平壁两侧的温度分别为 T_1 和 T_2,平壁内无内热源,试求,

(1) 稳态情况下平壁内一维温度分布的表达式;

(2) 讨论常数 b 对稳态情况下平壁内一维温度分布的影响。

8-2　厚度为 10 cm 的无限大平壁,导热系数为 15 W/(m·K)。平壁两侧置于温度为 20℃、表面传热系数为 50 W/(m²·K) 的流体中,平壁内有均匀的内热源,$q=4\times10^4$ W/m³。求平壁内的温度分布及最高温度。

8-3　圆筒的内、外半径分别为 r_1 和 r_2,内外表面温度分别为 T_1 和 T_2。若其导热系数为 $k=k_0(1+bT)$,求单位长度圆筒传热速率的表达式。

8-4　如图 8-11 所示的三层平壁稳定导热,T_1、T_2、T_3 和 T_4 依次为 600 ℃、500 ℃、200 ℃和 100 ℃。求各层热阻的比例。

8-5　有一直径为 3 mm 的钢球,密度为 7 701 kg/m³,比热容为 460 J/(kg·K),导热系数为 23 W/(m·K)。将钢球在炉内加热至 $t_0=500$ ℃后,迅速放入 $t_\infty=20$ ℃的冷却介质中淬火。设钢球与冷却介质间的换热系数为 78 W/(m²·K),试计算钢球冷却到 100 ℃所需的时间。

8-6　温度为 50 ℃的空气掠过长 0.2 m、宽 0.1 m 的平板表面,平板表面温度为 100 ℃,平板下表面绝热。设 $Re=4\times10^4$,求平板表面与空气间的表面传热系数和传热量。

8-7　空间站舱体壁板的厚度为 $L=0.01$ m,舱内气温为 $T_1=300$ K,舱外空间温度为 $T_0=0$ K;壁板的导热系数 $\lambda=5.0$ W/(m·K),发射率 $\varepsilon=0.8$,吸收率 $\alpha=0.25$;壁板内表面与舱内气流接触,壁板外表面与空间进行辐射换热,太阳辐射热流密度 $q_s=800$ W/m²,辐射常数 $\sigma_b=5.67\times10^{-8}$ W/(m²·K⁴)。将空间站舱体壁板视为一维导热问题,求稳态导热条件下的壁板内温度分布(设壁板外表面温度为 T_L)及热流密度。

8-8　假设延伸体与壁面连接处($x=0$)的温度 $T(0)=T_b$,流体温度为 T_∞,延伸体端面绝热,肋材导热系数为 k。求如图 8-66 所示的均匀截面延伸体的温度分布。

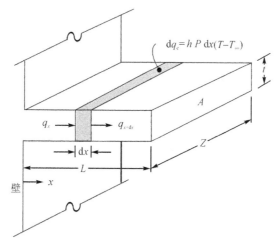

图 8-66　练习题 8-8 图

8-9 绘制图 8-67 所示两大平板(表面积相等)之间的辐射传热等效电阻网络,写出辐射换热计算式,并根据给定条件计算热流密度。

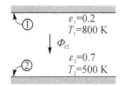

图 8-67 练习题 8-9 图

8-10 热流体在顺流换热器中被冷流体从 300 ℃冷却到 140 ℃,而冷流体的进、出口温度分别为 44 ℃和 124 ℃。设传热面足够大,求热流体在顺流换热器中所能冷却到的最低温度。

8-11 水以 2 m/s 的速度在直径 25 mm、长 2.5 m 的管内流过。若管壁温度为 320 K,水的进、出口温度分别为 293 K 及 295 K,求总传热系数 K。

8-12 有一个套管换热器,外管为 $\phi84\times4$ mm,内管为 $\phi57\times3.5$ mm 的钢管,有效长度为 50 m。用 120 ℃的饱和蒸汽冷凝来加热内管中的油,蒸汽冷凝潜热为 2 205 kJ/kg。已知油的流量为 7 200 kg/h,密度为 810 kg·m^{-3},比热容为 2.2 kJ/(kg·K),进口温度为 30 ℃,出口温度为 80 ℃。试求:(1)蒸汽用量(不计热损失);(2)传热系数。

8-13 在一个逆流式同心套管热交换器中,利用热油将质量流率为 0.1 kg/s 的水从 40 ℃加热到 80 ℃。对于总传热系数为 300 W/m^2·K 的情况,试求热油的入口和出口温度分别为 105 ℃和 70 ℃时热交换器的换热面积。

8-14 用冷凝器将热流体从 80 ℃冷却至 40 ℃,热流体流量为 0.54 kg/s,平均比热容为 1.38 kJ/(kg·K),冷却水温度由 30 ℃升至 45 ℃。不计热损失,试求冷却器的热负荷及冷却水用量。

第9章 工程材料的热学性能

材料的热学性能是表征材料与热相互作用行为的宏观特性。工程材料的热学性能是热能工程装备选材的重要依据,工作在低温或高温环境下的设备或结构也需要根据材料的热学性能进行选材。掌握工程材料的热学性能特点对于热学的工程应用具有重要意义。

9.1 材料的结构

固态物质按其原子或分子的聚集状态可分晶体和非晶体两大类。晶体中的原子或原子团在空间呈现有规则的周期性重复排列,而非晶体中原子的排列不具有周期性。晶体中原子或原子团的排列方式称为晶体的结构。原子或分子的键合决定了材料的性质,而晶体结构则是键合的表现形式,对材料的性能有较大影响。本节重点讨论晶体结构。

9.1.1 晶体结构

1. 理想晶体结构

(1) 晶 格

晶体中原子或原子集团排列的周期性规律,可以用一些在空间有规律分布的几何点来表示(如图9-1(a)所示),任一方向上相邻点之间的距离就等于晶体沿该方向的排列周期。这样的几何点的集合就构成空间点阵(简称点阵),每个几何点称为点阵的结点或阵点。点阵只是表示原子或原子集团分布规律的一种几何抽象。

可以设想用直线将点阵的各结点连接起来,这样就形成了一个空间网络,这种空间网络称为晶格(如图9-1(b)所示)。显然,在某一空间点阵中,各结点在空间中的位置是一定的,而通过连接结点而成的空间网络则可因直线的不同取向而有多种形式。因此,必须强调指出,结点是构成空间点阵的基本要素。

空间点阵具有周期性和重复性,图9-1(b)所示的晶格可以看成由最小的单元——平行六面体沿三维方向重复堆积(或平移)而成。这样的平行六面体称为晶胞,如图9-1(c)所示。晶胞的大小和形状可用其三条棱(a、b、c)的长度和棱边夹角(α、β、γ)来描述,三条棱边称为晶轴,其长度称为晶格常数。

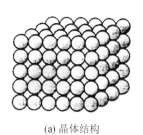
(a) 晶体结构

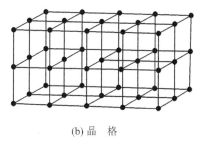
(b) 晶 格

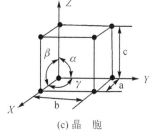
(c) 晶 胞

图 9-1 晶体、晶格和晶胞示意图

（2）金属晶体结构

金属在固态下一般都是晶体。在金属晶体中，金属键使原子的排列尽可能地紧密，构成高度对称的简单的晶体结构。最常见的金属晶体结构有体心立方、面心立方和密排立方三种（如图 9-2 所示）。

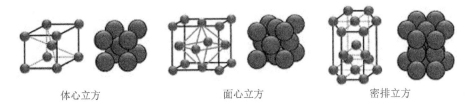

体心立方　　　　　　　　面心立方　　　　　　　　密排立方

图 9-2　金属的晶体结构

2. 实际晶体结构

（1）单晶体与多晶体

晶格位向完全一致的晶体称为单晶体。单晶材料具有独特的化学、光学和电学性能，在半导体、磁性材料、高温合金材料等方面应用广泛。

工业上使用的金属材料除专门制备外都是多晶体。如图 9-3 所示，多晶体是由许多位向不同、外形不规则的小晶体构成的，这些小晶体称为晶粒，其内部的晶格取向相同。晶粒与晶粒间的界面叫晶界。

多晶体的晶粒的大小取决于制备及处理方法。晶粒大小对材料性能有较大影响，在常温下，晶粒越小，材料的强度、塑性、韧性就越好。

（2）晶体缺陷

实际晶体结构中往往存在缺陷，缺陷是一种局部原子排列的破坏。按缺陷的几何形状划分，晶体缺陷主要有点缺陷、线缺陷、面缺陷及体缺陷。图 9-4 为点缺陷的主要类型。

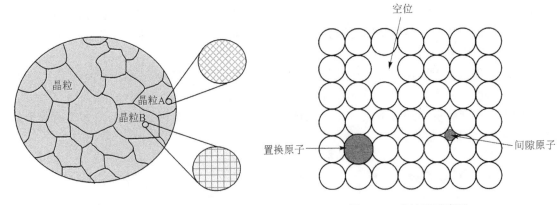

图 9-3　多晶体示意图　　　　　　　　图 9-4　点缺陷示意图

9.1.2　工程材料的结构

1. 合金的结构

合金是两种或两种以上的金属元素或金属元素与非金属元素组成的具有金属性质的物质。组成合金最基本的、独立的单元称为组元,组元可以是元素或是稳定的化合物。由两种组元组成的合金称为二元合金,由三种组元组成的合金称为三元合金,由三种以上组元组成的合金称为多元合金。

合金中晶体结构和化学成分相同,与其他部分有明显分界的均匀区域称为相。只由一种相组成的合金为单相合金,由两种或两种以上的相组成的合金为多相合金。用金相观察方法,在金属及合金内部看到的组成相的大小、方向、形状、分布及相间结合的状态称为组织。合金的性能取决于它的组织,而组织的性能又取决于其组成相的性质。

合金的基本相结构可分为固溶体和金属化合物两大类。图 9 - 5 为固溶体示意图。

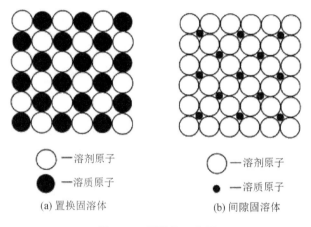

图 9 - 5　固溶体示意图

2. 聚合物材料的结构

金属材料的性能是由其组织结构决定的,高分子材料的性能特点也是如此。大分子链的结构包括大分子结构单元的化学组成、链接方式、空间构型等。

(1) 大分子链的化学组成

大分子链的化学元素主要有碳、氢、氧、硅等,其中碳是构成大分子链的主要元素。大分子链的组成不同,高聚合物的性能就不同。图 9 - 6 为聚乙烯(PE)的分子链结构。

(2) 大分子链的构形

所谓构形是指组成大分子链的链节在空间排列的几何形状。大分子链的几何形态主要有线型、支化型、交叉型和体型(或网型),如图 9 - 7 所示。

(3) 聚集态结构

高分子链的聚集态结构是指高分子材料本体内部高分子链之间的几何排列状态,有晶态和非晶态结构之分。晶态高聚合物的分子排列规则有序,简单的高分子链以及分子间作用力强的高分子链易形成晶态结构,比较复杂和不规则的高分子链往往形成非晶态(无定型或玻璃态)结构。

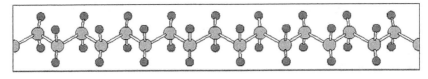

单体
(a) 分子链接方式

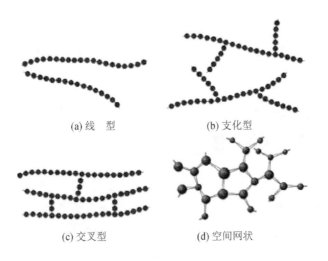

●C　●H

(b) 分子链接构型

图 9 - 6　聚乙烯(PE)的分子链结构

(a) 线　型　　　　　　(b) 支化型

(c) 交叉型　　　　　　(d) 空间网状

图 9 - 7　高聚物的结构示意图

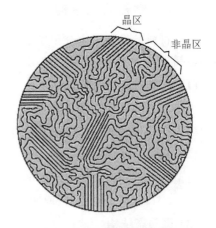

晶区

非晶区

图 9 - 8　高聚物的晶区与非晶区

　　在实际生产中,获得完全晶态高聚合物是很困难的,大多数高聚合物都是部分晶态或完全非晶态。图 9 - 8 中分子有序排列的区域为晶区,分子无序排列的区域为非晶区。在高聚合物中,晶区所占的百分数称为结晶度。一般晶态高聚合物的结晶度为 50%～80%。结晶度高,反映排列紧密,分子之间的作用力强,因而刚性强,具有较好的强度、硬度、耐热性、耐蚀性;反之,结晶度低,说明其顺柔性大,具有较好的弹性、塑性和韧性。

　　高聚合物的性能与其聚集态有密切联系。晶态高聚合物的分子排列紧密,分子间吸引力大,熔点高,密度大,强度、刚度、硬度、耐热性等性能好,但弹性、塑性和韧性较低。非晶态聚合物的分子排列无规则,分子链的活动能力大,其弹性、延伸率和韧性等性能好。部分晶态高聚合物的性能介于晶态高聚合物和非晶态高聚合物之间,通过控制结晶可获得不同聚集态和性能的高聚合物。

3. 陶瓷材料的结构

陶瓷是由金属(类金属)和非金属元素形成的化合物。这些化合物中的粒子主要以共价键或离子键相键合。陶瓷的结构中同时存在晶体相和玻璃相,还存在一些气相(气孔),如图 9 - 9 所示。

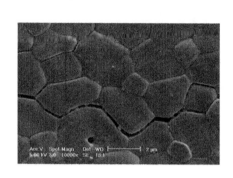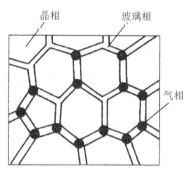

图 9 - 9　陶瓷的结构

(1) 晶体相

晶体相主要是以离子键或共价键结合的氧化物结构或硅酸盐结构。晶体相是陶瓷的主要组成相,对其性能起决定性作用。这些晶体中,非金属原子半径较大,组成晶体格架,金属原子半径较小,存在于间隙中。由于结构中不存在自由电子,因此陶瓷材料一般不导电。

氧化物是大多数陶瓷(特别是特种陶瓷)的主要组成和晶体相。大多数氧化物结构是氧离子排列成简单立方、面心立方或密排立方的晶体结构,金属阳离子位于其间隙之中,二者主要以离子键结合。

硅酸盐是传统陶瓷的主要原料,也是陶瓷材料中的重要晶体相,以硅氧四面体$[SiO_4]^{4-}$为基本结构单元。硅酸盐的结合键是以离子键为主、兼有共价键的混合键。硅氧四面体的结构如图 9 - 10 所示。硅氧四面体是可以独立存在的结构,但其四个顶点分布的氧离子(为负离子)还可与别的阳离子结合,形成连接方式不同的硅酸盐结构。

(2) 玻璃相

玻璃相是陶瓷烧结时各组成物及杂质产生一系列物理、化学变化后形成的一种非晶态物质,它的结构是由离子多面体(如硅氧四面体)构成的短程有序排列的空间网络。在陶瓷中常见的玻璃相有 SiO_2、B_2O_3 等,如硅氧四面体组成不规则的空间网,形成石英玻璃的骨架(如图 9 - 11(a)所示),而石英晶体中的硅氧四面体是规则排列的(如图 9 - 11(b)所示)。

玻璃相可以将分散的晶体相粘结在一起,可以抑制晶相长大并填充气孔。但是玻璃相的强度较低,热稳定性较差,易使陶瓷在高温下产生蠕变。因此,工业陶瓷必须控制玻璃相的含量,一般为 $20\%\sim40\%$。

(3) 气　相

气相是指陶瓷组织内部残留下来的气孔。陶瓷材料的气孔率为 $5\%\sim10\%$,气孔降低了材料的力学性能,也使电击穿强度下降。除保温陶瓷和化工用过滤陶瓷外,均应控制气孔数量。

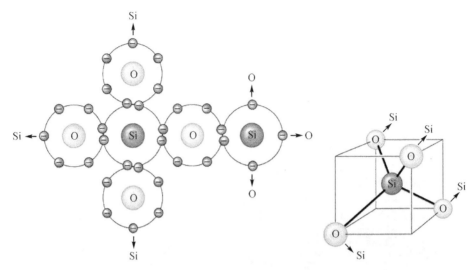

图 9 - 10　硅氧四面体结构示意图

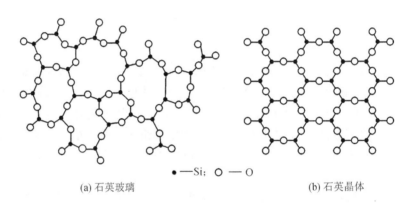

●—Si；○——O

(a) 石英玻璃　　　　　　　　　　　　　　(b) 石英晶体

图 9 - 11　SiO$_2$ 网络结构示意图

4. 复合材料的结构

复合材料的结构一般由基体与增强相组成，二者之间存在界面。图 9 - 12 为复合材料结构示意图。

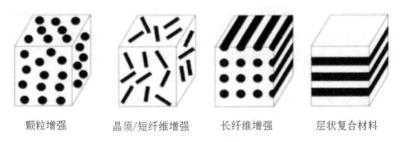

颗粒增强　　　晶须/短纤维增强　　　长纤维增强　　　层状复合材料

图 9 - 12　复合材料示意图

(1) 增强相

主要有纤维、晶须和颗粒三种类型。纤维一般为合成纤维，晶须是含缺陷很少的单晶短纤维,颗粒主要指具有高强度、高模量、耐热、耐磨、耐高温特性的陶瓷和石墨等非金属颗粒。

增强相主要用来承受载荷。因此在设计复合材料时,所选增强相的弹性模量通常比基体高。如纤维增强的复合材料在外载作用下,当基体与增强相应变量相同时,基体与增强相所受载荷比等于两者的弹性模量比,弹性模量高的纤维可承受较高的应力。此外,增强相的大小、表面状态、体积分数及其在基体中的分布等,对复合材料的性能同样具有很大的影响,其作用还与增强体的类型、基体的性质紧密相关。

（2）基　体

基体是复合材料的重要组成部分之一,主要作用是利用其粘附特性固定和粘附增强体,将复合材料所受的载荷传递并分布到增强体上。载荷的传递机制和方式与增强体的类型和性质密切相关,在纤维增强的复合材料中,复合材料所承受的载荷大部分由纤维承担。

基体的另一作用是保护增强体,使其在加工和使用过程中免受环境因素的化学作用和物理损伤,防止诱发并造成复合材料破坏的裂纹。同时,基体还会起到类似隔膜的作用,将增强体相互分开,这样即使个别增强体发生破坏断裂,裂纹也不易从一个增强体扩展到另一个增强体。因此,基体对复合材料的耐损伤性和抗破坏性、使用温度极限以及环境耐受度等性能均起着十分重要的作用。正是由于基体与增强体的这种协同作用,复合材料才具有良好的强度、刚度和韧性等。

复合材料的基体主要包括有机聚合物材料、无机非金属材料和金属材料等。

（3）界　面

复合材料中的界面起到连接基体与增强相的作用,界面连接强度对复合材料的性能有很大的影响。基体与增强相之间的界面特性决定着基体与增强相之间结合力的大小。一般认为,基体与增强相之间结合力的大小应适度,其强度只要足以传递应力即可。结合力过小,增强体和基体间的界面在外载作用下易发生开裂;结合力过大,又易使复合材料失去韧性。

研究表明,复合材料的界面是具有一定厚度的界面层(或称界面相),界面层设计是复合材料研制的重要方面。界面层设计就是根据基体和增强体的性质来控制界面的状态,以选取适宜的界面结合力。

9.2　材料热性的物理本质

工程材料是由各种物质组成的,物质都是由粒子(原子、分子或离子)以一定的键合方式聚集而成的,物质中的分子和原子均处在不停的无规则运动状态,这种运动称为热运动。物质的热学性质(简称热性)与物质中分子和原子的运动有着不可分割的联系。

9.2.1　晶格热振动

就物理本质而言,固体材料的各种热性与构成材料的质点(原子、离子)的热振动有关。固体材料由晶体或非晶体组成,晶体中的质点(原子、离子)总是围绕其平衡位置做微小振动,这种振动称为晶格热振动。材料中各质点的热振动不是孤立的,相邻质点间存在很强的相互作用力,类似用弹簧连接在一起(如图 9-13 所示),一个质点的振动会影响到邻近质点的振动。

晶格振动现象存在于所有固体中。对于非晶态固体,虽然不存在长程有序的晶体点阵,但存在短程有序的晶格点阵,即使固体的原子排列完全无序,也可以视为高度畸变的晶格。因此,固体的热学性能都与晶格振动相关。

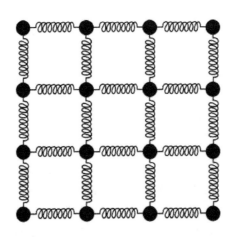

图 9 - 13　材料质点相互作用模型

1. 格　波

晶格振动(crystal lattice vibration)就是晶体原子在格点附近的热振动,这是个力学中的小振动问题,可用简正振动和振动模来描述。由于晶格具有周期性,则晶格的振动模具有波的形式,称为格波。一个格波就表示晶体所有原子都参与的一种振动模式。格波可区分为声学波和光学波两种模式。

声学波是晶格振动中频率比较低而且频率随波矢变化较大的那一支格波。波矢比较小的长声学波与弹性波一致,表示原胞中所有原子的运动一致(相位和振幅都相同);声学波的能量虽然较低,但是其动量却可能很大,因而在对载流子的散射与复合中,声学波声子往往起着交换动量的作用。

光学波是复式晶格振动中频率比较高而且频率随波矢变化较小的那一支格波。长光学波表示相位相反的两种原子的振动,即两种格子的相对振动(但质心不变)。光学波声子具有较高的能量,而高能量声子的动量往往很小,所以光学波声子在与载流子的相互作用中往往起着交换能量的作用。

2. 声　子

晶体中的原子以平衡位置为中心不停地振动,称为晶格热振动。当温度很高时,原子振幅很大,甚至可以脱离平衡位置,产生扩散现象;当温度不太高时,原子的振动可看作"谐振子"。根据量子力学,线性谐振子的能量为

$$E_n = \left(n + \frac{1}{2} \right) h\omega \quad (n = 0, 1, 2, \cdots) \tag{9-1}$$

式中,ω 为振动(角)频率,h 为普朗克(Planck)常量。由式(9-1)可知,晶格振动的能量是量子化的,以 $h\omega$ 为单元来增加能量,即相邻状态的能量差 $h\omega$,称为这种能量单元为"声子"(Phonon)。声子概念不仅生动地反映了晶格振动能量的量子化,而且能够为与晶格振动有关的问题分析带来很大的方便。

由气体分子运动理论可知,气体的传热是依靠分子的碰撞来实现的,但固体材料的热传导却并非如此。在固体中,由于质点都处在一定位置上,并且只能在平衡位置附近做微振动,所以不能像气体那样依靠质点间的直接碰撞来传递热能。固体导热主要通过晶格振动的格波和

自由电子的运动来实现。金属材料中有大量自由电子存在，能迅速实现热量的传递，因此金属一般都有较高的热导率（晶格振动对金属导热也有贡献，只是相比起来是很次要的）。但对于非金属材料，如一般离子晶体，晶格中自由电子极少，所以晶格振动是其主要导热机制。

9.2.2　材料的熔化

随着温度的升高，晶体中质点的热运动不断加剧，热缺陷浓度随之增大。当温度升到晶体的熔点时，强烈的热运动克服质点间相互作用力的约束，使质点脱离原来的平衡位置，晶体严格的点阵结构遭到破坏，也就是热缺陷增多使晶格已不能保持稳定。这时，晶体在宏观上失去了固定的几何外形而熔化（如图 9-14 所示）。

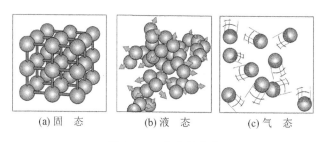

（a）固态　　　　　（b）液态　　　　　（c）气态

图 9-14　物态的变化

根据热力学判据，在定温、定压条件下，一切自发过程都朝着使系统吉布斯自由能降低的方向进行。根据

$$dG = -SdT + Vdp$$

定压时 $dp = 0$，则有

$$\left(\frac{\partial G}{\partial T}\right)_p = -S \tag{9-2}$$

式（9-2）为吉布斯自由能与温度关系曲线的斜率。由于 S 总为正值，所以 $\left(\frac{\partial G}{\partial T}\right)_p$ 总为负值，即吉布斯自由能随温度的增加而降低。二阶导数为

$$\left(\frac{\partial^2 G}{\partial T^2}\right)_p = -\left(\frac{\partial S}{\partial T}\right)_p = -\frac{C_p}{T} \tag{9-3}$$

其中 $C_p > 0$，即 $\left(\frac{\partial S}{\partial T}\right)_p$ 为正值，表明随温度升高，原子的活动能力增加，其排列的有序度降低，熵值增加。但 $\left(\frac{\partial^2 G}{\partial T^2}\right)_p$ 为负值，意即吉布斯自由能随温度变化的曲线呈下凹。再有液态原子的混乱度远比固态高，故液态的熵值远大于固态，并且随温度的变化也较大，所以液态的自由能-温度曲线的斜率较固态大，因而液、固自由能曲线必然相交于一点（如图 9-15 所示），对应的温度为理论结晶温度 T_m，是液、固态平衡温度。在该温度下，液、固态共存，宏观上既不结晶也不熔化。只有当 $T > T_m$ 时，液态的自由能才低于固态的自由能，固态才能转变为液态。因此，欲使固态晶体熔化，必须加热到理论结晶温度以上的某一温度（称为过热）才能进行。这表明固态晶体要自发熔化则必须过热，过热度越大，熔化的驱动力也越大，固态晶体液化的倾向也就越大。当 $T < T_m$ 时（称为过冷），液态的自由能高于固态的自由能，液态变转变为固态，系统自由能降低，过程能够自动进行。

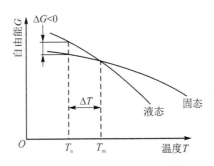

图 9 - 15　固、液自由能随温度的变化

固体材料中只有晶体才有确定的熔点，非晶态物质无确定的熔点，如图 9 - 16 所示。例如，非晶态高聚物随着温度的变化，可能出现玻璃态、高弹态和粘流态三种不同的物理力学状态（如图 9 - 17 所示）。当温度低于 T_g 时，高聚物大分子链以及链段被冻结而停止热运动，只有链节能在平衡位置做一些微小振动而呈玻璃态。温度超过 T_g 时，高聚物由玻璃态转为高弹态。温度升高到 T_f 以后，高聚物由高弹态进入粘流态。温度高于 T_d 时，高聚物分解，大分子链受到破坏。对于多相组成的陶瓷材料，因其中各类晶体的熔点不同，而且尚有玻璃相的存在，故也无确定的熔点。

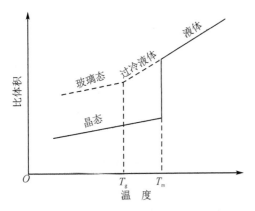

图 9 - 16　物质的比体积与温度的关系

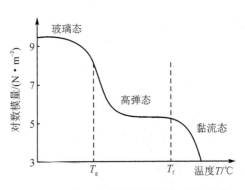

图 9 - 17　非晶态聚合物的模量-温度曲线

显然，晶体的熔点与质点间的结合力的性质和大小有关。材料在熔点时，原子振幅达到了使晶格破坏的数值，原子之间结合力越强，熔点也就越高。例如，离子晶体和共价晶体的键力较强，熔点很少低于 473 K，而分子晶体几乎没有熔点超过 573 K 的。

不同材料的熔点是不相同的。金属材料按熔点高低分为难熔金属和易熔金属。熔点低于 700 ℃ 的称为易熔金属，如锡、铋、铅及其合金，某些低熔点合金（如用于制作保险丝）可低于 150 ℃；熔点高于 700 ℃ 的称为难熔金属，如铁、钨、钼、钒及其合金。作灯丝的钨，熔点为 3 370 ℃。陶瓷（特别是金属陶瓷）的熔点很高，如碳化钽的熔点接近 4 000 ℃。玻璃和高聚物不测定熔点，通常只用软化点来表示。陶瓷材料由于离子键和共价键结合牢固，决定了陶瓷材料的高熔点。

熔点是高温材料的一个重要特性，它与材料的一系列高温使用性能有着密切的联系。陶瓷、金属和高分子材料的熔点范围如图 9 - 18 所示。

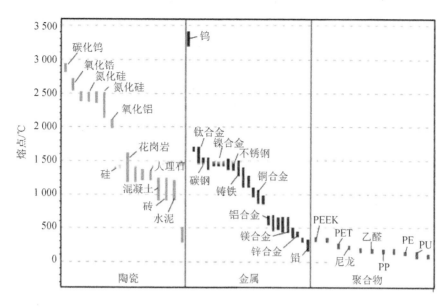

图 9-18　陶瓷、金属和高分子材料的熔点范围

9.3　材料的热容

9.3.1　固体热容理论

将 1 mol 材料的温度升高 1 K 所需要的热量叫做热容,单位质量的材料温度升高 1 K 所需要的能量称比热容,工程上通常使用比热容。金属热容实质上反映了金属中原子热振动能量状态改变所需要的热量。当金属加热时,热能主要为点阵所吸收,从而增加金属离子的振动能量,还为自由电子所吸收,从而增加自由电子的动能。因此,金属中离子热振动对热容做出了主要贡献,而自由电子的运动对热容做出了次要贡献。

对于固体而言,定容热容 C_V 比定压热容 C_p 更难通过实验测定。但在室温或更低温度下,固体的 C_p 与 C_V 非常接近(如图 9-19 所示)。在一般温度变化范围过程中,固体的体积变化不大,可近似视为定容过程。因此,对于固体不再区分定压热容和定容热容,仅用固体热容来表示。

固体热容理论根据原子热振动的特点研究热容的本质,并建立热容随温度变化的定量关系。从 19 世纪初到 20 世纪初,固体热容理论经历了从杜龙-珀替(Dulong-Petit)的经典热容理论,到爱因斯坦(Einstein)以及德拜(Debye)的量子热容理论的发展过程。

经典热容理论认为,在固体中可以用谐振子来代表每个原子在一个自由度内的振动。按照经典理论,能量自由度均分,每一振动自由度的平均动能和平均位能都为 $(1/2)k_B T$,一个原子有 3 个振动自由度,平均动能和位能的总和就等于 $3k_B T$。设单位质量的固体中有 N 个原子,总热力学能为

$$U = 3Nk_B T \qquad\qquad (9-4)$$

1 mol 固体中有 N_A 个原子,总热力学能量为

$$U = 3N_A k_B T = 3RT \qquad\qquad (9-5)$$

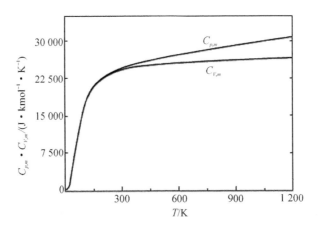

图 9 - 19　热容与温度的关系

式中，N_A 为阿伏伽德罗常数（$6.023 \times 10^{23}/\text{mol}$），$T$ 为热力学温度（单位为 K），k_B 为玻耳兹曼常数（1.381×10^{23} J/K），R 为气体常数 8.314 J/(K·mol)。

按热容定义，1 mol 单原子固体物质的摩尔定容热容为

$$C_V = \left(\frac{\partial U}{\partial T}\right)_V = 3N_A k_B = 3R \approx 25 \text{ J/(K·mol)} \tag{9-6}$$

上式称为杜龙-珀替（Dulong - Petit）定律。杜龙-珀替定律提供了一个简单通用的固体热容估算方法。

杜隆-珀替定律在高温时与实验结果十分相符，但在低温时却相差较大。实验结果表明，材料的摩尔热容（如图 9 - 20 所示）是随温度而变化的。摩尔热容在高温区变化很平缓，在低温区随温度下降而减少，当 T 趋近于 0 K 时，C_V 趋近于 0。

图 9 - 21 为典型材料热容与温度的关系。

1906 年，爱因斯坦提出了量子热容模型，即

$$C_V = 3R \left(\frac{\theta_E}{T}\right)^2 \frac{e^{\frac{\theta_E}{T}}}{\left(e^{\frac{\theta_E}{T}} - 1\right)^2} = 3R f_E \left(\frac{\theta_E}{T}\right) \tag{9-7}$$

式中，θ_E 称为爱因斯坦温度。当温度很低或 $T \to 0$ 时，$C_V = 0$。当温度足够高时，$\frac{\theta_E}{T} \to 0$，则 $e^{\frac{\theta_E}{T}} \approx 1 + \frac{\theta_E}{T}$。因此有

$$C_V = 3R \left(1 + \frac{\theta_E}{T}\right) \approx 3R \tag{9-8}$$

这是杜龙-珀替定律，意即在高温下爱因斯坦热容理论趋近于杜龙-珀替定律，或者说经典热容理论是量子理论在高温下的近似。

研究表明，爱因斯坦热容模型的计算结果在低温下明显低于实验结果。1912 年，德拜对爱因斯坦热容模型进行了修正，提出的固体热容表达式为

$$C_V = 9R \left(\frac{T}{\theta_D}\right)^3 \int_0^{\frac{\theta_D}{T}} x^4 e^x (e^x - 1)^{-2} \, dx = 3R f_D \left(\frac{\theta_D}{T}\right) \tag{9-9}$$

式中

$$f_D\left(\frac{\theta_D}{T}\right)=3\left(\frac{T}{\theta_D}\right)^3\int_0^{\frac{\theta_D}{T}}x^4 e^x(e^x-1)^{-2}dx$$

在低温区，C_V 可以表示为

$$C_V=\frac{12\pi^4 R}{5}\left(\frac{T}{\theta_D}\right)^3 \tag{9-10}$$

即在低温区，C_V 正比于 T^3，上式称为德拜三次方定律。当温度接近 0 K 时，$C_V=0$；当温度 $T\gg\theta_D$ 时，C_V 趋近于定值 $3R$（杜龙-珀替定律）。θ_D 称为德拜温度，不同材料的 θ_D 是不同的（见表 9 - 1），与结合键的强度、材料的弹性模数、熔点等有关。材料原子间结合力强，熔点高，θ_D 亦高。例如，石墨、BeO、Al_2O_3 的 θ_D 分别约为 1 970 K、1 173 K、923 K。

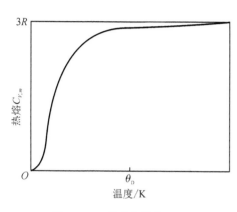

图 9 - 20　热容与德拜温度

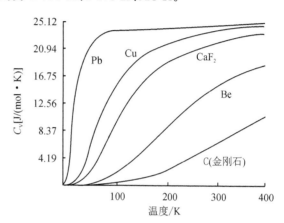

图 9 - 21　典型材料热容与温度的关系

表 9 - 1　典型固态物质的德拜温度

物质名称	德拜温度 θ_D/K	物质名称	德拜温度 θ_D/K
铝	428	镍	450
镉	209	铂	240
铬	630	硅	645
铜	343.5	钛	420
金	165	锌	327
铁	470	碳	2 230
铅	105		

晶格原子的振动起源是环境的热扰动。由于晶格振动的非简谐性，在不同的温度下能够被激发的振动模式的多少也不同，温度越高，被激发的振动模式越多，而且频率越高的模式被激发所需要的温度也越高。当温度达到德拜温度 θ_D 时，对应最高频率 ω_{max} 的振动模式也已经被激发。当温度超过 θ_D 后，将不再有新的振动模式被激发出来。ω_{max} 称为德拜截止频率。

德拜温度 θ_D 也是原子之间最大结合力的一种表征。原子间作用力越强，材料的熔点也越高，金属的德拜温度也越高。θ_D 与熔点之间存在如下关系

$$\Theta_D = 137 \sqrt{\frac{T_m}{MV^{2/3}}} \tag{9-11}$$

式中，M 是相对原子质量；V 是原子的体积。由此可见，德拜温度 θ_D 可用于衡量材料承受极端温度的能力。因此，在选用高温材料时，θ_D 也是考虑的参数之一。

例题 9-1 铜的摩尔质量 $M=63.5$ g/mol，试求铜在 10K 和 500K 的比热容。

解： 由表 9-1 查得铜的德拜温度 $\theta_D=343.5$ K。根据式（9-10）可得铜在 10 K 的摩尔热容为

$$C_V = \frac{12\pi^4 R}{5}\left(\frac{T}{\theta_D}\right)^3 = 1\,944 \times \left(\frac{10}{343.5}\right)^3 \text{ J/(K} \cdot \text{mol)} = 0.048 \text{ J/(K} \cdot \text{mol)}$$

其比热容为

$$c_V = \frac{C_V}{M} = \frac{0.048}{63.5 \times 10^{-3}} \text{ J/(kg} \cdot \text{K)} = 0.76 \text{ J/(kg} \cdot \text{K)}$$

当 $T=500$ K$>\theta_D=343.5$ K 时，由式（9-6）可得铜在 500 K 的比热容

$$c_V = \frac{3R}{M} = \frac{25}{63.5 \times 10^{-3}} \text{ J/(kg} \cdot \text{K)} = 393.7 \text{ J/(kg} \cdot \text{K)}$$

9.3.2 工程材料的热容及影响因素

对于金属材料，当温度 $T \gg \theta_D$ 时，$C_V \approx 25$ J/(K·mol)。但当温度 $T \ll \theta_D$ 时，金属材料的总热容 C_V 由声子热容和电子热容两部分组成，可以表示为

$$C_V = C_V^h + C_V^e = bT^3 + \gamma T \tag{9-12}$$

式中，b、γ 为材料常数。

化合物分子的摩尔热容等于构成该化合物分子各元素的原子摩尔热容之和，这称为柯普（Kepp）定律，即

$$C_V = \sum n_i C_i \tag{9-13}$$

式中，n_i 和 C_i 分别是化合物中各元素的原子个数和原子摩尔热容。

对于无机非金属材料，其热容量基本与德拜热容量理论相符合，即：在低温时 $C_V \propto T^3$，而在高温时 C_V 趋向饱和值 25 J/(K·mol)；氧化物材料在较高温度时，其热容量服从柯普定律 $C_V = \sum n_i C_i$，在发生相变时热容量会出现突变。

有机高分子材料的热容量在玻璃化温度以下一般较小；温度升至玻璃化转变点时，由于原子发生较大的振动，热容量出现台阶状变化。结晶态高聚物在温度升至熔化点时，热容量出现极大值；温度更高时，热容量又变小。

对于多相复合材料，其热容量

$$C_V = \sum g_i C_i \tag{9-14}$$

式中，g_i 和 C_i 分别是第 i 相的重量百分数和比热容。例如，高温电炉使用的泡沫刚玉砖，由于重量轻，热容就小，可快速升降温度，减小热量损失。

在实际工程计算中，使用比热容更为方便。比热容与热容的关系是

$$c = \frac{\text{热容}}{\text{原子量}} \tag{9-15}$$

对于固体材料，热容与材料的组织结构关系不大。但在相变过程中，由于热量的不连续变

化,热容也出现突变。例如,晶体的凝固、沉淀、升华和熔化,金属及合金中多数固态相变时体积和熵(及焓)发生突变,即 $\Delta V \neq 0$ 及 $\Delta S \neq 0$,这是一种不连续的突变现象,如图 9-22 所示。焓的突变表示相变时有相变潜热的吸收或释放,即热容出现突变。这种相变也称为一级相变。

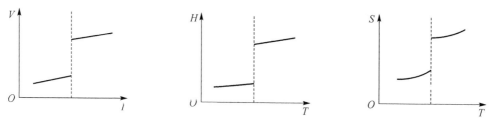

图 9-22　材料相变时热力性质的变化

9.4　材料的导热性

导热性是材料受热(温度场)作用而反映出来的性能。导热性好的材料可以被迅速而均匀地加热,而导热性差的材料只能缓慢加热。一旦导热性差的材料被快速加热,将发生变形,甚至开裂。

9.4.1　固体材料热传导机理

材料的导热性能与原子和自由电子的能量交换密切相关。金属材料的导热性优于陶瓷和高聚物。金属材料的导热性主要通过自由电子运动来实现;而非金属材料(陶瓷和高聚物)中自由电子较少,导热靠原子热振动(声子)来完成,故一般导热能力较差。导热性差的材料可减慢热量的传输过程。

1. 声子导热

在确定温度的平衡状态下,频率为 ω 的格波被激发的程度用其所具有的声子数来表征。声子本身不导电,但能够传热,并且还对载流子产生散射作用——声子散射。晶体的比热、热导、电导等都与声子有关。若晶体处于平衡态,在不同的温度范围,相同 ω 的格波具有不同的声子数。某一区域的平均声子数由该区域的局部温度决定。温度高的区域声子数多,声子密度大;温度低的区域声子数少,声子密度小。与气体扩散一样,声子从高密度区向低密度区扩散。在声子扩散过程中,能量由高温区传向低温区,从而产生热量的传导。固体中声子热导率可表示为

$$k_h = \frac{1}{3} C_V v_s l_s \tag{9-16}$$

式中,C_V 为单位体积热容,v_s 和 l_s 分别称为声子的平均速度和平均自由程。

声子的平均自由程取决于遭受散射的情况。在简谐近似下所得到的格波是完全独立的,互相不散射,这时声子的平均自由程为无穷大。但实际上,声子的平均自由程并非无穷大,因为:①晶格振动的非简谐性,使得声子之间有散射;②杂质、缺陷和表面等都会散射声子。

2. 光子导热

固体材料中除了晶格振动外,还会辐射出频率较高的电磁波。这类电磁波频谱较宽,其中

波长在 $0.4\sim 40\ \mu m$ 间的可见光与部分红外光称为热射线,热射线的传递过程就是热辐射。这种在光频范围内的电磁辐射所产生的导热过程称之为光子导热。

在温度不太高的情况下,由于较高频率的电磁辐射能在总的能量中所占的比重非常小,所以在讨论热容和导热系数时,通常忽略不计。但是,当温度升到足够高时,这部分辐射能所占比重会增大,因为它是与热力学温度的四次方成正比的。

辐射导热率可以表示为

$$k_r = \frac{16}{3}\sigma_b n^2 T^3 l_r \qquad (9-17)$$

式中,l_r 为辐射线光子的平均自由程。k_r 是描述介质中这种辐射能传递能力的参量,它取决于辐射能传播过程中光子的平均自由程 l_r。辐射导热过程和光在介质中的传播过程类似,材料的辐射导热性能取决于材料的光学性能。

一般来说,介电材料中的许多单晶体在可见光波段内都具有良好的透明性;在紫外线波段内,由于电子的激发,往往就变为不透明;在红外线波段内,由于原子振动,单晶体会出现吸收带。单晶体在不同波段内所具有的不同的透过和吸收特性,使得它的光子导热性在波长不同时有较大的差别。

大多数陶瓷材料在可见光和近红外波段内都具有较长的光子平均自由程。随着温度的升高,峰值波长会减短,因而温度升得越高,陶瓷材料光子的有效平均自由程就越长。这样,光子导热系数随温度升高而增大的程度,将比式(9-17)中给出的与温度的三次方关系还要大些。由于材料的吸收系数是影响光子平均自由程或光子导热系数值的重要因素,而且吸收系数随波长和温度的变化而变化,因此在研究材料的光子导热过程时,就必须了解材料在不同温度下对不同波长的吸收系数。

3. 电子导热

对于含大量自由电子的金属,其电子热导率 k_e 类似于声子热导率,即

$$k_e = \frac{1}{3}C_V^e v_e l_e \qquad (9-18)$$

式中,C_V^e 为单位体积电子热容,v_e 和 l_e 分别为电子的实际速度和平均自由程。

9.4.2 材料的导热性

纯金属的热传导主要依靠电子,而合金的情况与纯金属不同。合金材料中电子的散射主要是杂质原子的散射,电子的平均自由程与杂质浓度成反比,当杂质浓度很大时,电子平均自由程与声子平均自由程有相同的数量级。因此,合金材料的热传导由声子和电子共同完成。研究表明,金属的热导和电导的主要载流子都是自由电子,多种金属在室温附近的电子热导率与电导率之间的具有如下关系

$$\frac{k_e}{\sigma} = L_0 T \qquad (9-19)$$

式中,σ 为金属的电导率,电导率为电阻率 ρ 的倒数,即 $\sigma = 1/\rho$,单位为 $(\Omega\cdot m)^{-1}$;L_0 为洛仑兹常数,$L_0 = 2.45\times 10^{-8}$ W·Ω/K^2。式(9-19)称为魏德曼-弗兰兹定律。由于自由电子对金属热导的贡献远比声子的贡献大,即 $k_e \gg k_h$,因此金属的导热率通常是 k_e。魏德曼-弗兰兹定律为由金属的电导率确定 k_e 提供了方便。

合金成分及组织状态都对其导热性具有影响。例如,钢中各组织的导热率从低到高的排序为:奥氏体、淬火马氏体、回火马氏体、珠光体(索氏体、屈氏体)。图 9-23 为 Cu-Zn 合金的热导率与成分的关系。

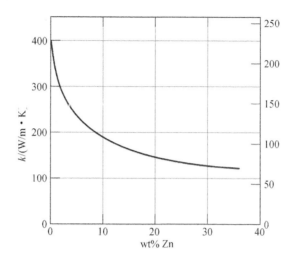

图 9-23　Cu-Zn 合金的热导率与成分的关系

对于有机高分子材料,热传导主要通过分子与分子碰撞的声子热传导来进行,一般热导率和电导率都很低,通常用作绝热材料。

陶瓷的热传导主要通过原子的热振动,其热导率主要为声子热导率。由于没有自由电子的传热作用,陶瓷的导热性比金属差。陶瓷中的气孔对传热不利,陶瓷材料的热导率随气相体积分数的增大而降低,因而气孔率大的轻质陶瓷制品的热导率小。陶瓷多为较好的绝热材料,可达到保温的目的。但有些陶瓷具有良好的导热性,如氧化铍等。

图 9-24 为一些典型材料的导热系数分布范围。

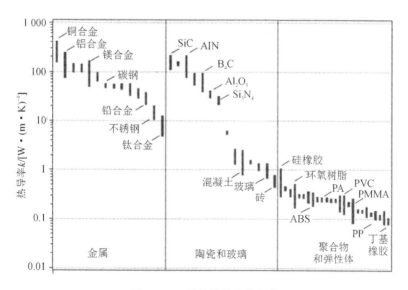

图 9-24　材料导热系数分布

9.5　材料的热膨胀性与热应力

9.5.1　材料的热膨胀性

大多数物质的体积都随温度的升高而增大,这种现象称为热膨胀。热膨胀性用热膨胀系数表示,即体积膨胀系数 α_V 或线膨胀系数 α,单位为 1/℃。材料的热膨胀性与材料中原子的结合情况有关。结合键越强,原子间作用力越大,原子离开平衡位置所需的能量越高,则膨胀系数越小。结构紧密的晶体的热膨胀系数比结构松散的非晶体玻璃的热膨胀系数大。共价键材料与金属相比,一般具有较低的热膨胀系数;离子键材料与金属相比,具有较高的热膨胀系数;聚合物类材料与大多数金属和陶瓷相比,具有较大的热膨胀系数。塑料的线膨胀系数一般为金属的 3~4 倍。

晶体热膨胀可从点阵能曲线的非对称性得到具体解释。如图 9-25(a) 所示,作平行横轴的平行线 E_1、E_2 等,分别代表不同温度下质点振动的总能量。由于原子间相互作用能曲线的不对称性,随着温度的升高,原子的统计平均位置将偏离其平衡位置 $r=r_0$。这里原子的理论平衡位置 r_0 对应于能量最低点,所以 r_0 可以理解为 0 K 时的原子间距。温度越高,原子的平均位移越远,或者说原子间的平均间距 r 越大,晶体就越膨胀。若点阵能曲线是对称的,随温度升高,原子平均间距不发生变化,则晶体不发生膨胀(如图 9-25(b) 所示)。

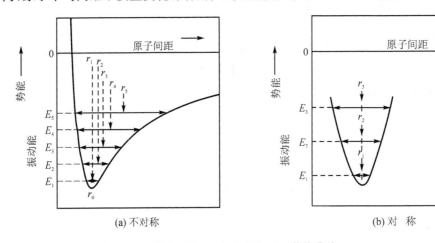

图 9-25　双原子相互作用势能曲线

由热膨胀系数大的材料制造的零部件或结构,在温度变化时,尺寸和形状变化较大。在进行装配、热加工和热处理时,应考虑材料热膨胀的影响。对于异种材料组成的复合结构,还要考虑热膨胀系数的匹配问题。

当物体的温度发生变化时,其尺寸和形状发生的变化称为热变形。微元体均匀受热或冷却时,在三个方向上产生同样的自由变形(如图 9-26 所示),无剪切变形,物体体积变化率为

$$\frac{\Delta V}{V_0} = \alpha_V \Delta T \tag{9-20}$$

式中,V_0 为初始体积;ΔV 为由于温度改变 ΔT 而产生的体积变化量;α_V 为体膨胀系数,单位为 1/℃(或 1/K)。

同样可定义线膨胀量

$$\varepsilon_T = \alpha \Delta T \tag{9-21}$$

式中，α 为材料的线膨胀系数（以下称热膨胀系数），单位为 1/℃（或 1/K），其数值因材料而异（如图 9 - 27 所示），在不同温度下也有一定的变化。

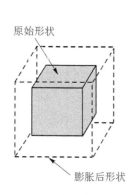

图 9 - 26　微元体的热变形

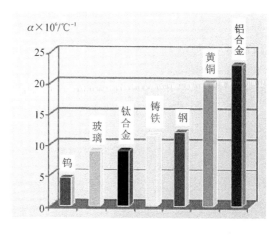

图 9 - 27　典型材料的热膨胀系数比较

基于晶格热振动的机理，材料的热膨胀系数与热容具有相关性。图 9 - 28 为铝的热容和热膨胀系数随温度的变化趋势，可见二者具有相近的变化趋势。

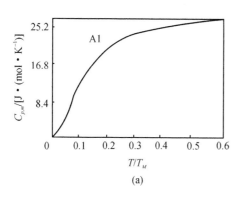

(a)

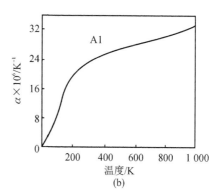

(b)

图 9 - 28　铝的热容曲线与热膨胀曲线的比较

材料热膨胀系数的大小与结合键的强弱和晶体的结构密切相关。结合键强的材料热膨胀系数低，结构较紧密的材料热膨胀系数大，所以陶瓷的热膨胀系数比高聚物低，比金属低得多。合金在固态相变时的体积效应比较明显，所以可采用膨胀法测定合金的相变点。例如，钢中各相按比容从大到小的排序为马氏体（随含碳量而变化）、渗碳体、铁素体、珠光体（铁素体＋渗碳体）、奥氏体。当过冷奥氏体转变为铁素体、珠光体或马氏体时，钢的体积会膨胀；反之，钢的体积会收缩。图 9 - 29 为亚共析钢缓慢加热和冷却过程的膨胀曲线，曲线的拐点与相变点对应。

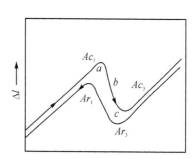

图 9 - 29　亚共析钢的热膨胀曲线示意图

9.5.2 热 应 力

当温度变化时,物体发生膨胀或收缩。由于物体受到外部约束以及各部分制件的变形协调要求,这种膨胀或收缩不能自由进行,于是就产生了应力,这种应力称为温度应力或热应力。此外,如果同一物体的温度分布不均匀,即使无外界约束,由各处温度不同造成的不同步变形也会在内部产生热应力。为简化分析,这里仅考虑温度变化对变形的单向耦合问题,即忽略变形对温度场的影响。

如果热变形不受外界的任何约束而自由地进行,则称为自由变形。如图 9-30 中的金属杆件,当温度为 T_0 时,其长度为 L_0;当温度由 T_0 升至 T_1 时,如不受阻碍,其自由变形为

$$\Delta L_T = \alpha(T_1 - T_0)L_0 \qquad (9-22)$$

单位长度上的自由变形量称为自由变形率,用 ε_T 表示

$$\varepsilon_T = \frac{\Delta L_T}{L_0} = \alpha(T_1 - T_0) \qquad (9-23)$$

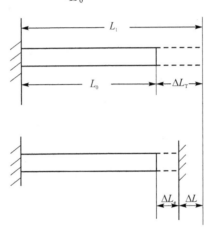

图 9-30　杆件的热变形

如果物体在温度变化过程中受到阻碍,使其不能完全自由变形,而只能部分地表现出来,所表现出来的这部分变形称为外观变形,用 ΔL_e 表示。其变形率为 ε_e

$$\varepsilon_e = \frac{\Delta L_e}{L_0} \qquad (9-24)$$

未表现出来的那部分变形称为内部变形,它的数值是自由变形与外观变形之差,因为是受压,故为负值。可用下式表示

$$\Delta L = -(\Delta L_T - \Delta L_e) = \Delta L_e - \Delta L_T \qquad (9-25)$$

内部变形率为

$$\varepsilon = \frac{\Delta L}{L_0} \qquad (9-26)$$

在弹性范围内,应力与应变之间的关系可以用胡克定律来表示

$$\sigma = E\varepsilon = E(\varepsilon_e - \varepsilon_T) \qquad (9-27)$$

若金属杆件在加热过程中受到阻碍,其长度不能自由伸长,则在杆件中会产生内部变形。如果杆中内部变形率的绝对值小于金属屈服时的变形率($|\varepsilon| < \varepsilon_s$),则杆件中的热应力小于屈服的应力($\sigma < \sigma_s$)。当杆件的温度从 T_1 恢复到 T_0 时,如果允许杆件自由收缩,则杆件将恢复

到原来的长度 L_0,此时杆件内也不存在应力。

如果杆件温度升到 $T_2(T_2 > T_1)$,使杆件中的内部变形率大于金属屈服时的变形率(即 $|\varepsilon| > \varepsilon_s$),则杆件中不但会产生达到屈服极限的应力,而且会产生压缩塑性变形。根据理想应力应变关系(如图 9-31 所示),压缩塑性应变为

$$|\varepsilon_p| = |\varepsilon_e - \varepsilon_T| - \varepsilon_s \qquad (9-28)$$

当杆件的温度从 T_2 恢复到 T_0 时,如果允许杆件自由收缩,则杆件将比原来缩短 ΔL_p,杆件中也不存在内应力。若不允许杆件自由收缩,则在杆件中会存在拉伸应力,称为残余应力,其大小视杆件内部变形率的大小而异。

如果杆件两端都是完全固定的,则杆件在热循环的作用下完全没有变形的自由,此时外观变形 $\varepsilon_e = 0$,内部变形为($T_0 = 0$)

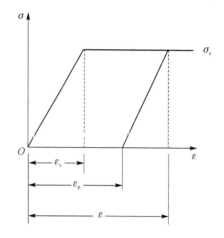

图 9-31　理想应力应变关系

$$\varepsilon = -\varepsilon_T = -\alpha T \qquad (9-29)$$

杆件在加热过程中一直受到压缩作用。图 9-32 为杆件经受温度从 0 到 T_M 再到 0 的热循环过程中的应变循环过程,T_M 为力学熔点。图 9-32(a)中 AB 为弹性压缩阶段,温度高于 T_e 后发生压缩塑性变形,压应力最大为相应温度下的屈服应力,T_e 为加热过程中发生塑性变形的临界温度。在 T_e 点以下加热,杆件只有弹性变形,冷却后杆件中既无变形也无应力。如果加热到 $T_1(T_1 > T_e)$,则杆件会产生压缩塑性变形,杆件的弹性应变循环沿 ABC_1E_1 进行;冷却至初始温度后,杆件中有弹性应变 $E_1A < \varepsilon_s$,杆件内产生残余应力,没有拉伸塑性变形。当温度升至 T_2 以上时(如 $T = T_3$),杆件的弹性应变循环沿 ABC_3D_3E 进行;冷却至初始温度后,杆件中既有拉伸弹性应变,也有拉伸塑性变形,这时杆件中的拉伸塑性变形抵消了加热时产生的压缩塑性变形。由图 9-32(a)可以看出,当 $T_2 = T_t = 2T_e$ 时温度下降过程中不产生塑性变形的下限温度,根据式(9-29)可得

$$\varepsilon_s = \alpha T_e \qquad (9-30)$$

则

$$T_e = \frac{\varepsilon_s}{\alpha} = \frac{\sigma_s}{E\alpha} \qquad (9-31)$$

对于 235～470 MPa 强度级别的钢材而言,$T_e = 100～200$ ℃,$T_t = 200～400$ ℃。

若 $T_m \geqslant T_M$,则 $\sigma_s = 0$,$E = 0$,此时无论 T_m 如何,在冷却过程中,弹性应变均沿 C_4D_4E 变化。

上述分析并未考虑 σ_s 与 E 在 $T_m < T_M$ 时随温度的变化,σ_s 与 E 与温度的关系可以表示为

$$\sigma_s = \sigma_{s0}\left(1 - \frac{T}{T_M}\right) \qquad (9-32)$$

$$E = E_0\left(1 - \frac{T}{T_M}\right) \qquad (9-33)$$

式中 σ_{s0}、E_0 分别为常温下的屈服应力和弹性模量。对于碳钢而言,σ_s 在 500 ℃ 以下基本恒定,在 500～600 ℃ 之间按线性下降至零。图 9-32(b)为 σ_s 按线性下降时的应力循环。

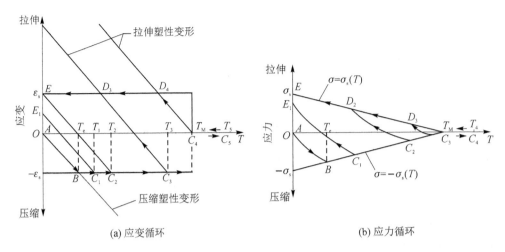

(a) 应变循环　　　　　　　　　　　　　(b) 应力循环

图 9 - 32　热应力应变循环

在同一物体内部，如果温度的分布不均匀，即使物体不受外界约束，每一部分也会因受到具有不同温度的相邻部分的影响而不能自由伸缩，从而在内部产生热应力。由不同材料组成的构件，即使受到均匀温度场的作用，膨胀系数不同的各材料也会为保证变形协调而产生相互约束，不能自由变形，从而产生不同的热应力，见图 9 - 33。

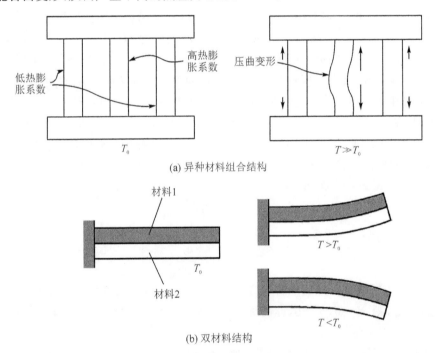

(a) 异种材料组合结构

(b) 双材料结构

图 9 - 33　异种材料结构的热变形

对于双材料复合体，材料的弹性模量、泊松比和热膨胀系数分别为 E_1、ν_1、α_1 和 E_2、ν_2、α_2，且 $\alpha_1 < \alpha_2$。在加热或冷却过程中，材料 1 的热变形小于材料 2 的热变形，为了保持界面处的位移连续条件，接头内部有内应力产生（即热应力），其大小与两种材料的热应变差（$\alpha_1 T_1 - \alpha_2 T_2$）、弹性系数比（$E_1/E_2$）、泊松比（$\nu_1$、$\nu_2$）、板厚比（$B_1/B_2$）及板长等参数有关，即热应力取决于材料特性、接头形状尺寸和温度分布三个主要因素。

如果不均匀温度场所造成的内应力达到材料的屈服限,则使局部区域产生塑性变形。当温度恢复原始的均匀状态后,就会产生新的内应力,这种内应力是温度均匀后残存在物体中的,称为残余应力。

例题 9 - 2　两端被刚性约束固定的铜棒,假设在 20 ℃时受到的作用力为零,求由于受热而产生的压应力不超过 172 MPa 的最高温度。(已知铜的弹性模量为 100 GPa,线膨胀系数分别为 $20×10^{-6}$/℃)

解:设所求最高温度为 T,两端刚性固定约束的铜棒受热时内部变形为

$$\varepsilon = \alpha(T - 20 \text{ ℃})$$

所产生的压应力为

$$\sigma = E\varepsilon = -E\alpha(T - 20 \text{ ℃})$$

由此可得

$$T = 20 \text{ ℃} - \frac{\sigma}{E\alpha} = \left(20 - \frac{172}{100 × 10^3 × 20 × 10^{-6}}\right) \text{℃} = (20 + 86) \text{℃} = 106 \text{ ℃}$$

9.6　材料的热稳定性与热防护

9.6.1　材料的热稳定性

热稳定性是指材料承受温度的急剧变化(热冲击)而不致破坏的能力,所以又称为抗热震性。材料的热冲击破坏有两种类型:一种是材料发生瞬时断裂,抵抗这类破坏的性能称为抗热冲击断裂性;另一种是在热冲击循环作用下,材料表面出现开裂、剥离,并不断发展,最终碎裂或变质,抵抗这类破坏的性能称为抗热冲击损伤性。

材料仅因热冲击造成开裂或断裂而损坏,是材料在热作用下产生的内应力(热应力)超过了材料的力学强度极限所致。

热稳定性一般以承受的温度差来表示,或称抗热震参数(TSR)。通常可以表示为

$$\text{TSR} = \frac{\sigma_f(1 - \nu)}{E\alpha} \tag{9 - 34}$$

式中,σ_f 为材料的断裂应力,ν 为材料的泊松比。

材料的抗热震性是其热学性能和力学性能的综合表现,因此,一些热学和力学参数(如线胀系数、热导率、弹性模量、断裂强度等)对材料的抗热震性均具有影响。提高材料的热稳定性的各种措施需要考虑这些性能参数对热稳定性的影响。主要的影响因素有:①材料的强度和弹性模量。提高材料的强度,减小弹性模量,使 σ_f/E 提高,热稳定提高。②材料的热膨胀系数。降低材料的热膨胀系数有利于热稳定。③材料的热导率 k。k 越大,传热越快,热应力缓解得越快,对热稳定有利。④材料或制品的特征尺寸。薄材的传热通道短,容易使温度很快地均匀化,材料的特征尺寸常用其半厚表征。⑤材料的表面换热系数 h。h 越大散热越快,造成的内外温差越大,产生的热应力越大。其中,后三个因素的影响亦可以采用毕渥数(Bi)来表征(式 8 - 53)。显然,Bi 越大,对热稳定性越不利。

有机高分子材料的软化温度和分解温度都较低,长时间使用时会出现降解老化现象,其热稳定性较差,所以允许的使用温度不高。金属材料的强度和热导率 k 较大,而弹性模量 E 较小,由式(9-34)可知,金属材料的热稳定性较好,加之金属材料的熔点高,允许的使用温度明

显高于高聚物材料。无机非金属材料的强度和弹性模量 E 都大,热导率中等,容易产生热应力断裂破坏,但其熔点一般都很高,不易发生熔化或分解,允许的使用温度范围很宽,热稳定性较好。

抗热震性与热膨胀系数、导热性和韧性有关。热膨胀系数大、导热性差、韧性低的材料抗热震性不高。多数陶瓷的导热性和韧性低,所以抗热震性差。但也有些陶瓷具有较高的抗热震性,如碳化硅等。

不同的应用场合对材料热稳定性的要求各异。例如,对于一般日用瓷器,只要求能承受温度差为 200 K 左右的热冲击,而火箭喷嘴就要求瞬时能承受高达 3 000～4 000 K 的热冲击,而且要经受高速气流的机械作用和化学作用。

目前,激光、电子束等高能束加工已得到广泛的应用。与普通热源相比,高能束加工的主要特点是功率密度大、升温速度快、热集中性与瞬时性强,会对材料产生热冲击。这种热冲击具有显著的突发性,会产生强大的冲击载荷。这种载荷以冲击波的形式在材料内部传播,其作用类似于高速碰撞、爆炸轰击,会使材料发生破坏。因此,在高能束加工中必须对材料的抗热冲击损伤的能力进行评估。

9.6.2　热防护

根据材料的热学性能对工作在高温环境下的装备进行热防护,对于保证结构的安全可靠性是非常重要的。热防护是航天器的关键技术之一。如再入防热结构可使航天器在气动加热环境中免遭烧毁和过热。再入防热方式主要有热容吸热、辐射和烧蚀防热。

热容吸热防热以防热材料本身的热容在升温时的吸热作用为吸、散热的主要方式。这种方式要求防热材料具有高热导率、大比热容和高熔点,通常采用表面涂镍的铜或铍等金属。这种方式的优点是结构简单,再入时外形不变,可重复使用。缺点是工作热流受材料熔点的限制,重量大,已为其他防热方法所代替。

辐射防热以防热材料在高温下表面的再辐射作用为主要散热方式。由于辐射热流与表面温度的四次方成正比,因此表面温度越高,防热效果越显著。但工作温度受材料熔点的限制。根据航天器表面不同的辐射平衡温度,一般选用镍铬合金或铌、钼等难熔金属合金板来制作辐射防热的外壳。随着陶瓷复合材料的出现和低密度化,带有表面涂层的轻质泡沫陶瓷块开始在辐射防热中得到应用。辐射防热的最大优点是适合在低热流环境中长时间使用,缺点是适应外部加热变化的能力较差。

烧蚀防热利用表面烧蚀材料在烧蚀过程中的热解吸收等一系列物理、化学反应带走大量的热,以此来保护构件。烧蚀防热广泛应用于航天器的高热流部位的热防护,如导弹头部、航天器返回舱外表面、固体火箭发动机的壳体及喷管等。碳-碳复合材料是用得最多的烧蚀材料。碳-碳复合材料是用碳纤维织物作为增强物质,用碳做基体的一种强度极高的材料。这种复合材料与大气发生强烈摩擦、温度超过 3 400 ℃时,会直接变成气体并带走大量的热。用这种材料作为火箭头部的保护层,可以保证火箭高速、安全地穿越大气层。

9.7　材料的低温脆性与高温蠕变

9.7.1　概　述

温度对材料的力学性能影响很大,材料在低温和高温下的力学性能不同于常温。例如,大多数塑性的金属材料随温度的下降会发生从韧性状态向脆性状态的转变,这种性质称为低温脆性,所对应的温度称为韧性-脆性转变温度。材料在韧性断裂前会有明显的塑性变形,而在脆性断裂前无明显的塑性变形。脆性断裂时,裂纹一旦产生就迅速扩展,直至断裂。一般体心立方金属的韧性-脆性转变温度高,面心立方金属一般没有这种温度效应。脆性转变温度的高低,还与材料的成分、晶粒大小、组织状态、环境及加载速率等因素有关。韧性-脆性转变温度是选择材料的重要依据。工程实际中需要确定材料的韧性-脆性转变温度,在此温度以上,只要名义应力处于弹性范围,材料就不会发生脆性破坏。为了防止结构发生脆性断裂,结构的工作温度应高于韧性-脆性转变温度。

随着温度的升高,材料的屈服强度降低(如图 9 - 34 所示),降低的程度因材料类型而异。因此,若保证温度升高所引起的材料屈服强度降低不影响结构的强度要求,则需限定材料的最高工作温度。在最高工作温度以下,材料屈服强度相对室温无显著变化,若温度超过材料的最高温度,则材料的屈服强度会显著降低,结构便无法承受载荷,甚至会发生破坏。图 9 - 35 为各种材料室温屈服强度与最高工作温度图。如果考虑高温长期载荷作用,则需按蠕变强度或持久强度进行设计。

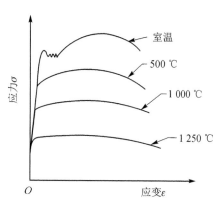

图 9 - 34　应力应变曲线与温度的关系

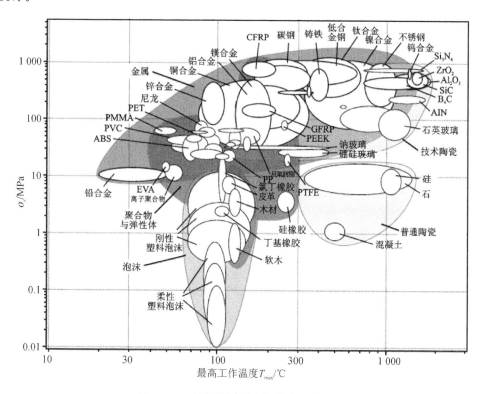

图 9 - 35　材料屈服强度与最高工作温度

复合材料综合了各组元的性能优点,能够获得优异的耐热性能。例如,树脂基复合材料的耐热性要比相应的塑料有明显的提高，金属基复合材料的耐热性更显出其优越性（如图 9 - 36 所示）。又如，铝合金在 400 ℃时，其强度大幅度下降，仅为室温时的 0.06～0.1 倍，弹性模量几乎降为零，而用碳纤维或硼纤维增强铝，400 ℃时的强度和弹性模量几乎与室温下保持同一水平。

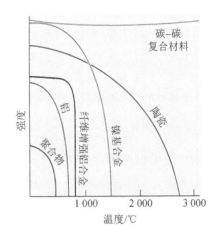

图 9 - 36　材料强度与温度的关系

9.7.2　低温脆性

低温脆性是材料屈服强度随温度的下降急剧增加的结果。材料在低温下的韧-脆转变过程由材料的屈服强度 σ_s 和断裂强度 σ_f 控制。如图 9 - 37 所示，材料的屈服强度 σ_s 随温度下降升高较快，但材料的断裂强度 σ_f 却随温度的变化较小。于是屈服强度 σ_s 和断裂强度 σ_f 两条曲线相交于一点，交点对应的温度为 T_k。当温度高于 T_k 时，$\sigma_s < \sigma_f$，材料受载后先屈服再断裂，为韧性断裂；当温度低于 T_k 时，应力先达到断裂强度 σ_f，材料表现为脆性断裂。

随着温度的升高，金属的断裂由常温下常见的穿晶断裂过渡为沿晶断裂。这是因为温度升高时晶粒强度和晶界强度都要降低（如图 9 - 38 所示），但由于晶界上原子排列不规则，扩散容易通过晶界进行，故晶界强度下降较快。晶粒与晶界两者强度相等的温度称为"等强温度"，用 T_E 表示。金属材料的等温强度不是固定不变的，变形速率对它有较大影响。

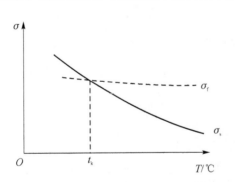

图 9 - 37　σ_s 和 σ_f 随温度变化的示意图

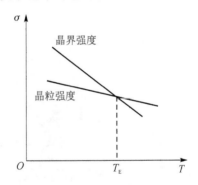

图 9 - 38　温度对多晶体断裂的影响

材料的断裂属于脆性还是延性，不仅取决于材料的内在因素，而且与应力状态、温度、加载速率等因素有关。目前，常用系列温度下的标准缺口冲击试验法来测定材料冲击功与温度的关系（韧-脆转变温度曲线）。如图 9 - 39 所示，韧-脆转变温度曲线可分为三个区间：下平台区（1 区）、转变温度区（2 区）、上平台区（3 区）。下平台区温度下的材料发生脆性断裂，下平台区的冲击功上限所对应的温度是防止材料发生脆性断裂的最低工作温度。为了防止脆性破坏，结构的最低工作温度 T_s 应在转变温度 T_t 以上。

确定材料的韧-脆转变温度有不同的标准，通常可采用能量标准（或冲击功准则）。例如，对早期破损船舶钢板进行的缺口冲击试验表明：当最低工作温度下的冲击功小于 13.5 J 时，会发生脆性断裂；当冲击功大于 13.5 J 而小于 27 J 时，脆性断裂很少发生，但不能阻止裂纹扩展；当钢板的冲击功大于 27 J 时，能够阻止裂纹扩展，即具有止裂性；当温度高于 20 J 所对应的温度时,则不会发生脆性断裂。据此,规定在船体最低工作温度下的冲击功为 20 J。

一般而言,随着钢材强度级别和冶金水平的提高,发生脆性断裂所需要的能量也随之增大。因此,确定防止脆性断裂的标准冲击功要求值要充分考虑钢材级别以及板厚等因素的影响。冲击功准则要求不同强度级别的钢材在最低工作温度下的标准试样冲击功(CVN)满足不发生脆性的断裂的条件,如对结构钢而言:当 $\sigma_s < 441$ MPa 时,CVN$\geqslant$27 J;$\sigma_s > 441$ MPa 时,CVN$\geqslant$41 J;588 MPa$<\sigma_s<$784 MPa 时,CVN$\geqslant$47 J。

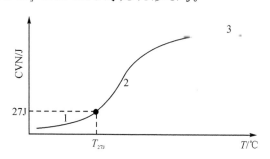

图 9 – 39　韧–脆转变温度及分区

防止工作在低温环境的工程结构发生低温脆性所导致的断裂破坏是非常重要的,其关键是保证材料在低温下的强度和韧性。通常情况下,体心立方金属具有韧性-脆性转变温度,而面心立方金属一般没有。所以,低温结构中的金属材料多采用具有面心立方晶格的合金,如铝合金或者镍基合金。

9.7.3　高温蠕变

在室温下,材料的力学性能与加载时间无关。但在高温下,材料的强度及变形量不但与时间有关,而且与温度有关。蠕变强度与持久强度是衡量材料在高温和载荷长时间作用下的强度与变形性能的重要指标。

1. 蠕变强度

材料在高温和载荷的长时间作用下,抵抗缓慢塑性变形(即蠕变)的能力称为蠕变强度。蠕变强度越大,材料抵抗高温所致蠕变的能力越强。

图 9 – 40 为恒温恒应力条件下材料蠕变应变与时间的关系,称为蠕变曲线。蠕变最初发生的是瞬间弹性变形,随后进入蠕变过程。按照蠕变速率可将蠕变过程分为三个阶段:初始蠕

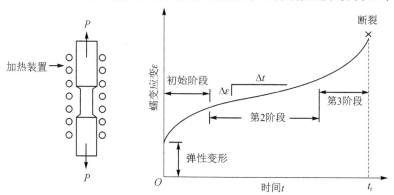

图 9 – 40　恒应力条件下蠕变应变及蠕变曲线

变阶段、稳态蠕变(第二阶段)和加速蠕变直至断裂(第三阶段)。

温度和应力是影响材料蠕变过程的两个最主要的参数。在规定温度下,至规定时间,试样的总塑性变形(或总应变)或稳态蠕变速率不超过某规定值的最大应力称为蠕变极限或蠕变强度,设立此抗力指标是为了保证在高温长时间载荷作用下零件不产生过量塑性变形。

研究表明,金属的蠕变速率受热激活过程控制,稳态蠕变速率 $\dot{\varepsilon}_c$ 可以表示为

$$\dot{\varepsilon}_c = A_0 \exp\left(-\frac{Q_c}{RT}\right) \qquad (9-35)$$

式中:A_0 是材料特性和应力有关的常数;Q_c 为材料的蠕变激活能。温度越高,热激活过程越活跃,导致金属材料软化,蠕变强度也相应降低。

不同材料在不同条件下的蠕变曲线是不相同的,同一种材料的蠕变曲线也随应力的大小和温度的高低而异。在恒定温度下改变应力,或在恒定应力下改变温度,蠕变曲线的变化分别如图 9-41 所示。由图可见,当应力较小或温度较低时,蠕变第二阶段持续时间较长,甚至可能不产生第三阶段。相反,当应力较大或温度较高时,蠕变第二阶段便很短,甚至完全消失,试样将在很短时间内断裂。

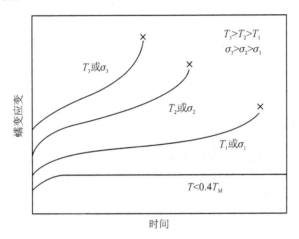

图 9-41 不同条件下的蠕变曲线

2. 持久强度

材料在高温和载荷长时间作用下抵抗断裂的能力称为持久强度。持久强度越大,抵抗高温发生断裂的能力越强。当零件在高温下工作,所受应力小于蠕变强度时,不会发生蠕变,小于持久强度时则不会断裂。合金的持久强度采用持久试验测定。持久试验与蠕变试验类似,但较为简单,一般只测定试样在给定温度和一定应力作用下的断裂时间,由此可获得应力和断裂时间的关系,即持久强度曲线。

图 9-42 为典型合金持久强度的比较。

3. 工程应用

材料高温蠕变性能直接影响高温长时工作构件的耐久性。高压蒸汽锅炉、蒸汽轮机、燃气轮机、化工炼油设备、核反应堆容器中的很多构件长期在高温条件下工作,这些构件在高温环境和载荷的作用下会发生高温蠕变损伤,损伤累积导致结构的蠕变断裂。因此,发展先进高温

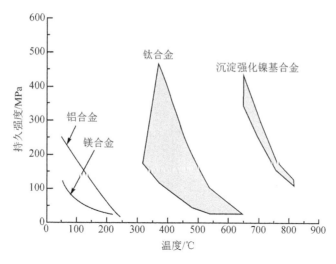

图 9 - 42　典型合金持久强度的比较

材料对于高温结构的可靠性与安全性具有重要意义。同时也需要开发高效的冷却技术、先进的制造工艺和涂层技术，以提高高温构件的耐久性。例如，航空发动机热端部件中，涡轮叶片工作在高温、高压、高负荷、强振动、高腐蚀的极端环境中，因而要求涡轮叶片具有极高的综合性能，这就需要叶片采用特殊的合金材料（高温合金），利用特殊的制造工艺（精密铸造加定向凝固）制成特殊的基体组织（单晶组织），才能最大可能地满足需要。涡轮叶片结构也从实心发展到复杂空心乃至超冷结构，并通过热障涂层提高抗高温氧化和耐热腐蚀能力（见图 0 - 8 和图 0 - 9）。

　　如图 9 - 43 所示，普通铸造叶片获得的是大量的等轴晶（见图 9 - 43(a)），等轴晶粒的长度和宽度大致相等，其纵向晶界与横向晶界的数量也大致相同。对高温合金涡轮叶片的事故分析发现，由于涡轮高速旋转时叶片受到的离心力使得横向晶界比纵向晶界更容易开裂。应用定向凝固方法，得到单方向生长的柱状晶（见图 9 - 43(b)），甚至单晶（见图 9 - 43(c)），不产生横向晶界，较大地提高了材料的单向力学性能（见图 9 - 44）。应用单晶铸造获得的单晶叶片可显著提高现代航空发动机的性能。

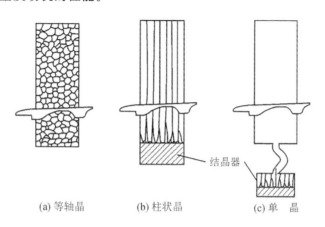

图 9 - 43　三种铸造高温合金涡轮叶片及组织结构

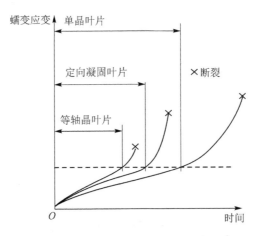

图 9-44　三种铸造高温合金的蠕变曲线

　　高推重比航空发动机结构中大量采用以热障涂层技术为代表的先进涂层技术。热端部件采用热障涂层能够降低金属表面的温度,提高结构强度。如图 9-45 所示,热障涂层一般由高隔热、抗腐蚀的陶瓷涂层和金属粘结层(BC)组成。根据燃气涡轮发动机涡轮进口温度变化趋势(见图 0-8)可以看出,采用高温防护涂层可以大幅度提高材料的工作温度,从而进一步提升了航空发动机的性能。

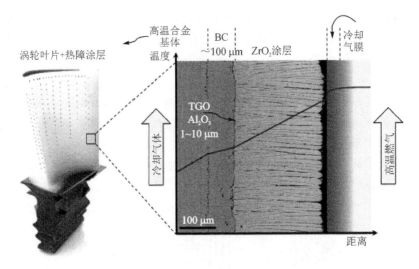

图 9-45　涡轮叶片与热障涂层

思 考 题

9-1　为什么说材料热学性能的物理本质都与晶格热振动有关?

9-2　为什么单晶体的热导率要高于同组成的多晶体材料?

9-3　固体材料的热膨胀在工程上有何应用?

9-4　举例说明膨胀的反常行为的实际意义。

9-5　何为热应力?它是如何产生的?

9－6　对一种材料进行快速加热与快速冷却,哪个过程导致热冲击的可能性更大? 为什么?

9－7　什么是低温脆性? 在哪些材料中容易发生低温脆性?

9－8　结合蠕变曲线说明材料的高温蠕变过程。

9－9　如果提高应力,蠕变应变-时间曲线有什么变化?

练习题

9－1　已知银的德拜温度为 225 K,试求银在 0.1 K 和 1 K 时的摩尔热容。

9－2　已知铜在 25 ℃下的电导率为 $6\times10^7\,(\Omega\cdot m)^{-1}$,试估算铜在 25 ℃下的电子热导率。

9－3　证明各向同性材料的体膨胀系数 α_V 与线膨胀系数 α 的关系为 $\alpha_V\approx3\alpha$。

9－4　两端被刚性固定约束的低碳钢棒,假设在 0℃时所受作用力为零,求由于受热而产生的应力不超过其屈服强度时的最高温度。(低碳钢弹性模量为 200×10^9 Pa,屈服强度为 235 MPa,线膨胀系数为 1.2×10^{-5}/℃)

9－5　一根铝棒与一根尼龙棒在 20 ℃未受力时具有相同的长度。如果每根棒分别承受 5×10^6 Pa 的拉应力,求这两根棒达到相同长度时的温度。(铝和尼龙的弹性模量分别为 70×10^9 Pa 和 2.8×10^9 Pa,线膨胀系数分别为 25×10^{-6}/℃ 和 80×10^{-6}/℃)

9－6　已知硅酸铝玻璃的线膨胀系数为 4.6×10^{-6}/℃,抗拉强度为 0.069 GPa,弹性模量为 66 GPa,泊松比为 0.25,求硅酸铝玻璃的抗热震参数(TSR)。

参考文献

[1] ÇENGEL Y A, BOLES M A. Thermodynamics：an engineering approach，8th ed. New York：McGraw-Hill Education，2015.

[2] ÇENGEL Y A, CIMBALA J M，TURNER R H，Fundamentals of thermal-fluid sciences. 5th ed. New York：McGraw-Hill Education，2017.

[3] BORGNAKKE C，SONNTAG R E. Fundamentals of thermodynamics. 8th ed. Hoboken：John Wiley & Sons，Inc. ，2013.

[4] MORAN M J，SHAPIRO H N，MUNSON B R，et al. Introduction to thermal systems engineering：thermodynamics, fluid mechanics, and heat transfer. Hoboken：John Wiley & Sons，Inc. ，2003.

[5] KAVIANY M. Principles of heat transfer. Hoboken：John Wiley & Sons，Inc. 2002.

[6] ROLLE K C. Heat and mass transfer. New Jersey：Prentice-Hall，2000.

[7] CALLISTER W D, RETHWISCH D G. Fundamentals of materials science and engineering：an integrated approach. 5th ed. Hoboken：John Wiley & Sons，Inc. ，2015.

[8] WHITE M A. Physical properties of materials. Boca Raton：Taylor & Francis Group，LLC，2019.

[9] 沈维道，童钧耕. 工程热力学. 5 版. 北京：高等教育出版社，2016.

[10] 王修彦. 工程热力学. 2 版，北京：机械工业出版社，2022 .

[11] 冯青，李世武，张丽. 工程热力学. 西安：西北工业大学出版社，2006.

[12] 赵镇南. 传热学. 北京：高等教育出版社，2002.

[13] 童钧耕，王平阳，叶强. 热工基础. 3 版. 上海：上海交通大学出版社，2016.

[14] 傅秦生，赵小明，唐桂华. 热工基础与应用. 3 版. 北京：机械工业出版社，2016.

[15] 张学学，李桂馥，史琳. 热工基础. 3 版. 北京：高等教育出版社，2015.

[16] 于秋红，鞠晓丽，郝晓文，等. 热工基础. 2 版. 北京：北京大学出版社，2015.

[17] 张彦华. 热制造学引论. 4 版. 北京：北京航空航天大学出版社，2024.

[18] 田莳，王敬民，王瑶，等. 材料物理性能. 2 版. 北京：北京航空航天大学出版社，2022.